普通高等教育"十二五"高职高专规划教材·专业课（理工科）系列

电工技术

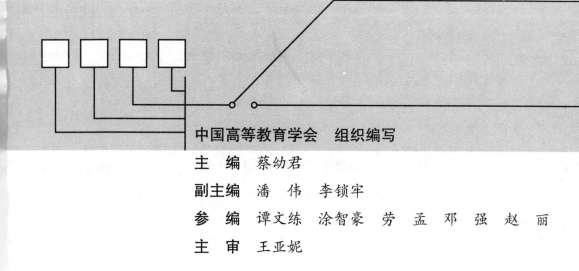

中国高等教育学会　组织编写

主　编　蔡幼君

副主编　潘　伟　李锁牢

参　编　谭文练　涂智豪　劳　孟　邓　强　赵　丽

主　审　王亚妮

U0386124

中国人民大学出版社

·北京·

图书在版编目（CIP）数据

电工技术/ 蔡幼君主编 . —北京：中国人民大学出版社，2013.9
ISBN 978-7-300-17812-7

Ⅰ.①电… Ⅱ.①蔡… Ⅲ.①电工技术 Ⅳ.①TM

中国版本图书馆 CIP 数据核字（2013）第 290206 号

普通高等教育"十二五"高职高专规划教材·专业课（理工科）系列
电工技术
中国高等教育学会 组织编写
主 编 蔡幼君
副主编 潘 伟 李锁牢
参 编 谭文练 涂智豪 劳 孟 邓 强 赵 丽
主 审 王亚妮
Diangong Jishu

出版发行	中国人民大学出版社		
社 址	北京中关村大街 31 号	**邮政编码**	100080
电 话	010 - 62511242（总编室）	010 - 62511770（质管部）	
	010 - 82501766（邮购部）	010 - 62514148（门市部）	
	010 - 62515195（发行公司）	010 - 62515275（盗版举报）	
网 址	http://www.crup.com.cn		
	http://www.ttrnet.com（人大教研网）		
经 销	新华书店		
印 刷	北京密兴印刷有限公司		
规 格	185 mm×260 mm 16 开本	**版 次**	2014 年 3 月第 1 版
印 张	16.5	**印 次**	2014 年 3 月第 1 次印刷
字 数	378 000	**定 价**	33.80 元

　　本教材根据高职高专院校强电类专业的教学要求和实际需要编写而成。本教材内容精练，共有十一个学习模块，分别从电路基础知识、正弦交流电路、安全用电技术、电气防火防爆等技术方面进行讲授，适合于机电一体化、机械电气工程、电气化铁道技术、电气自动化、空调制冷、机电维修、机车车辆检修、数控技术等专业的学生根据不同专业的学习任务灵活地选择教材的相关教学内容进行电工基本功技能训练。

　　本教材由广州铁路职业技术学院高级实验师蔡幼君担任主编，广州铁路职业技术学院潘伟、咸阳职业技术学院副教授李锁牢担任副主编，参加编写的还有广州铁路职业技术学院讲师谭文练、南方电网工程师涂智豪、广铁集团公司高级技师劳孟、广州地铁总公司工程师邓强、广东交通职业技术学院讲师赵丽。由广州铁路职业技术学院副教授王亚妮担任主审。其中，模块一～四由蔡幼君编写，模块五～八由潘伟编写，模块十、十一由李锁牢编写，模块九由谭文练编写。

　　在本教材的编写过程中参阅了许多同类教材和著作，引用了大量的专业文献和资料，恕未在本书中一一标明，在此对有关作者致以诚挚的谢意。

　　由于成书时间紧，编者水平有限，书中难免有错误和不妥之处，恳请使用本教材的广大师生和读者批评指正，以便修订时更正和完善。

编　者

目 录

<table>
<tr><td>模块一</td><td>电路基础知识</td></tr>
</table>

 学习目标

知识目标

1. 了解电路的组成及三种状态；
2. 认识电路中的主要物理量，掌握欧姆定律；
3. 掌握基尔霍夫定律的内容及应用；
4. 掌握叠加定理的内容及应用；
5. 掌握戴维南定理的内容及应用；
6. 能够用万用表检测电路中电阻、二极管、三极管和电容器等元件的好坏。

项目一 电路和电路模型

一、电路的组成

电路是各种电器设备按一定方式连接起来的整体，它提供了电流流通的路径。如图 1—1 所示，一个简单的电路，通常由电源、负载和中间环节组成。

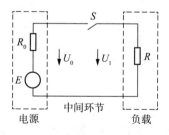

图 1—1 最简单的电路

电源是将非电能转换成电能的装置。例如，干电池和蓄电池将化学能转换成电能。而发电机将热能、水能、风能、原子能等转换成电能。电源是电路中能量的来源，是推动电流运动的源泉，在它的内部进行着由非电能到电能的转换。

负载是电路中的受电器，是取用电能的装置，在它的内部进行着由电能到非电能的转

换。例如，电炉将电能转换成热能，电灯将电能转换成光能，电动机将电能转换成机械能等。

中间环节包括连接导线和开关，是把电源与负载连接起来的部分，起传递和控制电能的作用。

理想电路元件简称电路元件，通常包括电阻元件、电感元件、电容元件、理想电压源和理想电流源。前三种元件均不产生能量，称为无源元件；后两种元件是电路中提供能量的元件，称为有源元件。

二、电路的作用

1. 完成电能的传输、分配与转换

如一般的照明电路和动力电路等，如图1—2所示，手电筒就是最简单的电力电路，这类电路称为电力电路。

2. 实现信号的传递与处理

如通信电路和检测电路，如图1—3所示，这类电路称为信号电路。

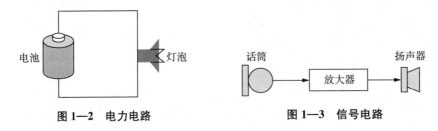

图1—2　电力电路　　　　　图1—3　信号电路

三、电路的三种工作状态

电源与负载相连接，根据所接负载的情况，电路有三种工作状态：空载、短路、有载。

如图1—4所示，图中电动势 E 和内阻 R_0 串联，组成电压源，U_1 是电源端电压，U_2 是负载端电压，R 是负载等效电阻。

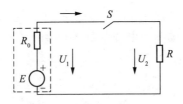

图1—4　简单直流电路

1. 空载状态

空载状态又称断路或开路状态，如图1—4所示。当开关 S 断开或连接导线折断时，电路就处于空载状态，此时电源和负载未构成通路，外电路所呈现的电阻可视为无穷大，电路具有下列特征

（1）电路中电流为零，即 $I = 0$。

（2）电源的端电压等于电源的电动势，即 $U_1 = E$。

此电压称为空载电压或开路电压，用 U_0 表示。因此，要想测量电源电动势，只要用电压表测量电路的开路即可。

（3）电源的输出功率 P_1 和负载所吸收的功率 P_2 均为零，即

$$P_1 = U_1 I = 0 , P_2 = U_2 I = 0$$

2. 短路状态

在图1—4所示电路中，当电源两端的导线由于某种事故而直接相连时，电源输出的电流不经过负载，只经连接导线流回电源，这种状态称为短路状态，简称短路。短路时外电路所呈现的电阻可视为零，电路具有下列特征：

（1）电源中电流最大，输出电流为零。此时电源中的电流为

$$I_S = \frac{E}{R_0}$$

此电流称为短路电流。在一般供电系统中，电源的内阻很小，故短路电流很大。但对外电路无输出电流，即 $I = 0$。

（2）电源和负载的端电压均为零，即

$$U_1 = E - R_0 I_S = 0$$

$$U_2 = 0$$

$$E = R_0 I_S$$

上式表明电源的电动势全部落在电源的内阻上，因而无输出电压。

（3）电源的输出功率 P_1 和负载所吸收功率 P_2 均为零，这时电源电动势发出的功率全部消耗在内阻上，即

$$P = U_1 I = 0 , P_2 = U_2 I = 0$$

$$P_E = E I_S = \frac{E^2}{R_0} = I_S^2 R_0$$

由于电源电动势发出的功率全部消耗在内阻上，因而会使电源发热导致损坏，所以在实际工作中，应经常检查电气设备和线路的绝缘情况，以防电压源被短路的事故发生。此外，通常还在电路中接入熔断器等保护装置，以便在发生短路时能迅速切除故障，达到保护电源及电路器件的目的。

3. 有载工作状态

当开关S闭合时，电路中有电流流过，电源输出功率，负载取用功率，这称为有载工作状态。此时电路有下列特征：

（1）电路中电流为

$$I = \frac{E}{R_0 + R_L}$$

当 E 和 R_0 一定时，电流由负载电阻 R_L 的大小决定。

（2）电源的端电压为

$$U_1 = E - R_0 I$$

电源的端电压总是小于电源电动势，这是因为电源的电动势 E 减去内阻压降 $R_0 I$ 后才是电源的输出电压 U_1。

若忽略线路上的压降，则负载的端电压等于电源的端电压，即

$$U_1 = U_2$$

（3）电源的输出功率为

$$P_1 = U_1 I = (E - R_0 I) I = E I - R_0 I^2$$

上式表明，电源电动势发出的功率 EI 减去内阻上消耗的功率 R_0I^2 才是供给电路的功率。若忽略连接导线上的电阻所消耗的功率，则负载所吸收的功率为

$$P_2 = P_1 = U_2 I = U_1 I$$

电源内阻及负载电阻上所消耗的电能转换成热能散发出来，使电源设备和各种用电设备的温度升高，电流越大，温度越高。当电流过大时，设备的绝缘材料会因过热而加速老化，缩短使用寿命，甚至损坏；另外，当电压过高时，也可能使设备的绝缘被击穿而损坏。反之，电压过低使设备不能正常工作，如电动机不能起动，电灯亮度低等。

为了保证电气设备和器件能安全、可靠、经济地工作，制造商规定了每种设备和器材在工作时所允许的最大电流、最高电压和最大功率，称为电气设备和器材的额定值，常用下标符号"N"表示，如额定电流 I_N，额定电压 U_N 和额定功率 P_N。这些额定值常标记在设备的铭牌上，故又称为铭牌值。

电气设备应尽量工作在额定状态，这种状态又称为满载状态。电流和功率低于额定值的工作状态叫轻载；高于额定值的工作状态叫过载。在一般情况下，设备不应过载运行。在电气设备中常装设自动开关、热继电器等，用来在过载时自动切断电源，确保设备安全。

项目二 电路的基本物理量

一、电流

带电粒子的定向移动形成了电流。电流强弱用电流强度来度量，数量等于单位时间内通过导体某一横截面的电荷量。设在 dt 时间内通过导体某一截面的电荷 dq，则通过该截面的电流强度为

$$i = \frac{dq}{dt} \qquad (1-1)$$

上式表明，在一般情况下，电流强度是随时间变化的。如果电流强度不随时间变化，即 $dq/dt = $ 常数，则这种电流就称为恒定电流，简称直流。于是式 1—1 可写为

$$I = \frac{Q}{t} \qquad (1-2)$$

电流强度在工程上常称电流。这样，"电流"一词便有双重含义，它既表示电荷定向运动的物理现象，同时又表示电流强度这样一个物理量。

在我国法定计量单位中，电流（电流强度）的单位是安培，简称安（A）。

在计量特大电流时，以千安（kA）为计量单位；计量微小电流时，以毫安（mA）或微安（μA）为计量单位。

在分析电路时，不仅要计算电流的大小，还要了解电流的方向。我们习惯上规定以正电荷移动的方向或负电荷移动的反方向作为电流的方向（实际方向）。对于比较复杂的直流电路，往往事先不能确定电流的实际方向；对于交流电，其电流方向是随时间而交变的。为分析方便，需引入电流的参考方向这一概念。

参考方向是人们任意选定的一个方向，在电路图中用箭头表示。当然，所选的电流参

考方向不一定就是电流的实际方向。当电流的参考方向与实际方向一致时，电流为正值（$i > 0$）；当电流的参考方向与实际方向相反时，电流为负值（$i < 0$）。这样，在选定的电流参考方向下，根据电流的正负，就可以确定电流的实际方向，如图1—5所示。

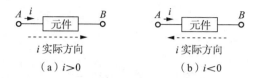

（a）$i > 0$　　　　　　　　（b）$i < 0$

图1—5　电流参考方向与实际方向的关系

在分析电路时，首先要假定电流的参考方向，并以此为标准去分析计算，最后从答案的正负值来确定电流的实际方向。本书电路图上所标出的电流方向都是指电流的参考方向。

二、电压

如图1—6所示，两个极板A、B上分别带有正、负电荷，因而A、B两极板间形成电场，其方向由A指向B。电荷在电路中运动，必然受到电场力的作用，也就是说，电场力对电荷做了功，为了衡量其做功的能力，引入"电压"这一物理量，并定义：电场力把单位正电荷从A点移动到B点所做的功称为A点到B点间的电压，用u_{AB}表示，即

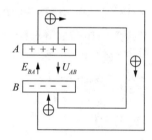

图1—6　电压与电动势

$$\mu_{AB} = \frac{\mathrm{d}w_{AB}}{\mathrm{d}q} \tag{1—3}$$

式中，$\mathrm{d}w_{AB}$表示电场力将$\mathrm{d}q$的正电荷从A点移动到B点所做的功，单位为焦耳（J）；电压单位为伏特，简称伏（V）。有时还用千伏（kV）、毫伏（mV）、微伏（μV）等单位。

直流电路中，式1—3应写为

$$U_{AB} = \frac{W_{AB}}{Q} \tag{1—4}$$

电路中两点之间的电压也称为电位差，即

$$U_{AB} = V_A - V_B \tag{1—5}$$

式1—5中，V_A为A点的电位，V_B为B点的电位。

电压的实际方向规定为从高电位点指向低电位点，是电压降的方向。和电流一样，电路中两点间的电压也可以任意选定一个参考方向，并由参考方向和电压的正负值来反映该电压的实际方向。当电压的参考方向与实际方向一致时，电压为正（$u > 0$）；当电压的参考方向与实际方向相反时；电压为负（$u < 0$）；电压的参考方向可用箭头表示，也可用正（＋）、负（一）极性表示，如图1—7所示。

对于同一个元件或同一段电路上的电压和电流的参考方向的假定，原则上是任意的，但为了方便起见，一般情况下，只需标出电压或电流其中之一的参考方向，就意味着另一个选定的是与之相关联的参考方向。

（a）箭头表示   （b）极性表示

图 1—7   电压的参考方向

三、电位

为了分析电路方便，常指定电路中任意一点为参考点。我们定义：电场力把单位正电荷从电路中某点移到参考点所做的功称为该点的电位。用大写字母 V 表示。它们之间的关系如下：

(1) 参考点的电位为零。即 $V_0 = 0$，比该点高的电位为正，比该点低的电位为负。如图 1—8(a) 所示的电路中，选择取 O 点为参考电位点，则 A 点的电位为正，B 点的电位为负。

(2) 其他各点的电位为该点与参考点之间的电位差。如图 1—8(a) 所示，A、B 两点的电位分别为

$$V_A = V_A - V_0 = U_{AO} = 1 \text{ V}$$
$$V_B = V_B - V_O = U_{BO} = -2 \text{ V}$$

(3) 参考点选取不同，电路中各点的电位也不同，但任意两点间的电位差（电压）不变。如选取 B 点为参考点，如图 1—8(b) 所示，则

$$V_B = 0$$
$$V_A = V_A - V_B = U_{AB} = 3 \text{ V}$$

但 A、B 两点间的电压不变，仍然为 $U_{AB} = 3 \text{ V}$。

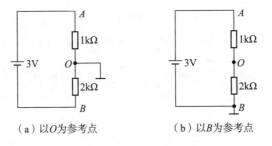

（a）以 O 为参考点   （b）以 B 为参考点

图 1—8   电位的计算示例

(4) 在研究同一电路系统时，只能选取一个电位参考点。

电位概念的引入，给电路分析带来了方便，因此，在电子线路中往往不再画出电源，而改为电位标出。如图 1—9 所示，电路的一般画法与电子线路的习惯画法示例。

四、电动势

如图 1—10 所示，电路中，在电场力的作用下，正电荷不断地从 A 移动到 B，A、B 两极板间的电场逐渐减弱，最后消失，导线中的电流也逐渐减小为零。为了维持持续不断的电流，就必须保持 A、B 点间有一定的电位差，即保持一定的电场。这必然要借助于外

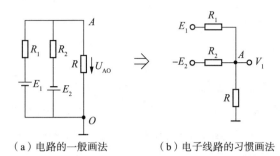

（a）电路的一般画法 （b）电子线路的习惯画法

图 1—9 电路的一般画法与电子线路的习惯画法

力来克服电场力把正电荷不断地从 B 极板移到 A 极板去，这种外力是非电场力，我们称之为电源力，电源就是能产生这种力的装置。例如，在发电机中，当导体在磁场中运动时，磁场能转换为电源力；在电池中，化学能转换为电源力。

电动势是用来衡量电源力大小的物理量。电动势在数值上等于电源力把单位正电荷从电源的负极板移到正极板所做的功，用 E 表示。电动势的方向是电源力克服电场力移动正电荷的方向，从低电位到高电位。对于一个电源设备，若其电动势 E 与其端电压 U 的参考方向相反，如图 1—10(a) 所示，当电源内部没有其他能量转换（如不计内阻）时，根据能量守恒定律，应有 $U=E$；若参考方向相同，如图 1—10(b) 所示，则 $U=-E$。

本书在以后论及电源时，一般用其端电压 U 来表示。

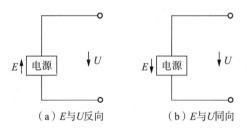

（a）E 与 U 反向 （b）E 与 U 同向

图 1—10 电源的电动势 E 与端电压 U

五、电能和电功率

如图 1—11 所示，直流电路中，a、b 两点间的电压为 U，在时间 t 内电荷 Q 受电场力作用，从 a 点移动到 b 点，电场力所做的功为

$$W = UQ = UIt \tag{1—6}$$

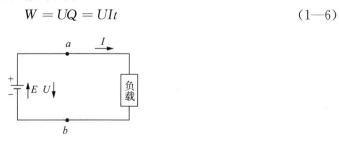

图 1—11 电路的功率

若负载为电阻元件，则在时间 t 内所消耗的电能为

$$W = UIt = I^2Rt = \frac{U^2}{R}t \qquad (1\!-\!7)$$

单位时间内消耗的电能称为电功率(简称功率),即

$$P = \frac{W}{t} = UI = I^2R = \frac{U^2}{R} \qquad (1\!-\!8)$$

在我国法定计量单位中,能量的单位是焦耳,简称焦(J);功率的单位是瓦特,简称瓦(W)。

电场力做功所消耗的电能是由电源提供的,在时间 t 内,电源力将电荷 Q 从电源负极经电源内部移到电源正极所做的功及功率为

$$W_E = EQ = EIt \qquad (1\!-\!9)$$
$$P_E = EI \qquad (1\!-\!10)$$

根据能量守恒的观点,在忽略电源内部的能量损耗的条件下有

$$W = W_E$$

一段电路,在 u 和 i 取关联参考方向,若 $P>0$,说明这段电路上电压和电流方向一致的,电路吸收了功率,是负载性质,若 $P<0$,则这段电路上电压和电流的实际方向不一致,电路发出功率,是电源性质。

项目三 电阻元件、电容元件、电感元件

一、电阻元件

电阻是一种将电能不可逆地转化为其他形式能量(如热能、机械能、光能等)的元件。

1. 电阻的符号

如图 1—12 所示,电阻常用 R 表示。

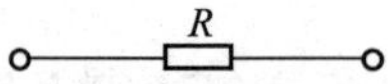

图 1—12 电阻的符号

2. 欧姆定律

$u = Ri$, R 称为电阻,电阻的单位是 Ω(欧),如图 1—13 所示。

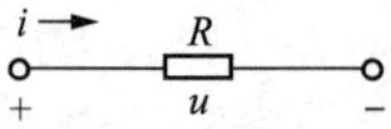

图1—13 欧姆定律

3. 伏安特性

线性电阻 R 是一个电压与电流无关的常数。如图 1—14 所示,伏安特性曲线,$R \propto \tan\alpha$。电阻元件的伏安特性为一条过原点的直线。

4. 功率和能量

如图 1—15 所示,电阻的功率可表示为 $P = ui = i^2R = u^2/R$

任何时刻,电阻元件绝不可能发出电能,它只能消耗电能。因此电阻又称为"无源元件"或"耗能元件"。

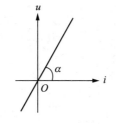

图1—14 伏安特性曲线

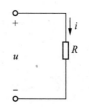

图1—15 功能关系

5. 开路与短路

对于电阻R，当$R = 0$时，视其为短路，i为有限值时，$u = 0$；当$R = \infty$时，视其为开路，u为有限值时，$i = 0$。

注意：理想导线的电阻值为零。

二、电容元件

两个相互绝缘又相互靠得很近的导体就组成了一个电容器，这两个导体称为电容器的两个极板，中间的绝缘材料称为电容器的介质。

对某一个电容器来说，电荷量与电压的比值是一个常数，但对于不同的电容器，这个比值一般是不同的。因此，可以用这一比值来反映电容器储存电荷的能力，我们称之为电容器的电容，用符号C表示，有

$$C = \frac{q}{u}$$

1. 电容的电路符号

电容的电路符号，如图1—16所示。

图1—16 电容的电路符号

2. 电容器的作用

（1）充电：使电容器带电的过程。

（2）放电：充电后的电容器失去电荷的过程。

（3）隔直：由于电容器两个极板之间是绝缘的，所以直流电不能通过电容器，这一特性被称为隔直。

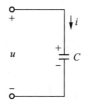

图1—17 电容电路

如图1—17所示，电容的单位是法拉，简称法（F），较小的电容常用单位有微法（μF）和皮法(pF)。电容是无源元件，它本身不消耗能量。

三、电感元件

电感器是依据电磁感应原理，由导线绕制而成。在电路中具有通直流、阻交流的作用。

1. 电路符号

电感元件的电路符号，如图1—18所示。

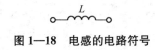

图1—18　电感的电路符号

2. 电感的作用

电感是导线内通过交流电流时，在导线的内部及其周围产生交变磁通，是导线的磁量与生产此磁通量的电流之比，如图1—19所示。电感在电路中是用符号L表示，单位是亨利，简称（H），常用的单位有毫亨(mH)、微亨(μH)。

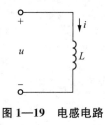

图1—19　电感电路

电感的基本作用有滤波、振荡、延迟、陷波等。

一般说到"通直流，阻交流"指的是在电子线路中，电感线圈对交流电的限流作用。

电感在电路中最常见的作用就是与电容并联，组成LC滤波电路。我们已经知道，电容具有"阻直流，通交流"的本领，而电感则有"通直流，阻交流"的功能，如果把伴有许多干扰信号的直流电通过LC滤波电路，那么交流干扰信号将被电容变成热能消耗掉，变成比较纯净的直流电流通过电感时，其中的交流干扰信号又被变成磁感和热能，频率较高的最容易被电感阻抗吸收，这就可以抑制较高频率的干扰信号。

电感线圈也是一种储能元件，它以磁的形式储存电能。可见，线圈电感量越大，流过的电流越大，储存的电能也就越多。

项目四　电压源和电流源及其等效变换

一、电压源

任何一个实际的电源都可以用一个电动势E和内阻R_0相串联的理想电路元件的组合来表示，这种电路模型称之为电压源模型，简称电压源，如图1—20所示，电路是电压源与外电路的连接。

在使用电源时，人们最关心的问题是当负载变化时，电路中的电流I与电源的端电压U将如何变化，因而我们有必要来研究电源的端电压U与输出电流I之间的关系，这种关

系称为电源的伏安特性。直流电压源的伏安特性方程式为

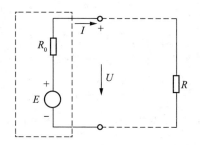

图1—20　电压源与外电路的连接

$$U = E - R_0 I \tag{1—11}$$

式1—11中 E 和 R_0 都是常数，故 U 和 I 之间呈线性关系。

当电源开路时，$I = 0$，$U = U_0 = E$；当电源短路时，$U = 0$，$I = I_S = E/R_0$。用两点法可以作出电压源的伏安特性曲线，如图1—21所示，它表明了电压源的端电压 U 与输出电流 I 之间的关系。

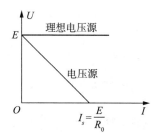

图1—21　电压源和理想电压源的伏安特性曲线

图1—21表明，当输出电流 I 增大时，端电压 U 随之下降，这说明电压源外接负载的电阻越小，落在电源内阻 R_0 上的压降就越高，电源的端电压越低。R 越小，则直线越平。在理想情况下，$R_0 = 0$，它的伏安特性是一条平行于横轴的直线，表明负载变化时，电源的端电压恒等于电源的电动势，即 $U = E_0$。这种端电压恒定，不受输出电流影响的电压源称为理想电压源，其符号如图1—22所示。

1. 伏安特性

（1）若 $u_S = U_S$，即直流电源，如图1—23所示，其伏安特性为平行于电流轴的直线，反映电压与电源中的电流无关。

图1—22　电压源电路符号　　　图1—23　电压源伏安特性曲线

（2）若 u_S 为变化的电源，则某一时刻的伏安关系也是平行于电流轴的直线。

（3）电压为零的电压源，伏安曲线与此 i 轴重合，相当于短路元件。

2. 理想电压源的开路与短路

（1）开路：$R \rightarrow \infty, i = 0, u = U_S$。

（2）短路：$R = 0, i \rightarrow \infty$，理想电压源出现病态，因此理想电压源不允许短路。

注意：实际电压源不允许短路。因其内阻小，若短路，电流很大，可能烧毁电压源。

二、电流源

电源输出电流为 i_S，其值与此电源的端电压 u 无关。

1. 电路符号

电流源的电路符号，如图 1—24 所示。

图 1—24　电流源电路符号

2. 特点

（1）电源电流由电源本身决定，与外电路无关。

直流：i_S 为常数。

交流：i_S 是确定的时间函数，如 $i_S = I_m \sin \omega t$。

（2）电源两端电压是任意的，由外电路决定。

3. 伏安特性

（1）若 $i_S = I_S$，即直流电压源，其伏安特性为平行于电压轴的直线，反映了电流与端电压无关。

（2）若 i_S 为变化的电源，则某一时刻的伏安关系也是平行于电压轴的直线。

（3）电流为零的电流源，伏安曲线与电压轴重合，相当于开路元件。

4. 理想电流源(如图 1—25 所示)的短路与开路

（1）短路：$R = 0, i = i_S, u = 0$，电流源被短路。

（2）开路：$R \rightarrow \infty, i = i_S, u \rightarrow \infty$，若强迫断开电流源回路，电路模型为病态。

注意：理想电流源不允许开路，会使输出端电压升高至无穷大。

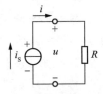

图 1—25　理想电流源电路

电流互感器就是一种实际的电流源，可以理解为一个升压比很高的变压器，因此在它的次级上面一般都标有"严禁开路"的标志，因为这样电压会很高，可能会造成放电击穿。

一个高电压、高内阻的电压源，在外部负载电阻较小，且负载变化范围不大时，可将其等效为电流源。

项目五 基尔霍夫定律

由若干电路元件按一定连接方式构成电路后，电路中各部分的电压、电流必然受到两类约束，其中一类约束是元件本身的伏安关系；另一类约束是来自元件的相互连接方式，即基尔霍夫定律。基尔霍夫定律又分电流定律（Kirchhoff's Current Law，KCL）和电压定律（Kirchhoff's Voltage Law，KVL），是分析电路的重要基础。

电路中每一个含有电路元件的分支称为支路。同一支路上各元件流过相同的电流，即支路电流。电路中三条或三条以上支路的连接点称为节点。图1—26所示的电路有三条支路，支路电流分别为I_1、I_2和I_3，此电路有两个节点a和b。

一、基尔霍夫电流定律(KCL)

基尔霍夫电流定律反映了电路中任一节点各支路电流之间的约束关系，反映了电流的连续性，该定律可叙述为：在任一瞬时，流入任一节点的电流之和必然等于流出该节点的电流之和。

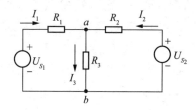

图1—26 基尔霍夫电流定律(KCL)例图

如图1—26所示，电路中的节点a，应用基尔霍夫电流定律可以写为

$$I_1 + I_2 = I_3$$

也可以写为

$$I_1 + I_2 - I_3 = 0$$

即

$$\sum I_K = 0$$

式中I_K是连接该节点的各支路电流，$K = 1，2，3，\cdots$（设有n条支路汇接于该节点）。因此，基尔霍夫电流定律也可叙述为：在任一瞬时，通过电路中任一节点的各支路电流的代数和恒等于零。

在应用基尔霍夫电流定律时，首先要假定各支路电流的参考方向。假定流出节点的电流为正，则流入节点的电流为负，反之亦然。这里流入或流出都是根据参考方向来说的。

基尔霍夫电流定律不仅适用于电路的节点，还可推广应用于电路中任一假设的闭合面，即通过电路中任一假设闭合面的各个支路电流的代数和恒等于零，该闭合面称为广义节点。

[例1—1] 如图1—27所示的电路，若电流$I_1 = 1A$，$I_2 = 5A$，试求电流I_3。

解： 假设一闭合面将三个电阻包围起来，如图1—27所示，则有

$$I_1 - I_2 + I_3 = 0$$

所以

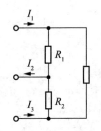

图 1—27 KCL 例题图

$$I_3 = -I_1 + I_2 = -1 + 5 = 4 \ (\text{A})$$

二、基尔霍夫电压定律(KVL)

电路中由若干支路所组成的闭合路径称为回路。基尔霍夫电压定律反映了电路中任一回路各支路电压之间的约束关系。该定律可叙述为：任一瞬时，任一闭合回路绕行一周，回路中各支路电压的代数和恒等于零。即

$$\sum U_K = 0$$

式中 U_K 是组成该回路的各支路电压，$K = 1，2，3，\cdots n$(设有 n 条支路组成该回路)。

在应用该定律列写方程时，必须首先假定各支路电压的参考方向并指定回路的绕行方向(逆时针或顺时针)，当支路电压与回路绕行方向一致时取"＋"号，相反时取"－"号。

图 1—28 是某电路的一部分，各支路电压的参考方向几回路的绕行方向如图 1—28 所示。

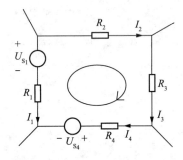

图 1—28 基尔霍夫电压定律(KVL)例图

首先考虑绕行方向，选顺时针方向为"＋"。应用基尔霍夫电压定律可以列出

$$\sum U = 0$$
$$-U_1 - U_{S1} + U_2 + U_3 + U_4 + U_{S4} = 0$$
$$-U_1 + U_2 + U_3 + U_4 = U_{S1} - U_{S4}$$

即
$$\sum U_R = \sum U_S，$$

这就是基尔霍夫电压定律的另一种表达形式，可叙述为：任一瞬时，电路中的任一回路各电压降的代数和恒等于这个回路内各电动势的代数和。电动势电流与回路绕行方向一致则取"＋"号，相反取"－"号。

基尔霍夫电压定律不仅适用于闭合回路，也可推广到非闭合回路中去求任意两点间的电压。

电压。

项目六 叠加定理

当线性电路中有几个电源共同作用时，各支路的电流(或电压)等于各个电源分别单独作用时在该支路产生的电流(或电压)的代数和(叠加)，这就是叠加原理。

[例1—2] 如图1—29所示，试用叠加原理解通过R_3支路的电流I_3(图中$I_S = 2A$，$U_S = 2V$，$R_1 = 3\,\Omega$，$R_2 = R_3 = 2\,\Omega$)。

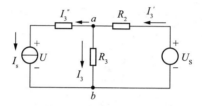

图1—29 叠加原理例题图

解：
$$I_3 = I_3' + I_3''$$

$$I_3' = \frac{U_S}{R_2 + R_3} = \frac{2}{2 + 2} = \frac{1}{2}(A)$$

$$I_3'' = -\frac{R_3 // R_2}{R_3}I_S = -\frac{R_2}{R_2 + R_3}I_S$$

$$= -\frac{2}{2 + 2} \times 2 = -1(A)$$

所以，
$$I_3 = -1 + \frac{1}{2} = -\frac{1}{2}(A)$$

在使用叠加原理分析计算电路时应注意以下几点：

(1) 叠加原理只能用于计算线性电路(即电路中元件均为线性元件)的支路电流或电压，而不能直接进行功率的叠加计算。

(2) 叠加时要注意电流或电压的参考方向，正确选取各分量的正负号。

项目七 戴维南定理

戴维南等效电路定理可以有效地将比较复杂的电路简化为一个最简单的回路，如果要研究一条支路及其元件的时候，这种方法是经常用到的，其难点在于求解等效电阻(与输入电阻求法基本相同)。

戴维南定理指出：线性含源单口网络 N，就其端口来看，可等效为一个电压源串联电阻支路。电压源的电压等于网络 N 的开路电压 U，串联电阻 R_0 等于该网络中所有独立源为零值时所得网络的等效电阻 R_{AB}。

[例 1—3] 　如图 1—30(a)所示，用戴维南定理求电路的电流 I。

解：

(1) 断开待求支路，得有源二端网络，如图 1—30(b)所示，由图可求得开路电压 U_{OC} 为

$$U_{OC} = 2 \times 3 + \frac{6}{6+6} \times 24 = 6 + 12 = 18 \,(\text{V})$$

(2) 将图 1—30(b)中电压源短路，电流源开路，得除源后的无源二端网络，如图 1—30(c)所示，由图可求得等效电阻 R_0 为

$$R_0 = 3 + \frac{6 \times 6}{6+6} = 3 + 3 = 6 \,(\Omega)$$

(3) 根据 U_{OC} 和 R_0 画出戴维南等效电路并接上待求支路，得图 1—30(a)的等效电路，如图 1—30(d)所示，由图可求得 I：

$$I = \frac{18}{6+3} = 2 \,(\text{A})$$

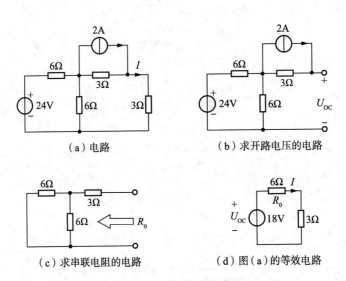

（a）电路　　　　　　　　（b）求开路电压的电路

（c）求串联电阻的电路　　　（d）图（a）的等效电路

图 1—30　戴维南定理例题图

技能训练

任务一　万用表的使用和测量

　　万用表分为指针式万用表和数字式万用表两种。它是一种多功能、多量程的测量仪表，一般的万用表可以测量直流电压、直流电流、交流电压、电阻和音频电平等参数。万用表具有用途广、操作简单以及携带方便等优点，它是电工必备的最常用的电工测量仪表。

一、万用表的结构

万用表由表头、测量电路及转换开关等三个主要部分组成。如图1—31所示，MF30万用表外形图。

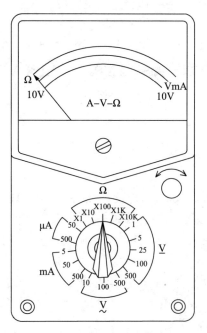

图1—31　MF30万用表外形图

（1）表头：是一只高灵敏度的磁电式直流电流表，有万用表的"心脏"之称，用以指示被测量的数值，万用表的主要性能指标基本上取决于表头的性能。

（2）测量电路：测量电路由电阻、半导体元件及电池组成。它包含了多量程直流电流表，多量程直流电压表，多量程交流电压表及多量程欧姆表等多种电路。测量电路的作用是将各种不同的被测电量不同量程，经过一系列的处理，如整流、分流等，变成统一的一定量限的直流电流后，送入表头进行测量。

（3）转换开关：转换开关的作用是用来选择各种不同测量的电路，以满足不同种类和不同量程的测量要求。当转换开关处在不同位置时，它相应的固定触点就闭合，万用表就可变为各种量程不同的电工测量仪表。

二、万用表的使用注意事项

（1）使用前必须将万用表面板上各控制器件的作用以及标尺结构和各种符号的意义弄清楚，否则容易造成测量错误或损坏表头。

（2）测量前一定要把转换开关打到所测量的对应挡位上。

（3）测量高压或大电流时，为了避免烧坏开关，应在切断电压电流的情况下转换量程。

（4）测量未知量电压或电流时，应先选择最高量程，然后逐渐转至适当位置以取得准确读数。

（5）测量高电压时，要站在干燥绝缘板上，单手操作，以防意外事故发生。

（6）测量电阻时，禁止带电测量，以防烧坏仪表；同时，读数要快而准，太慢会消耗电池。

(7) 在使用万用表测量时，要注意手不可触及测试笔的金属部分，以保证安全和测量的准确性。

(8) 测量完毕，应将转换开关打到交流电压挡最大量程位置上，以免下次使用时由于疏忽未选择挡位就进行测量，而造成仪表损坏。

(9) 仪表应保存在室温 $0 \sim 40 ℃$，相对湿度不超过 85％，并不含有腐蚀性气体的场所。

三、用万用表测量电路参数及判别电容器、二极管的好坏

1. 实训器材准备

(1) MF30 万用表 1 个。

(2) 带直流电源的电路板 1 块。

(3) 各种规格的电阻、电容器、二极管若干。

2. 测量电阻的步骤

(1) 插入测试笔。将红色测试笔的连接线插头插到红色端钮上或标有"＋"号的插孔内，黑色测试笔的连接线插头插到黑色端钮上或标有"－"号的插孔内。

(2) 选挡。把转换开关打到"Ω"挡，适当调整量程，使指针指在量程的 1/2 处左右。

(3) 调零。

① 机械调零：两根表笔没有短接时，指针应指在电压标尺的"0"上。

② 电阻调零：先将两根表笔短接，用欧姆调零的旋钮将指针调整在电阻标尺的"0"位，每更换一挡都应重新欧姆调零。

(4) 切断线路电源，松开负载的连线，将红色、黑色表笔分别接电阻的两个接线端，测量电阻的阻值。

(5) 正确读出读数：读数时应使视线、表针、刻度线重叠。

(6) 测量完毕，必须将转换开关打到交流电压挡最大量程位置上。

3. 测量交流电压的步骤

(1) 选挡：把转换开关打到"ACV～"挡，适当调整量程，为了减少测量误差，选择量程时应尽量使指针指在量程的 2/3 处左右，即接近满量程测量。

(2) 如果被测量电压的数值不知道，可选用表的最高挡位测量范围，若指针偏转较小，再逐级调低到合适的挡位测量。

(3) 将万用表红色、黑色表笔与被测线路并联，正确读出读数。

(4) 测量完毕，必须将转换开关打到交流电压挡最大量程位置上。

4. 测量直流电压的步骤

(1) 选挡：把转换开关打到"DCV－"挡，适当调整量程。

(2) 找出被出线路的正负极，如果无法弄清电路的正负极，可用两根表笔轻快地碰测，根据表针的指向，找出正负极。

(3) 红表笔接至被测电路的正极，黑表笔接至被测电路的负极，读出正确读数。

(4) 测量完毕，必须将转换开关打到交流电压挡最大量程位置上。

5. 测量直流电流的步骤

(1) 选挡：把转换开关打到"DCA－"挡，适当调整量程。

(2) 切断被测电路电源，断开被测线路，按电流从正到负的方向将万用表串联到被测

电路中。

(3) 合上被测电路电源，读出被测电流的数值。

(4) 万用表退出被测电路，恢复被测电路。

(5) 测量完毕，必须将转换开关打到交流电压挡最大量程位置上。

6. 检查电容好坏的步骤

(1) 将转换开关打到电阻(R×10 或 R×100 挡)并电阻调零。

(2) 接着对电容放电。

(3) 用表笔检查，若表针偏转后立即返回，则此电容是好的，偏幅越大，返回越大，则电容的质量越好。

(4) 测量完毕，必须将转换开关打到交流电压挡最大量程位置上。

7. 判别二极管极性

(1) 将转换开关打到电阻(R×10 或 R×100 挡)并电阻调零。

(2) 用表笔分别测量正反向二极管的两端，读出两状态下的电阻读数。

(3) 判别极性。

①如果读数一大一小，小的读数是二极管的正向电阻，这时红表笔接二极管的"－"极，黑表笔接二极管的"＋"极；大的读数则是二极管的反向电阻，一般二极管(小功率)正向电阻为几十欧至几百欧，反向电阻为 200 欧以上，大功率二极管的正向电阻相对要小些。

②如果测出的正反向电阻都一样很小的话，那么这只二极管已烧坏；如果正反向电阻很大，那么可能内部结构断线，此时二极管都不能使用。

(4) 判别完毕，必须将转换开关打到交流电压挡最大量程位置上。

测试题

一、填空题

1. 电路是电流流经的路径，电路由_____、_____、_____组成。

2. 电路有_____、_____、_____三种状态。

3. 理想电路元件有_____、_____、_____、理想电压源和理想电流源。

4. 万用表由_____、_____、_____三部分构成。

二、判断题

(   ) 1. 使用万用表进行测量时，应先进行"调零"。

(   ) 2. 万用表使用完后，最好将转换开关置于最大量程处，以防止测量时由于疏忽而损坏万用表。

三、计算题

1. 如图 1—32 所示，求各电路的电压 U 和电流 I。

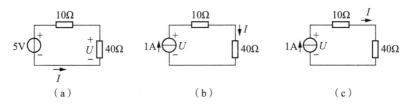

图 1—32

2. 如图 1—33 所示电路，$U_S = 1V$，$R_1 = 1\Omega$，$I_S = 2A$，电阻 R 消耗功率为 2W，试求 R 的阻值。

3. 如图 1—34 所示，求电路中 A 点的电位 V_A。

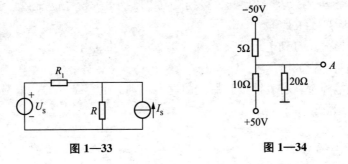

图 1—33   图 1—34

学习目标

1. 理解交流电的含义；
2. 了解三相交流电源的产生和特点；
3. 掌握交流电的表示方法；
4. 掌握对称三相负载形连接和连接时，负载线电压和相电压、线电流和相电流的关系；
5. 掌握三相配电板(含电度表)电路的安装接线。

项目一 正弦交流电的基本概念

一、频率与周期

大小和方向均随时间变化的电压或电流称为交流电，如图 2—1 所示。如果时变电压和电流的每一个值经过相等的时间后重复出现，这种时变的电压和电流便是周期性的，称为周期电压或周期电流。以电流为例，周期电流应该是

$$i(t) = i(t+kT) \qquad (2—1)$$

式中，k 为任意正整数，T 的单位为秒(s)。

上式表明，在时刻 t 和时刻$(t+kT)$的电流值是相等的，于是我们将 T 称为周期，周期的倒数称为频率，用符号 f 表示，即

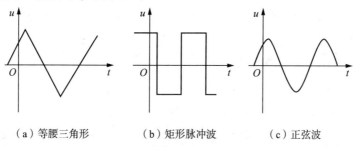

（a）等腰三角形 　　（b）矩形脉冲波 　　（c）正弦波

图 2—1　常见的几种交流电波形

$$f = 1/T \qquad\qquad (2-2)$$

频率表示了单位时间内周期波形重复出现的次数，频率的单位是 $1/s$，一般称为赫兹(Hz)。我国和大多数国家采用 50Hz 作为电力工业标准频率(简称工频)，少数国家采用 60Hz。

二、相位和相位差

1. 相位

如果周期电压和电流的大小和方向均随时间变化，且在一个周期内的平均值为零，则称其为交流电压和交流电流。

随时间按正弦规律变化的电压或电流称为正弦电压或正弦电流，也称正弦量。正弦电流的数学表达式为

$$i = I_m \sin(\omega t + \psi)$$

式中，I_m、ω、ψ 三个常数称为正弦量的三要素，如图 2—2 所示。I_m 为正弦电流 i 的振幅，它是正弦电流在整个变化过程中所能达到的最大值。ω 为正弦电流 i 的角频率，正弦量随时间变化的核心部分是 $(\omega t + \psi)$，它反映了正弦量的变化进程，称为正弦量的相角或相位，ω 就是相角随时间变化的速度，单位是 rad/s，它是反映正弦量变化快慢的要素，与正弦量的周期 T 和频率有如下关系

$$\omega = 2\pi/T = 2\pi f$$

ψ 称为正弦交流电的初相角，它是正弦量 $t = 0$ 时刻的相位角，它的大小与计时起点的选择有关。如在 $t = 0$ 时，正弦交流电正好处于波形起始点，则认为初相角 $\psi = 0$；如正弦交流电在 $t = 0$ 之前已到达波形起始点，则认为初相角 $\psi > 0$；如正弦交流电在 $t = 0$ 之后已到达波形起始点，则认为初相角 $\psi < 0$。

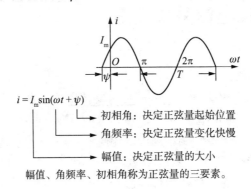

图 2—2 正弦量的三要素

2. 相位差

在正弦电流电路的分析中，经常要比较同频率正弦量的相位差，设任意两个同频率的正弦量

$$i_1 = I_{1m} \sin(\omega t + \varphi_1)$$
$$i_2 = I_{2m} \sin(\omega t + \varphi_2)$$

它们之间的相位角之差，称为相位差。用 φ 表示，即

$$\varphi = (\omega t + \varphi_1) - (\omega t + \varphi_2) = \varphi_1 - \varphi_2$$

如图 2—3 所示，若 $\varphi > 0$，表明 i_1 超前 i_2，称 i_1 超前 i_2 一个相位角 φ，或者说 i_2 滞后 i_1 一个相位角 φ。

若 $\varphi = 0$ ，表明 i_1 与 i_2 同时达到最大值，则它们是同相位的，简称同相。

若 $\varphi = \pm 180°$ ，则它们相位相反，简称反相。

若 $\varphi < 0$ ，表明 i_1 滞后 i_2 一个相位角 φ 。

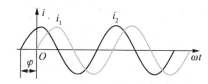

图 2—3　两个同频率的正弦量之间的相位差

注意：

（1）两个同频率的正弦量之间的相位差为常数，与计时的选择起点无关。

（2）不同频率的正弦量比较无意义。

三、正弦交流电的瞬时值、最大值和有效值关系

1. 瞬时值

交流电随时间按正弦规律变化，如图 2—4 所示，正弦量任意瞬间的值称为瞬时值，用小写字母 i 表示。瞬时值是用正弦解析式表示的，如：$i = I_m \sin(\omega t + \psi)$ 。瞬时值是变量，注意要用小写英文字母表示。

2. 最大值

正弦量振荡的最高点称为最大值或幅值，如图 2—4 所示，用带有下标 m 的大写字母 I_m 表示。

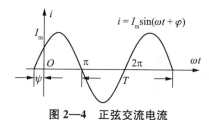

图 2—4　正弦交流电流

一个交流电流的做功能力相当于某一数值的直流电流的做功能力，这个直流电流的数值就叫交流电流的有效值。用大写字母 I 表示。

3. 正弦交流电的有效值和最大值的数量关系

$$U = \frac{U_m}{\sqrt{2}} = 0.707 U_m \ , \ I = \frac{I_m}{\sqrt{2}} = 0.707 I_m$$

当用有效值表示时，正弦电流的解析式则表示为

$$i = \sqrt{2} I \sin(\omega t + \varphi)$$

项目二　正弦交流电的表示法

一、函数式表示法

前面分析正弦交流电路时，正弦量的瞬时值的表示就是采用了函数式表示法这种方

法。如：$i = I_m\sin(\omega t + \psi)$，$u = U_m\sin(\omega t + \psi)$。

二、波形图表示法

正弦交流电路用波形图表示，如图2—5所示。

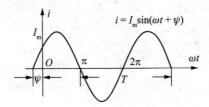

图2—5　正弦交流电路波形图表示法

三、相量表示法

正弦量的相量表示法就是用复数来表示正弦量。描述正弦交流电的有向线段称为相量，相量符号是在大写字母上加黑点"·"。

例如正弦量为

$$e = E_m\sin(\omega t + \varphi)$$

用相量表示可以写成

$$\dot{E}_m = E_m e^{j\varphi} < \varphi$$

在复平面上可以用长度的最大值 E_m，与实轴正向夹角为 φ 的有向线段表示，如图2—6所示，有效值相量为

$$\dot{E} = E_m < \varphi$$

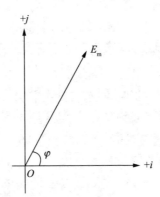

图2—6　正弦量的相量表示法

项目三　单一参数电路元件的交流电路

最简单的交流电路是由电阻、电感或电容中的单个电路元件组成的。这些电路元件仅由 R、L、C 三个参数中的一个来表示其特性，故称这种电路为单一参数电路元件的交流电路，下面分析这三种单一参数电路元件组成的交流电路的电流与电压与相

位关系。

一、纯电阻电路

1. 电压电流关系

设在电阻电路元件的交流电路中，在电压、电流参考方向一致时，如图 2—7（a）所示，根据欧姆定律，两者的关系为

$$u = iR$$

设 $\quad i = I_{\mathrm{m}}\sin\omega t$

则 $\quad u = Ri = RI_{\mathrm{m}}\sin\omega t = U_{\mathrm{m}}\sin\omega t$

式中，$U_{\mathrm{m}} = RI_{\mathrm{m}}$ 或 $\dfrac{U_{\mathrm{m}}}{I_{\mathrm{m}}} = \dfrac{U}{I} = R$。

可见，u,i 为同频率的正弦量，可作出 u,i 的波形图和相量图，如图 2—7（b）和（c）所示。

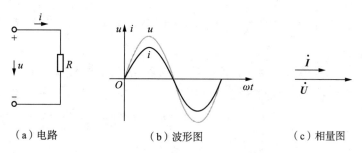

（a）电路　　　　（b）波形图　　　　（c）相量图

图 2—7　电阻电路元件的交流电路

小结：

（1）电压与电流同频率、同相位。

（2）电压与电流大小关系：$U = RI$。

（3）电压与电流相量表达式：$\dot{U} = R\dot{I}$。

2. 功率

（1）瞬时功率：$p = ui = UI(1 - \cos 2\omega t)$。

（2）瞬时功率在一个周期内的平均值，称为平均功率或有功功率，如图 2—8 所示。

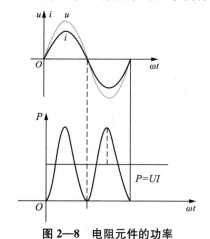

图 2—8　电阻元件的功率

平均功率

$$p = \frac{1}{T}\int_0^T p\,\mathrm{d}t = UI = \frac{U^2}{R} = I^2 R$$

[例 2—1]   已知一个白炽灯泡，工作时的电阻为 484Ω，其两端的正弦电压 $u = 311\sin(314t - 60°)$ V，试求：

(1) 通过白炽灯的电流相量 $\dot{I}$ 及瞬时表达式 i；

(2) 白炽灯工作时的平均功率。

解：   (1) 电压相量为

$$\dot{U} = U\angle\varphi_u = \frac{311}{\sqrt{2}}\angle -60° = 220\angle -60°(\mathrm{V})$$

电流相量为

$$\dot{I} = \frac{\dot{U}}{R} = \frac{220\angle -60°}{484} = \frac{5}{11}\angle -60° \approx 0.45\angle -60°(\mathrm{A})$$

电流瞬时值表达式

$$i = \sqrt{2}I\sin(\omega t + \varphi_i) = 0.45\sqrt{2}\sin(314t - 60°)(\mathrm{A})$$

(2) 平均功率

$$P = UI = 220 \times \frac{5}{11} = 100(\mathrm{W})$$

二、纯电感电路

设在电感元件的交流电路中，电压、电流取关联参考方向。电感对交流电的阻碍作用称为电感抗，简称感抗或电抗，用 X_L 表示，单位是欧姆（Ω）。

$$X_L = \omega L = 2\pi f L$$

1. 电压电流关系

如图 2—9 所示，设 $i = I_m\sin\omega t$。

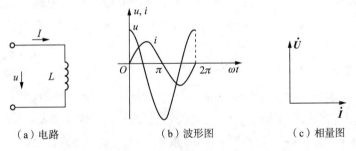

（a）电路   （b）波形图   （c）相量图

图 2—9   电感元件的交流电路

由

$$u = L\frac{\mathrm{d}i}{\mathrm{d}t}$$

有

$$u = \omega L I_m\cos\omega t = U_m\sin(\omega t + 90°)$$

式中
$$U_{\mathrm{m}} = \omega L I_{\mathrm{m}} = X_{\mathrm{L}} I_{\mathrm{m}}$$

波形图与相量图，如图 2—9 (b)、(c) 所示。

小结：

(1) 电压超前电流 90°。

(2) 电压与电流大小关系：$U = X_{\mathrm{L}} I$。

(3) 电压与电流相量式：$\dot{U} = j X_{\mathrm{L}} \dot{I}$。

2. 功率

电感元件的功率，如图 2—10 所示。

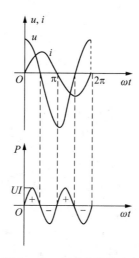

图 2—10 电感元件的功率

(1) 瞬时功率 $p = ui$。

(2) 平均功率 $P = 0$。

(3) 无功功率 Q_{L}。

电感元件虽然不耗能，但它与电源之间的能量交换始终在进行，这种电能和磁场能之间的交换可用无功功率来衡量，即

$$Q_{\mathrm{L}} = UI = I^{2} X_{\mathrm{L}} = \frac{U^{2}}{X_{\mathrm{L}}}$$

为和有功功率相区别，无功功率的单位定义为乏 (Var)。

三、纯电容电路

1. 电压电流关系

电容对交流电的阻碍作用，称为容抗，用 X_C 表示，单位是欧姆 (Ω)。设在电容元件的交流电路中，电压电流取关联参考方向，则电容元件的电压与电流关系为

$$i = \frac{\mathrm{d}Q}{\mathrm{d}t} = C \frac{\mathrm{d}u}{\mathrm{d}t}$$

设电压为参考正弦量，即

$$u = U_{\mathrm{m}} \sin \omega t$$

则
$$i = C \frac{\mathrm{d}u}{\mathrm{d}t} = \omega C U_{\mathrm{m}} \cos \omega t = I_{\mathrm{m}} \sin(\omega t + 90°)$$

式中 $$I_\mathrm{m} = \omega C U_\mathrm{m}$$

波形图与相量图，如图 2—11 所示。

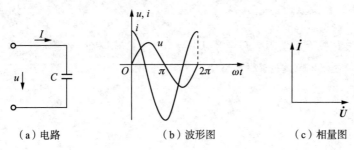

（a）电路　　　　　（b）波形图　　　　　（c）相量图

图 2—11　电容元件的交流电路

小结：

（1）电流超前电压 90°。

（2）电压与电流大小关系：$\dot{U} = X_\mathrm{C} \dot{I}$。

（3）电压与电流相量关系：$\dot{U} = -jX_\mathrm{C}\dot{I}$。

2. 功率

电容元件的功率，如图 2—12 所示。

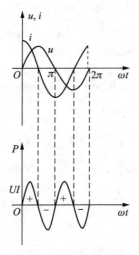

图 2—12　电容元件的功率

（1）瞬时功率 $P = ui = UI\sin 2\omega t$。

（2）平均功率 P＝0。

（3）无功功率 $Q_\mathrm{C} = UI_\mathrm{C} = I_\mathrm{C}^2 X_\mathrm{C} = U^2\omega C$。

项目四 电阻、电感、电容串联电路

　　在分析实际电路时，我们一般将复杂电路抽象为若干理想电路元件串并联组成的典型电路模型进行简化处理。本节讨论 R、L、C 串联典型电路，而单一参数电路、RL 串联电路、RC 串联电路则可以看成是它们的特例。

一、电压与电流之间的关系

如图 2—13(a)所示，R、L、C 串联电路，设有正弦电流 $i = I_m \sin\omega t$ 通过 R、L、C 串联电路，该电流在电阻、电感和电容上的电压降分别为

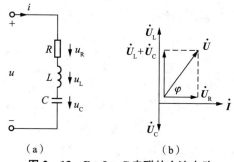

（a）　　　　　　　（b）

图 2—13　R、L、C 串联的交流电路

$$u_R = U_{Rm}\sin\omega t$$

$$u_L = U_{Lm}\sin(\omega t + 90°)$$

$$u_C = U_{Cm}\sin(\omega t - 90°)$$

根据基尔霍夫电压定律，总电压为

$$u = u_R + u_L + u_C$$

用相量形式表示为

$$\dot{U} = \dot{U}_R + \dot{U}_L + \dot{U}_C \tag{2—3}$$

现用相量表示法讨论电压与电流的有效值关系及相位关系。以 $\dot{I}$ 为参考相量，$\dot{I} = I\angle 0°$，则

$$\dot{U}_R = R\dot{I} = U_R\angle 0°$$

$$\dot{U}_L = jX_L\dot{I} = U_L\angle 90°$$

$$\dot{U}_C = -jX_C\dot{I} = U_C\angle -90°$$

作 $\dot{I}$、$\dot{U}_R$、$\dot{U}_L$、$\dot{U}_C$ 的相量图，如图 2—13(b)所示。

1. 电压有效值 $\dot{U}$

将 $\dot{U}_L$ 与 $\dot{U}_C$ 的相量和定义为 $\dot{U}_X$，由相量图可知外接电压相量 $\dot{U}$、相量 $\dot{U}_R$ 与 $\dot{U}_X = \dot{U}_L + \dot{U}_C$ 构成一个三角形，称为电压三角形，如图 2—14(a)所示。

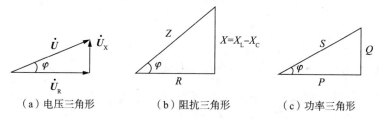

（a）电压三角形　　　　（b）阻抗三角形　　　　（c）功率三角形

图 2—14　电压、阻抗及功率三角形

可求出

$$U = \sqrt{U_R{}^2 + (U_L - U_C)^2} \qquad (2-4)$$

将 $U_R = RI$，$U_L = X_L I$，$U_C = X_C I$ 代入式(2—5)，得

$$U = \sqrt{(RI)^2 + (X_L I - X_C I)^2} = I\sqrt{R^2 + (X_L - X_C)^2} \qquad (2-5)$$

根式 $\sqrt{R^2 + (X_L - X_C)^2}$ 具有阻碍电流的性质，称为电路的阻抗，用符号 $|Z|$ 表示，它的单位也是欧姆(Ω)，即

$$|Z| = \sqrt{R^2 + (X_L - X_C)^2} \qquad (2-6)$$

2. 电压与电流有效值之间的关系

阻抗中的 $(X_L - X_C)$ 被称为电抗，用符号 X 表示，将 $X = X_L - X_C$ 代入上式，有

$$|Z| = \sqrt{R^2 + X^2}$$

阻抗 $|Z|$、R 与 X 的关系也可用直角三角形表示，称为阻抗三角形，如 2—14(b)所示。

于是，电压与电流有效值的关系

$$U = |Z|I$$

3. 电压与电流的相位差

由于以 $\dot{I}$ 为参考相量，$\varphi_i = 0$，所以 u、i 的相位差 $\varphi = \varphi_u - \varphi_i = \varphi_u$，由电压三角形可知

$$\varphi = \arctan\frac{U_L - U_C}{U_R} = \arctan\frac{X_L - X_C}{R}$$

可见，当电源频率一定时，电压 u 与电流 i 的相位关系和有效值关系都取决于电路参数 R、L、C。

4. 电压与电流的相量关系

$$\dot{U} = Z\dot{I} = |Z|\angle\varphi\dot{I} = |Z|\dot{I}\angle\varphi$$

上式表达了交流电路中电压与电流有效值之间的关系 $U = |Z|I$，又表达了电压与电流之间的相位差 φ。

若 $\varphi > 0$，说明电压超前电流 φ 角，这种电路称为感性电路；若 $\varphi < 0$，说明电压滞后于电流 φ，这种电路称为容性电路；若 $\varphi = 0$，说明电压与电流同相位，这种电路称为电阻性电路。

二、电阻、电感、电容串联电路的功率

1. 平均功率(有功功率)

电路的瞬时功率为

$$\begin{aligned} p &= ui = U_m\sin(\omega t + \varphi) \times I_m\sin\omega t \\ &= UI\cos\varphi - UI\cos(2\omega t + \varphi) \end{aligned}$$

电路的平均功率为

$$P = \frac{1}{T}\int_0^T p\,\mathrm{d}t = \frac{1}{T}\int_0^T [UI\cos\varphi - UI\cos(2\omega t + \varphi)]\mathrm{d}t = UI\cos\varphi$$

其中，φ 为电压与电流的相位差，$\cos\varphi$ 被称为功率因数，又被称为功率因数角。

由电压三角形可知

$$U\cos\varphi = U_R$$

所以

$$P = UI\cos\varphi = U_{\mathrm{R}}I = RI^2 \qquad (2-7)$$

上式说明串联电路的平均功率就是电阻元件消耗的平均功率，因为电感元件和电容元件的平均功率为零，这为以后求解复杂电路的有功功率提供了理论依据。

2. 无功功率

$$Q = Q_{\mathrm{L}} - Q_{\mathrm{C}} = UI\sin\varphi \qquad (2-8)$$

对于感性电路，$X_{\mathrm{L}} > X_{\mathrm{C}}$，则 $Q = Q_{\mathrm{L}} - Q_{\mathrm{C}} > 0$；对于容性电路，$X_{\mathrm{L}} < X_{\mathrm{C}}$，则 $Q = Q_{\mathrm{L}} - Q_{\mathrm{C}} < 0$。为了计算的方便，有时直接把容性电路的无功功率取为负值。例如，一个电容元件的无功功率为 $Q = -Q_{\mathrm{C}} = -U_{\mathrm{C}}I$。

3. 视在功率

在正弦交流电路中，把电流电压有效值的乘积定义为视在功率，用 S 表示，即

$$S = UI \qquad (2-9)$$

为了与平均功率相区别，视在功率不用瓦(W)作单位，而用伏安(VA)作单位。

由式(2—7)、式(2—8)、式(2—9) 可以得到

$$S = \sqrt{P^2 + Q^2} \qquad (2-10)$$

P、Q、S 三者也构成直角三角形，称为功率三角形，如图 2—14(c)所示。

式(2—7)、式(2—8)、式(2—9)、式(2—10) 还可推广到正弦交流电路中任一二端网络的功率计算。如图 2—15 所示，一二端网络。若二端网络上电压 u 和电流 i 的参考方向一致，则二端网络的平均功率和无功功率分别为

$$P = UI\cos\varphi$$

$$Q = UI\sin\varphi$$

其中，φ 为电压与电流的相位差，即 $\varphi = \varphi_{\mathrm{u}} - \varphi_{\mathrm{i}}$。

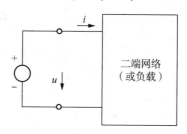

图 2—15　二端网络

另外，计算正弦交流电路中任一二端网络的功率时，电路中总的有功功率等于各部分的有功功率之和，即

$$P = \sum P_{\mathrm{K}}$$

$$Q = \sum Q_{\mathrm{K}}$$

功率求和时，应注意两个问题：电容部分的无功功率应取负值，总的视在功率不等于各部分的视在功率之和。

交流电设备都是按额定电压 U_{N} 和额定电流 I_{N} 设计和使用的，若供电电压为 U_{N}，负载取用的电流应不超过额定值 I_{N}，通常称额定视在功率 S_{N} 为电气设备的容量，即

$$S_{\mathrm{N}} = U_{\mathrm{N}}I_{\mathrm{N}}$$

交流电设备以额定电压 U_{N} 对负载供电，即使输出电流达到额定电流 I_{N}。其输出的有

功功率也不一定能达到额定功率，因为 P 还取决于负载的功率因数，即

$$P = U_N I_N \cos\varphi$$

其中，φ 为电压 u 与电流 i 的相位差，φ 和 $\cos\varphi$ 取决于电路的性质。

项目五 电路的谐振

在 R、L、C 串联电路中，当电感上电压与电容上的电压相等时，它们的瞬时值将互相抵消，这时电路中的总电流与总电压同相位，电路呈现纯电阻性质，此时称 R、L、C 串联电路发生了串联谐振。实际上，R、L、C 串联电路也会出现并联谐振现象，下面将分别进行讨论。

一、串联谐振

如图 2—13 所示，电路中，R、L、C 串联电路发生谐振的条件为 $X = X_L - X_C = 0$，设发生谐振时激励的频率为 ω_0，则

$$\omega_0 L - \frac{1}{\omega_0 C} = 0$$

ω_0 为 R、L、C 串联电路的谐振角频率，可解得

$$\omega_0 = \frac{1}{\sqrt{LC}}$$

由于 $\omega_0 = 2\pi f_0$，所以有

$$f_0 = \frac{1}{2\pi\sqrt{LC}} \tag{2—11}$$

f_0 称为串联电路的谐振频率，它与电阻 R 无关，反映了串联电路这种固有的性质，对于每一个 R、L、C 串联电路，总有一个对应的谐振频率，而且改变 ω、L 或 C 都有可使电路发生谐振或消除谐振。因此，在需要利用谐振电路时，可以设计出多种调谐方式。

串联谐振的特性如下：

（1）电流与电压同相位，电路呈电阻性。

（2）电路的阻抗最小，电流最大。

因谐振时电路复阻抗虚部为零，阻抗为纯电阻，阻抗的模为最小值，故电路中的最大电流十分容易求出：

$$Z = R + jX = R$$

$$I = I_0 = \frac{U}{|Z|} = \frac{U}{R}$$

由 R、L、C 串联电路的阻抗表达式为

$$|Z| = \sqrt{R^2 + \left(2\pi fL - \frac{1}{2\pi fC}\right)^2}$$

可知，如果电源输入电压不变，当电源频率 $f > f_0$ 或 $f < f_0$ 时，$|Z|$ 都要增加，I 都要下降。$|Z|$ 与 I 随 f 变化的关系曲线 $|Z| = f(f)$、$I = f(f)$ 分别为阻抗特性曲线与电流响应曲线，如图 2—16(a)、(b)所示。

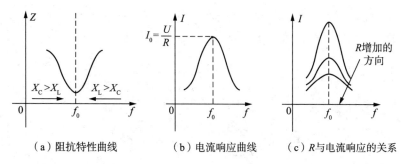

（a）阻抗特性曲线　　　　（b）电流响应曲线　　　（c）R与电流响应的关系

图 2—16　阻抗特性曲线与电流响应的关系

（3）电感端电压与电容端电压大小相等，相位相反，电阻端电压等于外电压。

谐振时，电感端电压与电容有效值相等，相位相反，相互完全抵消，外施电压全部加在电阻上，电阻电压达到最大值，即

$$\dot{U}_L = -\dot{U}_C$$

$$\dot{U} = \dot{U}_R$$

（4）电感和电容的端电压有可能与外加电压的比值为

$$Q = \frac{U_L}{U} = \frac{X_L I}{R I} = \frac{X_L}{R} = \frac{X_C}{R} = \frac{\omega_0 L}{R} = \frac{1}{\omega_0 R C}$$

$$U_L = U_C = QU$$

Q 称为谐振回路的品质因数或谐振系数。当 X_L 远大于 R 时，Q 值一般可达几十至几百，所以串联谐振时电感和电容的端电压有可能大大超过外加电压。在电子线路中，当输入端含有多种频率或成分的信号时，通过调谐可调节电路的参数值，从而在电容或电感上获得所想要频率的放大信号，这种从多种频率信号中挑选出所需信号的能力称为"选择性"。电流响应曲线越尖锐，电路的选择性越越好，电路的阻值越小，电流响应曲线就越尖锐，如图 2—16（c）所示。电路选择性的好坏使用品质因数来表示：Q 值越大，选择性越好；Q 值小，选择性越差。因为 Q 值远大于 1，当电路在接近谐振时，电感和电容上会出现超过外施电压 Q 倍的高电压。在电力系统中，出现这种高电压是不允许的，这将引起某些电气设备的损坏，但在无线电技术中它是有用的。

二、并联谐振

谐振也可以发生在并联电路中，下面以图 2—17 所示的电感线圈与电容器并联的电路为例来讨论并联谐振。

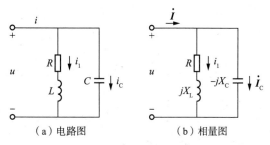

（a）电路图　　　　　（b）相量图

图 2—17　并联谐振

如图 2—17 所示电路中，当电路参数选取适当时，可使总电流 $\dot{I}$ 与外加电压 $\dot{U}$ 同相位，这时称电路发生了并联谐振。此时 R、L 支路中的电流为

$$\dot{I}_1 = \frac{\dot{U}}{R + jX_L} = \frac{\dot{U}}{R + j\omega L}$$

电容 C 支路中的电流为

$$\dot{I}_C = \frac{\dot{U}}{-jX_C} = \frac{\dot{U}}{-j\frac{1}{\omega C}} = j\omega C \dot{U}$$

总电流

$$\dot{I} = \dot{I}_1 + \dot{I}_C = \frac{\dot{U}}{R + j\omega L} + j\omega C \dot{U} = \left[\frac{R - j\omega L}{R^2 + (\omega L)^2} + j\omega C\right]\dot{U}$$

$$= \left[\frac{R}{R^2 + (\omega L)^2} + j\left(\omega C - \frac{\omega L}{R^2 + (\omega L)^2}\right)\right]\dot{U}$$

若总电流 $\dot{I}$ 与外加电压 $\dot{U}$ 同相位，则上式虚部应为零，即

$$\omega C = \frac{\omega L}{R^2 + (\omega L)^2}$$

一般情况下，线圈的电阻 R 很小，故

$$\omega C = \frac{\omega L}{R^2 + (\omega L)} \approx \frac{1}{\omega L}$$

于是，谐振角频率为

$$\omega_0 = \sqrt{\frac{1}{LC} - \left(\frac{R}{L}\right)^2} \approx \frac{1}{\sqrt{LC}}$$

故谐振频率为

$$f_0 \approx \frac{1}{2\pi\sqrt{LC}}$$

这说明并联谐振的条件与串联谐振的条件基本相同。并联谐振相量图，如图 2—17 (b)所示。

并联谐振有如下特征：

（1）电流与电压同相位，电路呈电阻性。

（2）电路的阻抗最大，电流最小。

谐振时的电流

$$\dot{I}_0 = \frac{R}{R^2 + (\omega_0 L)^2}\dot{U} = \frac{\dot{U}}{\frac{R^2 + (\omega_0 L)^2}{R}} = \frac{\dot{U}}{Z}$$

式中

$$Z = \frac{R^2 + (\omega_0 L)^2}{R} = \frac{L}{RC} \approx \frac{(\omega_0 L)^2}{R} \quad (R\text{ 相对很小})$$

因为电阻 R 很小，故并联谐振呈高阻抗特性，若 $R \rightarrow 0$，则 $Z \rightarrow \infty$，即电路不允许频率为 f_0 的电流通过。因而并联谐振电路也有选频特性，但要求流过并联谐振电路的

信号源为恒流源，以便从高阻抗上取出高的输出电压。当一个含有多个不同频率信号的信号源与并联电路连接时，并联电路如对其中某一个频率的信号发生谐振，对其呈现出最大的阻抗，就可以在信号两端得到最高的电压，而对其他频率的信号则呈现小阻抗，电压很低，从而将所需频率的信号放大取出。将其他频率的信号抑制掉，达到选频的目的。

（3）电感电源与电容电流近乎大小相等，相位相反。

由于 $\dot{U}$ 与 $\dot{I}$ 同相，且 $\dot{I}$ 的数值极小，故 $\dot{I}_1$ 与 $\dot{I}_\mathrm{C}$ 必然近乎大小相等，相位相反。

（4）电感或电容支路的电流有可能大大超过总电流。

并联谐振的品质因数为电感或电容支路的电流与总电流之比，即

$$Q = \frac{I_1}{I} = \frac{\dfrac{U}{\omega_0 L}}{\dfrac{U}{|Z_0|}} = \frac{|Z_0|}{\omega_0 L} = \frac{\dfrac{(\omega_0 L)^2}{R}}{\omega_0 L} = \frac{\omega_0 L}{R}$$

即 $I_1 = I_\mathrm{C} = QI$。因为这两支路的电流是电源供给电流的 Q 倍，所以当电路的品质因数 Q 较大时，必然出现电感或电容支路的电流大大超过总电流的情况。

同串联谐振一样，并联谐振在由于线路设计中是十分有用的，但在电力系统中应避免出现并联谐振，以防因此带来的电力系统过电流。

项目六 功率因数的提高

一、提高功率因数的意义

1. 使电源设备得到充分利用

电源设备的额定容量 S_N 是指设备可能发出的最大功率，实际运行中设备发出的功率 P 还要取决于 $\cos\varphi$，功率因数越高，发出的功率越接近于额定功率，电源设备的能力就越能得到充分发挥。

2. 降低线路损耗和线路压降

输电线路上的损耗为 $P_1 = I^2 R_1$，其中 R_1 为线路电阻，线路压降为 $U_1 = R_1 I$，而线路电流 $I = P/(U\cos\varphi)$，由此可见，当电源电压 U 及输出有功率 P 一定时，提高功率因数可以使线路电流减小，从而降低传输线上的损耗，提高供电质量。提高功率还可在相同线路损耗的情况下节约用铜，因为功率因数提高，电流减小，在 P_1 一定时，线路电阻可以增大，故传输导线可以做得细一些，这样就节约了铜材。

二、提高功率因数的方法

实际使用中，负载大多是感性的，如工业中大量使用的感应电动机、照明日光灯等，这些感性负载的功率因数大都较低，为了提高电网的经济运行水平，充分发挥设备的潜力，减少线路功率损失和提高供电质量，有必要采取措施提高电路的功率因数，并联电容是提高功率因数的主要方法之一。一般将功率因数提高到 $0.9\sim0.95$ 即可，负载可按此要求计算所并联电容器的容量。

对感性负载提高功率因数的电路，如图 2—18 所示。未并联电容时，线路中的电流 $\dot{I}$

等于感性负载电流 $\dot{I}_L$ ，此时功率因数为 $\cos\varphi_1$ ，φ_1 即为感性负载的阻抗角。并联电容 C 后，负载本身的工作情况没有任何改变，其端电压 $\dot{U}$ 、电流 $\dot{I}_L$ 及阻抗角 φ_1 都没有变，但电源线路中的电流 $\dot{I}$ 变化了。根据相量形式的 KCL，有 $\dot{I} = \dot{I}_L + \dot{I}_C$ 。感性负载并联电容后电路的相量图，如图 2—18 所示。由相量图中看出，总电流的有效值由原来的 I_L 减小到 I ，而且电流滞后于电压 $\dot{U}$ 的相位由原来的 φ_1 减小到 φ ，因此整个电路的功率因数由原来的 $\cos\varphi_1$ 提高到 $\cos\varphi$ 。由图 2—18(b)还可以看出，并联电容后，电容电流 $\dot{I}_C$ 补偿了一部分感性负载电流 $\dot{I}_L$ 的无功分量 $I_L\sin\varphi_1$ ，因而减小了线路中电流的无功分量，显然，并入电容支路的电流有效值为

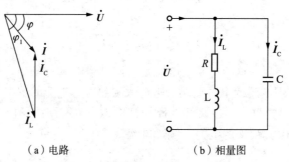

（a）电路　　　　　　　（b）相量图

图 2—18　提高感性负载的功率因数

$$I_C = I_L\sin\varphi_1 - I\sin\varphi$$

因为

$$I_C = \frac{U}{X_C} = U\omega C$$

所以，要是电路的功率因数由原来的 $\cos\varphi_1$ 提高到 $\cos\varphi$ ，需要并联的电容器的电容量为

$$C = \frac{I_L\sin\varphi_1 - I\sin\varphi}{\omega U} \tag{2—12}$$

从功率意义上分析，感性负载并联电容后，实质上是用电容消耗的无功功率补偿了一部分感性负载消耗的无功功率，它们进行了一部分能量交换，减少了电源供给无功功率，从而提高了整个电路的功率因数。因此，并联电容的无功功率为

$$Q_C = Q_L - Q = P(\tan\varphi_1 - \tan\varphi)$$

其中 P 为感性负载的有功功率。

又因为

$$Q_C = \frac{U_C}{X_C} = \omega C U^2$$

所以

$$C = \frac{P}{\omega U^2}(\tan\varphi_1 - \tan\varphi) \tag{2—13}$$

式（2—13）就是提高功率因数所需电容的计算公式。应当注意，在外施电压 U 不变的情况下，感性负载并联电容后所消耗的有功率 P 没有发生变化，这是因为有功功率 P

只由电阻消耗产生，并联电容后电阻上的电压、电流有效值没有改变，因而有功功率 P 没有发生变化。提高功率因数在电力系统中很重要，在实际生产中，并不要求功率因数提高到 1，这是因为此时要求并联的电容太大，需要增加设备的投资，从经济效益来看反而不经济了。因此，功率因数达到多大为宜，要比较具体的经济技术等指标后才能确定。

[**例 2—2**]　一个 220V40W 的日光灯，功率因数 $\cos\varphi_1 = 0.5$，接入频率 $f = 50\mathrm{Hz}$，电压 $U = 220\mathrm{V}$ 的正弦交流电源，要求把功率因数提高到 $\cos\varphi = 0.95$，试计算所需并联电容的电容值。

解：　因为 $\cos\varphi_1 = 0.5$，$\cos\varphi = 0.95$，所以

$$\tan\varphi_1 = 1.732，\tan\varphi = 0.329$$

$$Q_\mathrm{C} = P(\tan\varphi_1 - \tan\varphi) = 40 \times (1.732 - 0.329) = 56.12(\mathrm{Var})$$

$$C = \frac{Q_\mathrm{C}}{\omega U^2} = \frac{56.12}{314 \times 220^2} = 3.69(\mu\mathrm{F})$$

项目七　三相交流电路

一、三相交流电源

三相交流电是由三相交流发电机产生的，在三相交流发电机中，有三个相同的绕组（即线圈），三个绕组的始端分别用 U_1、V_1、W_1 表示，末端分别用 U_2、V_2、W_2 来表示，如图 2—19 所示，三相交流发电机原理。这三相绕组所发出的三相电动势幅值相等，频率相同，相位互差 120°。这样的三相电动势称为三相对称电动势，可以表示为

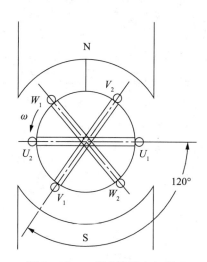

图 2—19　三相交流发电机原理

$$e_\mathrm{U} = E_\mathrm{m}\sin\omega t$$

$$e_\mathrm{V} = E_\mathrm{m}\sin(\omega t - 120°)$$

$$e_\mathrm{W} = E_\mathrm{m}\sin(\omega t - 240°) = E_\mathrm{m}\sin(\omega t + 120°) \tag{2—14}$$

如果以相量形式来表示，则有

$$\dot{\boldsymbol{E}}_U = E\angle 0°$$

$$\dot{\boldsymbol{E}}_V = E\angle -120°$$

$$\dot{\boldsymbol{E}}_W = E\angle -240° = E\angle 120° \tag{2—15}$$

它们的波形图及相量图，如图 2—20 所示。

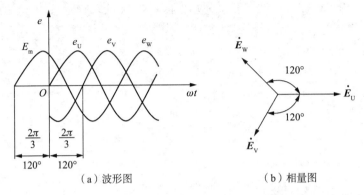

(a) 波形图　　　　　　　　　　(b) 相量图

图 2—20　三相对称电动势的波形图和相量图

三相交流电在相位上的先后次序称为相序，如上述的三相电动势 $\dot{\boldsymbol{E}}_U$、$\dot{\boldsymbol{E}}_V$、$\dot{\boldsymbol{E}}_W$ 依次滞后 120°，其相序为 $U \rightarrow V \rightarrow W$。

通常把发电机三相绕组的末端 U_2、V_2、W_2 连接成一点 N，而把始端 U_1、V_1、W_1 作为与外电路相连接的端点，这种连接方式称为电源的星形连接，如图 2—21 所示。N 点称为中性点或零点，从中点引出的导线称为中线或零线，有时中线接地又称为地线。从始端（U_1、V_1、W_1）引出的三根导线称为端线或相线，俗称火线，常用 L_1、L_2、L_3 表示。裸导线上可涂以黄、绿、红、淡蓝颜色标记以区分各导线，走线采用的导线颜色必须符合国家标准。

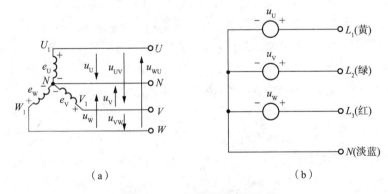

(a)　　　　　　　　　　　　(b)

图 2—21　三相电源的星形连接

由三条相线和一条中线构成的供电系统称为三相四线制供电系统，通常低压供电网均采用三相四线制。常见的只有两条导线的供电电路一般只包括三相中的一相，由一条相线和一条中线组成。

三相四线制供电系统可输送两种电压：一种是相线与中线之间的电压，称为相电压，用

U_U、U_V、U_W 表示；另一种是相线之间的电压，称为线电压，用 U_{UV}、U_{VW}、U_{WU} 表示。

通常规定各相电动势的参考方向为从绕组的末端指向始端，相电压的参考方向为从始端指向末端（从相线指向中线）；线电压的参考方向如 U_{UV} 的方向则为从相电压 U_U 指向 U_V。由图可知各线电压与相电压之间的关系为

$$\dot{U}_{UV} = \dot{U}_U - \dot{U}_V$$

$$\dot{U}_{VW} = \dot{U}_V - \dot{U}_W$$

$$\dot{U}_{WU} = \dot{U}_W - \dot{U}_U \tag{2—16}$$

线电压与相电压的相量图，如图 2—22 所示，由于三相电动势是对称的，故相电压也是对称的，由图可知，线电压也是对称的，在相位上比相应的相电压超前 30°。线电压的有效值用 U_l 表示，相电压的有效值用 U_P 表示。由相量图可知它们的关系为

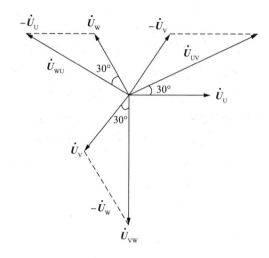

图 2—22 线电压与相电压的相量图

$$U_l = \sqrt{3} U_P \tag{2—17}$$

一般低压供电系统的线电压为 380V，它的相电压是 $380/\sqrt{3} = 220V$。可根据额定电压决定负载的接法：若负载额定电压是 380V，就接在两条相线之间；若负载额定电压是 220V，就接在相线和中线之间。必须注意，不加说明的三相电源和三相负载的额定电压都是指线电压。

项目八 三相负载的连接

三相交流电路中，负载的连接方式有两种：星形连接和三角形连接。

一、负载的星形连接

负载星形连接的三相四线制电路，如图 2—23 所示。若不计中线阻抗（$Z_N = 0$），则电源中点 N 与负载中点 N′ 等电位。若端线阻抗可以忽略不计（$Z_l = 0$），负载星形连接时，负载的相电压与电源的相电压相等，即 $\dot{U}_u = \dot{V}_U$，$\dot{U}_v = \dot{V}_V$，$\dot{U}_w = \dot{V}_W$；负载的线电压

与电源的线电压相等，即

$$\dot{U}_{uv} = \dot{U}_{UV} , \dot{U}_{vw} = \dot{U}_{VW} , \dot{U}_{wu} = \dot{U}_{WU}$$

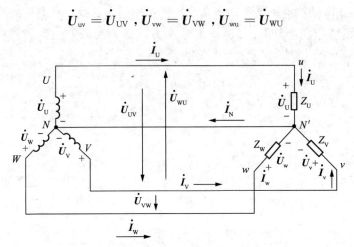

图 2—23 负载星形连接的三相四线制电路

在三相负载对称的情况下，如图 2—24(a)所示，电路有以下基本关系：

(1) 线电压是相电压的 $\sqrt{3}$ 倍，且超前于相应的相电压 30°。

(2) 负载的相电流等于线电流，如果用 I_P 表示相电流，用 I_L 表示线电流，则

$$I_P = I_L \tag{2—18}$$

(3) 中线电流等于三个线电流(相)电流的相量和。

$$\dot{I}_N = \dot{I}_U + \dot{I}_V + \dot{I}_W \tag{2—19}$$

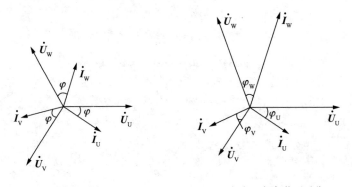

（a）三相负载对称　　　　　　　　（b）三相负载不对称

图 2—24 负载星形连接时的相量图

如果负载对称，即 $Z_U = Z_V = Z_W = Z = |Z| \angle \varphi$，则有

$$\dot{I}_N = \dot{I}_U + \dot{I}_V + \dot{I}_W = 0 \tag{2—20}$$

由于中线无电流，故可将中线除去，而成为三相三线制电路系统。工业生产上所用的三相负载(比如三相电动机、三相电炉等)通常情况下都要是对称的，可用三相三线制电路供电。但是，如果三相不对称，如图 2—24(b)所示，中线中就会有电流通过，此时中线不能除去，否则会造成负载上三相电压严重不对称，使用电设备不能正常工作。

二、负载的三角形连接

如果将三相负载的首尾相连，再将三个连接点与三相电源端线 U、V、W 连接，就构成了负载三角形连接的三相三线制电路，如图 2—25 所示。

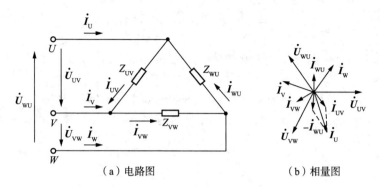

（a）电路图   （b）相量图

图 2—25 负载的三角形连接

若忽略端线阻抗（$Z_l = 0$），则电路有以下基本关系：

（1）由于各相负载都直接接在电源的线电压上，所以负载的相电压与电源的线电压相等。因此，无论负载对称与否，其相电压总是对称的，即

$$\dot{U}_{uv} = \dot{U}_{UV} \, , \, \dot{U}_{vw} = \dot{U}_{VW} \, , \, \dot{U}_{wu} = \dot{U}_{WU} \tag{2—21}$$

有效值关系为

$$U_P = U_l$$

（2）当三相负载对称时，各相负载完全相同，相电流和线电流也一定对称。负载的相电流为

$$I_{UV} = I_{VW} = I_{WU} = I_P = \frac{U_P}{|Z|} \tag{2—22}$$

线电流等于相电流 的 $\sqrt{3}$ 倍，且滞后于相应于相电流 30°，即

$$I_l = \sqrt{3} I_P \tag{2—23}$$

项目九 三相电路的功率

三相负载的有功功率等于各相有功功率之和，当负载为星形连接时，总功率为

$$P = P_U + P_V + P_W$$
$$= U_U I_U \cos\varphi_U + U_V I_V \cos\varphi_V + U_W I_W \cos\varphi_W$$

式中 φ_U、φ_V、φ_W 分别是各相相电压与相电流的相位差，亦即各相负载的阻抗角或功率因数角。

如果三相负载对称，则有

$$P = 3 U_P I_P \cos\varphi_P \tag{2—24}$$

对于三相电路，测量线电压和线电流往往比测量相电压或相电流方便，因此，常用线

电压和线电流来表示功率。星形连接时

$$U_P = \frac{U_1}{\sqrt{3}} , \qquad I_P = I_1$$

于是有

$$P = 3\frac{U_1}{\sqrt{3}}I_1\cos\varphi = \sqrt{3}U_1 I_1\cos\varphi \tag{2—25}$$

当负载为三角形连接时，其总功率为

$$P = P_{UV} + P_{VW} + P_{WU}$$
$$= U_{UV}I_{UV}\cos\varphi_{UV} + U_{VW}I_{VW}\cos\varphi_{VW} + U_{WU}I_{WU}\cos\varphi_W$$

同样，式中 φ_{UV}、φ_{VW}、φ_{WU} 分别是各相电压与相电流的相位差，也就是各相负载的阻抗角或功率因数角。

如果三相负载对称，则有

$$P = U_P I_P\cos\varphi_P$$

对于三角形连接，有

$$U_P = U_1 , \ I_P = \frac{I_1}{\sqrt{3}}$$

则

$$P = 3U_1\frac{I_1}{\sqrt{3}}\cos\varphi = \sqrt{3}U_1 I_1\cos\varphi \tag{2—26}$$

综上所述，无论负载是星形连接还是三角形连接，三相电路的有功功率均可用 $P = \sqrt{3}U_1 I_1\cos\varphi$ 来表示，式中的 φ 均指相电压与相电流的相位差角，即负载 Z 的阻抗角。

三相电路总的无功功率也等于三相无功功率之和，在对称三相电路中，三相无功功率为

$$Q = 3U_P I_P\sin\varphi = \sqrt{3}U_1 I_1\sin\varphi \tag{2—27}$$

而三相视在功率为

$$S = \sqrt{P^2 + Q^2} = 3U_P I_P = \sqrt{3}U_1 I_1 \tag{2—28}$$

技能训练

任务一 单相配电板(含电度表)电路的安装接线

电度表又叫电能表，是用来测量某一段时间内发电机发出的电能或负载消耗的电能的仪表。单相电度表用于单相照明电路。

一、单相电度表

如图 2—26 所示，单相电度表主要由驱动元件、转动元件、制动元件、积算机构四部分组成。

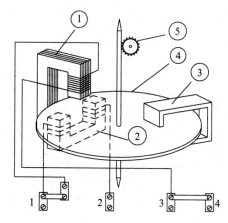

图 2—26 电度表的结构示意图的结构

（1）驱动元件。

驱动元件由电压元件（电压线圈及其铁芯见图 2—26①）和电流元件（电流线圈及其铁芯见图 2—26②）组成。其中电压线圈与负载并联，电流线圈与负载串联。驱动元件的作用是产生转矩，当把两个固定电磁铁的线圈接到交流电路时，便产生交变磁通，使处于电磁铁空气隙中的可动铝盘产生感应电流（即涡流），此感应电流受磁场的作用而产生转动力矩，驱使铝盘转动。

（2）转动元件。

转动元件由可动铝盘（见图 2—26④）和转轴组成。转轴固定在铝盘的中心，并采用轴尖轴承支承方式。当转动力矩推动铝盘转动时，通过蜗杆、蜗轮的作用将铝盘的转动传递给积算机构计数。

（3）制动元件。

制动元件又叫制动磁铁（见图 2—26③），它由永久磁铁和可动铝盘组成。电度表若无制动元件，铝盘在转矩的作用下将越转越快而无法计数。装设制动元件以后，可使铝盘的转速与负载功率的大小成正比，从而使电度表能用铝盘转数正确反映负载所耗电能的大小。

（4）积算机构。

积算机构又叫计算器。它由蜗杆、蜗轮、齿轮（见图 2—26⑤）和字轮组成。当铝盘转动时，通过蜗杆、蜗轮和齿轮的传动作用，同时带动字轮转动，从而实现计算电度表铝盘的转数，达到累计电能的目的。

二、单相电度表的选择

选择单相电度表时，要注意电压、电流及功率因数的影响。

（1）电压。

电度表的额定电压应与被测电压一致。

（2）电流。

电度表的额定电流应略大于被测线路可能出现的最大电流。如果被测电流很小，则电度表的误差较大。在电流低于电流额定电流的 5% 时，不仅误差很大，而且工作还不稳定。以负载电流最小不小于电度表额定电流的 10%，最大负载电流与电度表的额定电流相接近为好。

（3）功率因数的影响。

在计算负载电流时，要注意功率因数的影响，不能简单地用功率除以额定电压，应采用如下公式计算电流：

$$I = P/U(\cos\varphi) \tag{2—29}$$

式中：$\cos\varphi$——功率因数（纯电阻如白炽灯、电炉等为 1；气体灯如日光灯等为 0.5；电动机为 0.7）。

三、单相电度表的接线方法

（1）直接接入法。

电源相线 L 接 1 端子，电源零线 N 接 3 端子，负载相线接 2 端子，负载零线接 4 端子，如图 2—27(a)所示。

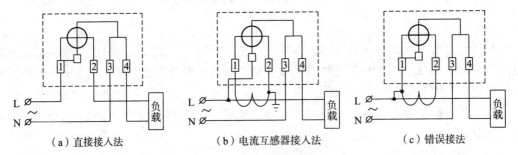

（a）直接接入法　　　　（b）电流互感器接入法　　　　（c）错误接法

图 2—27　单相电度表的接线方法

（2）电流互感器接入法。

如图 2—27(b)所示，电度表的 1、2 接线端子与电流互感器二次侧的两个端子相连接，电流互感器二次侧的其中一个端子接地；3、4 接线端子分别与电源工作零线和负载工作零线相连接，电度表内部电压线圈接线端子直接与电源相线 L 连接。如图 2—27(c)所示的接线方法是错误接法，因为电流互感器的安全规程规定：互感器的铁芯和二次侧其中一端必须接地，以防止一次侧高电压窜入二次侧。

四、实训图

掌握单相配电板(含电度表)电路安装接线的实作技能：

（1）单相配电板(含电度表)的电路原理图，如图 2—28 所示。

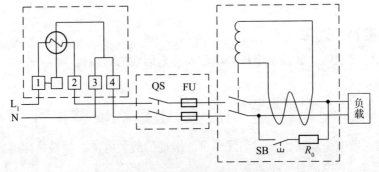

图 2—28　单相配电板电路原理图

(2) 单相配电板(含电度表)的接线图,如图 2—29 所示。

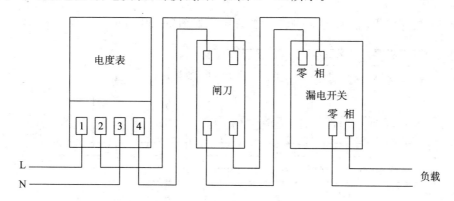

图 2—29　单相配电板电路接线图

五、实训器材

(1) 配电制板(400mm×500mm)1 块;

(2) 单相电度表(DD₁220V/3A)1 只;

(3) 单相闸刀开关(10A)1 个;

(4) 单相漏电开关 1 个;

(5) 绝缘铜芯线 BVV‐1.5 及木螺丝若干;

(6) 电工常用工具 1 套。

六、民用配电板的安装步骤

(1) 将电度表、闸刀开关和漏电开关放在配电制板上,使它们排列整齐美观,然后定位钻穿线孔,但采用板前配线时,则不用钻穿线孔。

(2) 在制板上固定电度表、闸刀开关和漏电开关。

(3) 按接线图接线。

七、注意事项

(1) 电度表接线时,1 号接线桩接相线进线,2 号接线桩接相线出线。如果接反了,电度表会反转。

(2) 闸刀开关接线时,必须符合左零右相的规定。

(3) 漏电开关接线时,要按接线桩上标明的零、相线接线。如果接线桩上没有标明零相线,则应按左零右相的规定接线。

(4) 采用板后配线时,电度表与闸刀开关、闸刀开关与漏电开关之间的连线要预留一定的松弛度,不能拉得过紧。

(5) 采用板前明配线时,导线要横平竖直,导线要紧贴排列,并贴紧板面。

任务二　三相配电板(含电度表)电路的安装接线

一、实训目的

掌握三相配电板(含电度表)电路安装接线的实作技能。

二、实训图

（1）三相配电板（含电度表）的电路原理图，如图 2—30 所示。

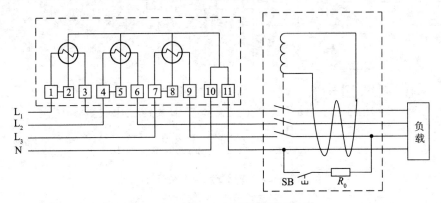

图 2—30　三相配电板的电路原理图

（2）三相配电板（含电度表）的电路接线图，如图 2—31 所示。

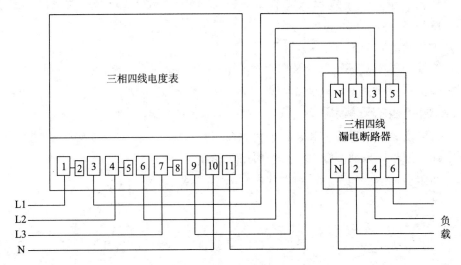

图 2—31　三相配电板电路接线图

三、实训器材

（1）配电制板（400mm×500mm）1 块。

（2）三相四线制电度表（5A）1 只。

（3）三相漏电断路器 1 个。

（4）绝缘铜芯线 BVV‑1.5 及木螺丝若干。

（5）电工常用工具 1 套。

四、三相配电板（含电度表）的安装步骤

（1）将三相四线电度表和漏电断路器放在配电制板上，使它们排列整齐美观，然后定位钻穿线孔，但采用板前配线时，则不用钻穿线孔。

（2）在制板上固定三相四线电度表和漏电断路器。

（3）按接线图接线。

五、安装注意事项

（1）电度表接线时，1、4、7 号接线桩接电源进线 L_1、L_2、L_3；而 3、6、9 号接线桩接漏电断路器 5、3、1 接线桩。10 号接线桩接电源进线 N，11 号接线桩接入漏电断路器 N 接线桩，不可接错。

（2）采用板后配线时，电度表与闸刀开关、闸刀开关与漏电开关之间的连线，要预留一定的松弛度，不能拉得过紧。

（3）采用板前明配线时，导线要横平竖直，紧贴排列，并贴紧板面。

任务三 三相三线制线路上低压补偿电容器放电负载的安装

一、实训目的

了解低压电容器与放电负载的连接方式，掌握三相三线制线路上低压补偿电容放电负载电路的安装技能。

二、实训图

（1）实训电路原理图，如图 2—32 所示。

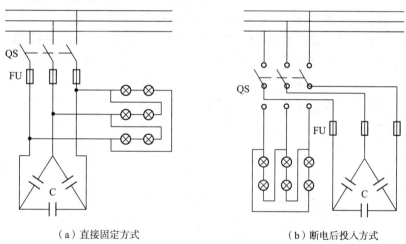

（a）直接固定方式　　　　　　　　（b）断电后投入方式

图 2—32　电容器与放电负载的连接电路原理图

（2）实训电路电器安装板，如图 2—33 所示。

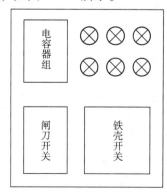

图2—33　实训电路电器安装板

三、实训器材

(1) 电路板 1 块、60A 三相闸刀开关 1 个、40A 铁壳开关 1 个、380V 三相电容器组 1 组、三相三线制电源线(带插头)1 条。

(2) 绝缘铜导线若干、紧固件若干。

(3) 螺口灯座 6 个、15W 白炽灯泡 6 个。

(4) 常用电工工具 1 套。

四、实训步骤

(1) 配齐必需器材并检查元件质量。

(2) 在电路板上按图 2—33 安装所有电器元件。

(3) 根据原理图 2—32(a)在电路板上接线。

(4) 检查电路接线的正确性。

(5) 闸刀开关进线端接电源线。

(6) 经指导教师检查无误后,通电校验,并观察电容补偿及放电时灯泡的工作状态。

五、安装注意事项

(1) 紧固电器元件要用力均匀、紧固程度适当,以防止损坏元件。

(2) 布线要平直整齐,走线合理,符合工艺要求。

(3) 接头不得松动,线芯露出符合规定,不压绝缘层,平压式接桩的导线不反圈。

(4) 通电时,必须得到指导教师同意,经初检后,由指导教师接通电源,并由其现场监护。

(5) 通电时出现故障,应立即停电并进行检修,若需带电检查,必须有指导教师在现场监护。

测试题

1. 判断下列结论是否正确

(　) (1) 当负载作星形连接时,必须有中线。

(　) (2) 当负载作三角形连接时,线电流必为相电流的 3 倍。

(　) (3) 当负载作三角形连接时,相电压必等于线电压。

2. 三相四线制系统中,中线的作用是什么?为什么中线干线上不能接熔断器和开关?

3. 如图 2—34 所示的电路,$U_S = 1V$,$R_1 = 1\Omega$,$I_S = 2A$,电阻 R 消耗功率为 2W,试求 R 的阻值。

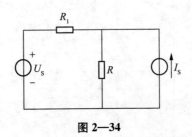

图 2—34

4. 如图 2—35 所示的相量图中，已知 $U = 220$V，$I_1 = 10$A，$I_2 = 5\sqrt{2}$ A，它们的角频率是 ω，试写出正弦量的瞬时值表达式及其相量。

5. 三相电炉每相电阻 $R = 10\Omega$，接在额定电压 380V 的三相对称电源上，分别求星形连接和三角形连接时电炉从电网中各吸收多少功率?

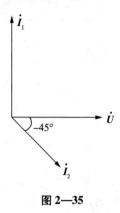

图 2—35

模块三　安全用电技术

 **学习目标**

1. 了解电流对人体的危害及防范措施;
2. 熟悉安全电压值,会识别安全标志;
3. 能正确选用各种用电设备的安全电压;
4. 掌握绝缘、屏护、间距、安全电压等防止直接电击的措施;
5. 了解 IT 系统、TT 系统和 TN 系统;
6. 了解保护接地和保护接零的有关要求;
7. 了解接地装置;
8. 掌握保护接地、保护接零、加强绝缘和电气隔离等防止间接电击的措施;
9. 掌握口对口人工呼吸抢救方法;
10. 掌握人工胸外心脏按压抢救方法。

项目一　电气危害

　　电流对人体的作用是指电流通过人体内部对于人体的有害作用。小电流通过人体,会引起麻感、针刺感、压迫感、打击感、痉挛、疼痛、呼吸困难、血压异常、昏迷、心律不齐、窒息、心室颤动等症状,数安以上的电流通过人体,还可能导致生命危险。

　　电流通过人体内部,对人体伤害的严重程度与通过人体电流的大小、电流通过人体的持续时间、电流通过人体的途径、电流的种类以及人体的身体状况等多种因素有关,而且各因素之间,特别是电流大小与通过时间之间有着十分密切的关系。

一、电流大小的影响

　　通过人体的电流越大,人体的生理反应越明显,感觉越强烈,引起心室颤动所需的时间越短,致命的危险越大。按照电流通过人体时人体呈现的不同状态,将通过人体的电流划分为三个界限。

　　(1)感知电流。

　　在一定概率下,电流通过人体时能引起任何感觉的最小电流称为感知电流。人对电流的最初感觉是轻微麻抖和轻微刺痛。对于不同的人，感知电流各有不相同，感知概率50%的平均感知电流，成年男性约为1.1mA，成年女性约为0.7mA。

感知电流一般不会对人体造成伤害，但当电流增大时，感觉增强，反应加剧，可能导致坠落等二次事故。

（2）摆脱电流。

这是手握带电体的人能自行摆脱带电体的最大电流。成人男性的平均摆脱电流约为16mA，成年女性平均摆脱电流约为10.5mA；摆脱概率为99.5%时，成年男性和成年女性的摆脱电流约为9mA和6mA。

当通过人体的电流达到摆脱电流时，暂时不会有生命危险，但电流超过摆脱电流以后，会感到异常痛苦、恐慌和难以忍受；如时间过长，则可昏迷、窒息甚至死亡。

（3）室颤电流。

通过人体引起心室发生纤维性颤动的最小电流称为室颤电流。室颤电流的大小与电流持续时间有关，当电流持续时间超过心脏搏动周期时，室颤电流约为50mA；持续时间越小，室颤电流越大，时间小于0.1秒时，室颤电流可达数百毫安以上。在较短时间内危及生命的电流可称为最小致命电流。

二、电流持续时间的影响

电击持续时间越长，则电击危险性越大，如表3—1所示。其原因有以下四点：

表 3—1　　　　　　　　　　　　　工频电流对人体的作用

电流范围	电流（mA）	通 电 时 间	人体生理反应
0	0～0.5	连续通电	没有感觉
A_1	0.5～5	连续通电	开始有感觉，手指、手腕等处有痛感，没有痉挛，可以摆脱带电体
A_2	5～30	数分钟以内	痉挛，不能摆脱带电体，呼吸困难，血压升高，是可忍受的极限
A_3	30～50	数秒到数分钟	心脏跳动不规则，昏迷，血压升高，强烈痉挛，时间过长即引起心室纤维性颤动
B_1	50～数百	低于心脏搏动周期	受强烈刺激，但未发生心室纤维性颤动
		超过心脏搏动周期	昏迷，心室颤动，接触部位留有电流通过的痕迹
B_2	超过数百	低于心脏搏动周期	在心脏搏动周期特定的相位电击时，发生心室纤维性颤动，昏迷，接触部位留有电流通过的痕迹
		超过心脏搏动周期	心脏停止跳动，昏迷，可能致命的电灼伤

（1）时间越长，人体吸收局外电能越多，引起心室颤动的电流减小，伤害越严重。

（2）时间越长，电流越容易与心脏易激期（易损期）重合，越容易引起心室纤维性颤动，电击危险性越大。

（3）随着时间延长，人体电阻将由于出汗、击穿、电解而下降，如接触电压不变，流经人体的电流必然增加，电击危险性随之加大。

（4）电击持续时间越长，中枢神经反射越强烈，危险性越大。

三、电流途径的影响

（1）电流通过心脏会引起心室纤维性颤动，较大的电流还会使心脏停止跳动，这都会使血液循环中断导致死亡。

（2）电流通过中枢神经或有关部位，会引起中枢神经系统强烈失调而导致死亡。

（3）电流通过头部会使人昏迷，若电流较大，会对人脑产生严重损害，使人不醒而死亡。

（4）电流通过脊髓，会使人截瘫。

以上四种伤害中，以对心脏的伤害最为严重。因此，从左手到前胸的途径，由于其途经心脏，且途径又短，而成为最危险的电流途径；从脚到脚是危险性较小的电流途径。

四、电流种类的影响

各种电流对人体都有致命危险，但不同种类的电流危险程度不同，直流电、调频电流、冲击电流和静电电荷对人体都有伤害作用，其伤害程度一般较工频电流（50～60Hz）为轻。

电流的频率不同，对人体的伤害程度也不同，25～300Hz 的电流对心脏伤害最大，1 000Hz 以上的，伤害程度明显减轻，但高压高频电流也有电击致命的危险。

五、人体特征的影响

电流对人体的伤害程度与人体状况的关系有以下几点，应当注意：

（1）电流对人体的作用，女性较男性敏感。女性的感知电流和摆脱电流约比男性低三分之一。

（2）小孩遭受电击较成人危险，例如，一个 11 岁男孩的摆脱电流为 9mA，一个 9 岁男孩的摆脱电流为 7.6mA。

（3）身体健康、肌肉发达者摆脱电流较大，危险性减小。

（4）室颤电流与心脏质量成正比，患有心脏病、中枢神经系统疾病和肺病的人遭受电击后的危险性较大。

项目二 电流对人体的伤害

电流对人体的伤害可分为电击和电伤两种。

一、电击

当电流流过人体，人体直接接受局外电能时，人将受到不同的伤害，这种伤害叫做电击。

（1）按照发生电击时电气设备的状态，电击可分为直接接触电击和间接接触电击两种。

①直接接触电击：是指触及电气设备和线路正常运行时的带电体而引发的电击（如误触接线端子发生的电击），也称为正常状态下的电击。

②间接接触电击：是指触及正常状态下不带电，只有当电气设备或线路发生故障时意外带电的导体而引发的电击（如触及漏电设备的外壳发生的电击），也称为故障状态下的

电击。

（2）按照人体触及带电体的方式和电流流过人体的途径。电击可分为：

①单相电击。人站在导电性地面或其他接地导体上，人体的某一部位触及一相带电体时，由加在人体上的接触电压造成的电击称为单相电击。大部分电击事故都是单相电击事故，占触电事故的70％左右。单相电击的危险程度除与带电体电压高低、人体电阻、鞋和地面状态等因素有关外，还与人体离接地点的距离以及配电网对地运行方式有关。一般情况下，接地电网中发生的单相电击比不接地电网中发生的危险性大。

②两相电击。两相电击是指人体两处同时触及两相带电体的触电事故。两相电击的危险主要决定于带电体之间的电压和人体电阻，其危险性一般比较大。应当指出，漏电保护装置对两相电击是不起作用的。

③跨步电压电击。当电流流入地下时（这一电流称为接地电流），电流自接地体向四周流散（这时的电流称为流散电流），于是，接地点周围的土壤中将产生电压降，接地点周围地面将带有不同的对地电压，当人站在接地点周围时，两脚之间承受的电压称为跨步电压，由此跨步电压造成的电击称为跨步电压电击。

跨步电压的大小受接地电流大小、鞋和地面特征、两脚之间的跨距、两脚的方位以及离接地点的远近等很多因素的影响。

二、电伤

电伤是由电流的热效应、化学效应、机械效应等对人体造成的伤害。造成电伤的电流都比较大。电伤会在机体表面留下明显的伤痕，且其伤害作用可能深入体内。其对人体造成的主要危害有：

（1）电烧伤。是电流的热效应造成的伤害，分为电流灼伤和电弧烧伤。

电流灼伤是人体与带电体接触，电流通过人体由电能转换成热能造成的伤害。电流灼伤一般发生在低压设备或低压线路上。

电弧烧伤是由弧光放电造成的伤害，分为直接电弧烧伤和间接电弧烧伤。直接电弧烧伤是带电体与人体之间发生电弧，有电流流过人体的烧伤，它与电击同时发生；间接电弧烧伤是电弧发生在人体附近对人体的烧伤，它包含熔化了的炽热金属溅出造成的烫伤。

（2）皮肤金属化。是在电弧高温的作用下，金属熔化、汽化，金属微粒渗入皮肤，使皮肤粗糙而张紧的伤害，它多与电弧烧伤同时发生。

（3）电烙印。是在人体与带电体接触的部位留下的永久性斑痕。斑痕处的皮肤失去原有的弹性、色泽，表皮坏死，失去知觉。

（4）机械损伤。是电流作用于人体时，由于中枢神经反射、肌肉强烈收缩、体内液体汽化等作用导致的机体组织断裂、骨折等伤害。

（5）电光眼。是发生弧光放电时，由红外线、可见光、紫外线对眼睛造成的伤害。电光眼表现为角膜炎或结膜炎。

项目三 安全电压

根据欧姆定律可知，在电阻一定时，电压越高，流过电阻的电流越大。因此，可以把能加在人身上的电压限制在某一范围之内，使得在这种电压下，通过人体的电流不超过允许的范围，这一电压就称为安全电压。但电气安全技术所规范的安全电压具有其特定的含义，即安全电压是为防止触电事故而采用的由特定电源供电的电压系列。安全电压这一定义的内涵有三：

（1）采用安全电压可防止触电事故的发生。

（2）安全电压必须由特定的电源供电。

（3）安全电压有一系列的数值，各适用一定的用电环境。

对于那些人们需要经常接触和操作的移动式或携带式用电器具（如行灯、手电钻等）来说，正确地选用相应额定值的安全电压作为供电电压，是一项防止触电伤亡事故的重要技术措施。

一、安全电压的限值和额定值

（1）限值。限值是在任何运行情况下，任何两导体之间都不得超过的电压值。我国规定工频安全电压有效值的限值为50V。

（2）额定值。我国规定42、36、24、12和6V为工频安全电压有效值的额定值。

二、安全电压的选用

（1）凡在特别危险环境使用的携带式电动工具应采用42V安全电压。

（2）凡高度不足2.5m的照明装置、机床局部照明灯具、移动行灯、手持电动工具（如手电钻）以及潮湿场所的电气设备，其安全电压应采用36V。

（3）在有电击危险环境使用的手持照明灯和局部照明灯应采用24V安全电压。

（4）在金属容器内、隧道内、矿井内等工作地点狭窄、工作人员活动困难、周围有大面积接地导体或金属结构（如金属容器内），因而存在高度触电危险的环境以及特别潮湿的场所，则应采用12V安全电压。

（5）水下作业等特殊场所应采用6V安全电压。

（6）当电气设备采用24V以上的安全电压时，必须采取直接接触电击的防护措施。

三、防止直接接触触电的安全要求

（1）正确选用安全电压。

（2）采用隔离电源：安全电压必须由双绕组变压器获得，而且其原、副绕组间有加强绝缘，不得由自耦变压器或电阻分压器获得。同时，电源变压器不得带入金属容器内使用。

（3）安全电压边（副绕组）保持独立，不接地、不接零，也不接其他电路。

（4）不同电压的线路应尽量分开敷设；不同电压的插座应有明显的区别，避免插错。

（5）安全变压器的铁芯和外壳均应接地，以防止一、二次绕组间绝缘击穿时，高压窜入低压回路引起触电危险。此外，还应在高、低压回路中装设熔断器进行短路保护。

（6）可移动式变压器一次侧的电源线长度不应超过3m。

四、安全标志

在有触电危险的处所或容易产生误判断、误操作的地方，以及存在不安全因素的现场，设置醒目的文字或图形标志，提示人们识别、警惕危险因素，对防止人们偶然触及或过分接近带电体而触电具有重要作用。

1. 对标志的要求

（1）文字简明扼要，图形清晰、色彩醒目。例如用白底红边黑字制作的"止步，高压危险！"的标示牌，白色背景衬托下的红边和黑字，可以收到清晰醒目的效果，也使这标示牌的警告作用更加强烈。

（2）标准统一或符合习惯，以便于管理。我国采用的颜色标志的含义基本上与国际安全标准相同，如表3—2所示。

表3—2   安全色标的意义

色 标	含 义	举 例
红色	禁止、停止、消防	停止按钮、灭火器、仪表运行极限
黄色	注意、警告	"当心触电"、"注意安全"
绿色	安全、通过、允许、工作	如"在此工作"、"已接地"
黑色	警告	多用于文字、图形、符号
蓝色	强制执行	"必须戴安全帽"

2. 常用标志

裸母线及电缆芯线的相序或极性标志，如表3—3所示。表中列出了新旧两种颜色标志，在工程施工和产品制造中，应逐步向新标准过渡。

按国际标准和我国标准，在任何情况下，黄绿双色线只能用作保护接地线或保护接零线。但在日本及西欧一些国家采用单一绿色作为保护接地（零）线，我国出口转内销时也是如此。使用这类新产品时，必须注意，仔细查阅使用说明书或用万用表判别，以免接错线造成触电。

表3—3   导体色标

	交流电路				直流电路		接地线
	L_1	L_2	L_3	N	正极	负极	
新色标	黄	绿	红	淡蓝	棕	蓝	黄/绿双色线
旧色标	黄	绿	红	黑	红	蓝	黑

3. 标示牌

安全牌是由干燥的木材或绝缘材料制作而成的小牌子。其内容包括文字、图形和安全色，悬挂于规定的处所，起着重要的安全标志作用。安全牌按其用途分为允许、警告、禁止和提示等类型。

电工专用的安全牌通常称为标示牌，其作用是警告工作人员或非工作人员不得过分接近带电部分，指明工作人员准确的工作地点，提醒工作人员应当注意的问题，以及禁止向某段线路送电等。

标示牌的种类很多，如"止步，高压危险！"、"在此工作"、"有人工作，禁止合闸"等。常用标示牌的规格及悬挂位置，如表3—4所示。

表 3—4　　　　　　　　　　常用标示牌的规格及悬挂处所

类型	名　称	悬挂位置	式样和要求		
			尺寸(mm)	底色	字色
禁止类	禁止合闸 有人工作!	一经合闸即可送电到施工设备的开关和刀闸操作手柄上	200×200 80×50	白底	红字
	禁止合闸 线路有人工作!	一经合闸即可送电到施工线路的线路开关和刀闸操作手柄上	200×200 80×50	红底	白字
	禁止攀登 高压危险!	邻近工作地点可上下的铁架上	250×200	白底红边	黑字
警告类	止步 高压危险!	工作地点邻近带电设备的遮栏上; 室外工作地点邻近带电设备的构架上; 禁止通行的过道上; 高压试验地点	250×200	白底红边	黑字, 有红箭头
提示类	从此上下	工作人员上下的铁架梯子上	250×250	绿底, 中有直径210mm的白圆圈	黑字, 写于白圆圈中
允许类	在此工作	室外或室内工作地点或施工设备上	250×250	绿底, 中有直径210mm的白圆圈	黑字, 写于白圆圈中
	已接地	看不到的接地线的设备上	200×100	绿底	黑字

项目四　预防直接接触触电的保护措施

一、绝缘措施

良好的绝缘是保证电气设备和线路正常运行的必要条件，是防止触电事故的重要措施。选用绝缘材料必须与电气设备的工作电压、工作环境和运行条件相适应。不同的设备或电路对绝缘电阻的要求不同。

二、屏护措施

采用屏护装置，如常用电器的绝缘外壳、金属网罩、金属外壳，变压器的遮栏、栅栏等将带电体与外界隔绝开来，以杜绝不安全因素。凡是金属材料制成的屏护装置，应妥善接地或接零。

1. 遮栏安全要求

（1）网眼遮栏高度：不应低于 1.7m。

（2）网眼遮栏下部边缘离地面的高度不应大于 0.1m。

（3）网眼不应大于 $40 \times 40 mm^2$。

（4）网眼遮栏与裸导体的距离：低压不应小于 0.15m；10kV 不应小于 0.35m；35kV 不应小于 0.6m。

2. 栅栏安全要求

（1）栅栏高度：户内不应小于 1.2m；户外不应小于 1.5m。

（2）栅栏与裸导体的距离（低压）不应小于 0.8m。

（3）栏条间距不应大于 0.2m。

3. 屏护装置的安全条件

（1）机械性能良好：所用材料应有良好的机械性能。

（2）安装牢固：遮栏应具有永久性特征。

（3）良好接地（或接零）：金属屏护装置应有良好的接地（或接零）措施。

（4）挂警告牌：遮栏、栅栏等屏护装置上应有明显的标志："止步，高压危险"、"切勿攀登，高压危险"或"高压，生命危险"等警告牌。

（5）出入口要有安全措施：遮栏出入口的门上，应装锁或安装信号、联锁装置。

三、间距措施

间距是将可能触及的带电体置于可能触及的范围之外。为了安全，带电体与地面之间、带电体与树木之间、带电体与其他设施或设备之间、带电体与带电体之间均需保持足够的安全距离。间距的大小取决于电压高低、设备类型、环境条件和安装方式等因素。常见的间距如下：

（1）低压架空线路与行车道路的距离不应小于 6m。

（2）低压架空线路与屋顶的距离不应小于 2.5m。

（3）灯具的安装高度：

①一般场所不应低于 1.8m；

②潮湿场所不应低于 2.5m；

③室外固定式安装不应低于 3m。

（4）墙边开关的安装高度一般为 1.3～1.5m；拉绳开关的安装高度一般为 2～3m。

（5）照明分路总开关的安装高度一般为 1.8～2m。

（6）插座的安装高度一般为 1.3～1.5m，最低不得小于 0.15m，住宅、公共场所、儿童活动场所不得低于 1.3m。

（7）水枪喷嘴与带电体之间的距离：10kV 及以下者不得小于 0.4m；35kV 者不得小于 0.6m。

（8）喷灯、气焊的火焰与带电体的距离：10kV 及以下者不得小于 1.5m；35kV 者不得小于 3m。

（9）低压配电装置正面通道的宽度：单列时不应小于 1.5m；双列时不应小于 2m。

（10）低压配电装置背面通道的宽度：一般不应小于 1m，有困难时可降为 0.8m。

（11）采用街码沿墙敷设的低压架空线路，导线与不良导体及各种金属物的距离：

①导线与各种金属物（如招牌、檐蓬、铁闸等）的距离不得小于 0.2m。

②导线与各种不良导体（如阳台、非金属物）的距离不得少于 0.1m。

（12）低压架空线与门窗的距离：

①通过门窗上方时的垂直距离为 0.15m。

②通过门窗下方时的垂直距离为 0.50m。

③平行通过门窗时的水平距离为 0.70m。

（13）街码布线的安装高度：室内不小于 2.5m，室外不小于 3m。

（14）城镇低压街码垂直布线的挡距是 8～12m，郊区是 15～22m。

项目五 防止间接接触触电的措施

一、IT 系统安全原理及应用范围

IT 系统是配电网不接地（或经高阻抗接地）、电气设备金属外壳接地（外露导体）的系统。I 表示配电网中性点不接地或经高阻抗接地；T 表示设备金属外壳接地。

1. 接地、接地装置、接地体和接地线

（1）接地。所谓接地，就是把设备的某一部分通过接地装置同大地紧密连接起来。

（2）接地装置。接地体和接地线的总体称为接地装置。

（3）接地体。埋入地中并直接接触大地的金属导体，称接地体。接地体可分为自然接地体和人工接地体两种：

①自然接地体。为其他用途而装设并与大地可靠接触的，用来兼作接地体的金属装置；

②人工接地体。因接地需要而特意安装的金属体。

（4）接地线。电气设备与接地体之间连接的金属导线，称为接地线。接地线包括接地干线和接地支线。接地线可分为自然接地线和人工接地线两种：

①自然接地线。为其他用途而装设并兼作接地用的金属导线。

②人工接地线。因接地需要而特意安装的金属导线。

2. 接地的分类

（1）按用途分：有正常接地和故障接地两种。

（2）正常接地：有工作接地和安全接地两种。

①工作接地：在正常或事故情况下，为了保证电气设备适当的运行方式而必须在电网外某一点进行的接地，称为工作接地。如发电机中性点接地、变压器中性点接地都属于工作接地，工作接地可直接接地或经消弧线圈、击穿保险、电抗等接地。工作接地的作用是保持系统电位的稳定性。

②安全接地：包括有保护接地、防雷接地、防静电接地及屏蔽接地等。

（3）故障接地：是指带电体与大地之间发生意外的连接，如碰壳短路、电力线路接地短路等。

3. 接地装置的安全要求

（1）接地线外观完好、无松动、无脱焊、无损伤、无严重锈蚀。

（2）满足最小截面要求。

① 接地体：圆钢 $\phi \geqslant 10$mm；扁钢 $S \geqslant 4 \times 25$mm²，以 4×40mm² 以为宜；

钢管壁厚 $r \geqslant 3.5$mm，常用管径为 50mm；

角钢厚度 $r \geqslant 4$mm，以 $4 \times 50 \times 50$mm 为宜。

② PE 线：明设铜裸导线 $S \geqslant 4$mm²，明设绝缘铜导线 $S \geqslant 1.5$mm²。

（3）连接可靠。

①在地下要焊接，圆钢搭焊长度不得小于圆钢直径的 6 倍，并应两边施焊；

②扁钢搭焊长度不得小于扁钢宽度的 2 倍，并应三边施焊；

③ 在地面上可以用螺丝连接。

（4）单一接地体的数量不得小于两件，垂直接地体的长度可取 2～2.5m。

（5）间距合格。

①相邻垂直接地体之间的距离可取其长度的 2 倍左右；

②接地体的引出导体应引出地面 0.3m 以上；

③接地体与独立避雷针接地体之间的地下距离不得小于 3m；

④接地体离建筑物墙基之间的地下距离不得小于 1.5m；

⑤接地体埋深不应小于 0.6m。

（6）采取必要的防护措施。

①安装位置应避开有腐蚀性杂质的土壤；

②为防止腐蚀，接地体最好采用镀锌元件；

③焊接后涂沥青油防腐；

④明设的接地线应涂漆防腐；

⑤在人工接地体周围不应堆放强烈腐蚀性物质等。

（7）保护支线不得串联。为了提高接地的可靠性，电气设备的接地支线应单独与接地干线或接地体相连，不应串联连接。接地干线应有两处同接地体直接相连，以提高可靠性。

（8）接地电阻合格。

4. 保护接地原理

（1）保护性接地的定义。保护性接地是指为防止因绝缘损坏而遭受触电的危险，将与电气设备带电部分绝缘的金属外壳或构架同接地体所做的良好的连接。

（2）IT 系统不采用保护接地的危险性分析。如图 3—1(a)所示，在不接地配电网中，如电气设备金属外壳不采取保护接地，则当外壳故障带电时，通过人体的电流经线路对地绝缘阻抗构成回路。当各相对地绝缘阻抗相等时，即 $Z_1 = Z_2 = Z_3 = Z$，运用戴维南定理可求得图 3—1(b)所示等效电路。根据等效电路，我们可求得人体承受的电压和流过人体的电流分别为

$$U_r = UR_r / |R_r + Z/3|$$
$$I_r = U_r / R_r = U / |R_r + Z/3| \qquad\qquad (3—1)$$

式中：U_r 和 I_r——人体承受的电压和流过人体的电流；

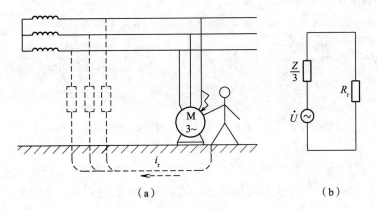

（a）　　　　　　　　　　　　　　　　（b）

图 3—1　IT 系统不采用保护接地的危险性分析

U——电网相电压，V；

R_r——人体电阻，Ω；

Z——电网每相对地绝缘复数阻抗，Ω；Z 由线路绝缘电阻 R 和线路分布电容 C 组成。（电缆 $0.06\mu F/km$，架空线 $0.006\mu F/km$，R 和 C 组成绝缘抗区。）

如绝缘良好，可将对地绝缘电阻看作无限大，即 $Z = X_C = 1/(\omega C) = 1/(2\pi f C)$，这时：$|R_r + Z/3| = (9\,R_r^2\omega^2 C^2 + 1)^{\frac{1}{2}}/3\omega\,C$，代入上两式可得

$$U_r = 3UR_r\omega C\,(9\,R_r^2\omega^2 C^2 + 1)^{0.5}$$
$$I_r = 3U\omega C\,/(9\,R_r^2\omega^2 C^2 + 1)^{0.5}$$

设相电压 $U = 220V$，人体电阻 $R_r = 1\,500\Omega$，绝缘电阻 $R \to \infty$，分布电容 $C = 0.3\mu F$，那么流过人体的电流为

$$I_r = 3U\omega C\,/(9R_r^2\omega^2 C^2 + 1)^{0.5}$$
$$= \frac{3\times 220\times 2\times\pi\times 50\times 0.3\times 10^{-6}}{(9\times 1\,500^2\times 100^2\times\pi^2\times 0.3^2\times 10^{-12} + 1)^{0.5}}$$
$$\approx 57.3\ mA$$

人体承受的电压为

$$U_r = 3UR_r\omega C\,(9\,R_r^2\omega^2 C^2 + 1)^{0.5}$$
$$= \frac{3\times 220\times 1\,500\times 2\times\pi\times 50\times 0.3\times 10^{-6}}{(9\times 1\,500^2\times 100^2\times\pi^2\times 0.3^2\times 10^{-12} + 1)^{0.5}}$$
$$\approx 85.9V$$

从以上分析可知，在中性点不接地（或经高阻抗接地）的配电网中，如果电气设备没有接地保护，那么当发生设备碰壳漏电触电时，通过人体的电流足以使人致命，所以中性点不接地（或经高阻抗接地）的配电网系统的电气设备金属外壳若不采取接地，危险性是很大的。

（3）接地保护分析。图 3—2 表示设备上装有保护接地，当外壳故障带电时，保护接地电阻 R_d 与人体电阻 R_r 并联，由于 R_d 比 R_r 小得多，并联后的阻值与 R_d 近似相等，于是我们可以得出设备金属外壳对地电压和流过人体的电流为

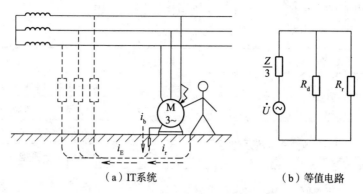

（a）IT系统　　　　　　　　（b）等值电路

图3—2　接地保护电路分析

$$U_r = UR_d / (\mid R_d + Z/3 \mid)$$
$$I_r = UR_d / (\mid R_d + Z/3 \mid \cdot R_r)$$

如把对地绝缘电阻看作无限大，而 $Z = X_C = 1/(\omega C) \gg R_d$，$\mid R_d + Z/3 \mid \approx 1/(3\omega C)$，这时上两式可以化简为

$$U_r = 3UR_d\omega C$$
$$I_r = 3UR_d\omega C / R_r$$

对于前面列举的例子，如有保护接地，且 $R_d = 4\Omega$，其他条件不变，可求得

$$\begin{aligned}
I_r &= 3UR_d\omega C / R_r \\
&= 3 \times 220 \times 4 \times 2 \times \pi \times 50 \times 0.3 \times 10^{-6} / 1\,500 \\
&= 0.166 (\text{mA})
\end{aligned}$$

显然，这一电流不会对人身构成危险。

从上面的分析可知，采用保护接地后，可使人体触及漏电设备外壳时的接触电压明显降低，从而大大地降低了触电带来的危险性。这就是说，保护接地的安全实质是当设备金属外壳意外带电时，将其对地电压限制在安全范围以内，从而将可能流过人体的电流限制在某一范围内，以消除或减少电击的危险。此外，保护接地还能消除感应电流的危险。

（4）保护接地应用范围。保护接地适用于各种不接地配电网，包括低压不接地配电网（如井下配电网)和高压不接地配电网，还包括不接地的直流配电网。

接地原则：凡是正常时不带电而故障时可能带危险电压的金属部位均需接地。但以下设备的金属部分，除另有规定外，可不接地：

① 安装在配电屏、控制屏和配电装置上的电气测量仪表、继电器和其他低压电器等的外壳，以及当发生绝缘损坏时，在支持物上不会引起危险电压的绝缘金属底座等，不需要再接地。

② 安装在已接地的金属构架上，与构架接触良好的电气设备金属外壳，不需要再接地。

③ 在木质、沥青等不良导电地面的干燥房间内，交流额定电压 380V 及以下、直流额定电压 440V 及以下的电气外壳不需再接地(但能同时触及电气设备外壳和接地物件时，仍应接地)。

④ 在干燥场所，交流额定电压 127V 及以下，直流额定电压 110V 及以下的电气设备外壳，不需再接地。

（5）接地电阻的允许值。各种保护接地电阻允许值，如表3—5所示。

表3—5   保护接地电阻允许值

设备类别		接地电阻(Ω)	备注
低压电气设备		4	电源容量≥100kVA
		10	电源容量<100kVA
高压电气设备	小接地短路电流系统	$120/I_E$	与低压共用接地装置
		$250/I_E$	高压单独接地
	大接地短路电流系统	$2\ 000/I_E$	$I_E \leqslant 4\ 000A$
		0.5	$I_E > 4\ 000A$

①容量≥100kVA的大变压器或发电机工作接地、电气设备的保护接地以及变配电所母线上的阀型避雷器(FZ)接地，接地电阻$R \leqslant 4\Omega$。

②容量<100kVA的大变压器或发电机工作接地、引入线装有25A以下的熔断器的电气设备的保护接地、零线重复接地、线路出线段的阀型避雷器(FS)接地、管型避雷器接地、独立避雷针接地、工业电子设备保护接地以及短路电流<500A的小接地短路电流系统接地，接地电阻$R \leqslant 10\Omega$。

③容量≤100kVA且不少于三处接地的零线重复接地、低压线路杆塔接地、进户线绝缘子脚接地以及烟囱防雷接地，接地电阻$R \leqslant 30\Omega$。

（6）高土壤电阻率地区降低接地电阻的施工方法。

① 外引接地法：将接地体引至附近土壤电阻率较低的地方(如水井、泉眼、水沟、河边、水库边、大树下等)。但应注意外引接地装置要避开人行道，以防跨步电压触电，外引线穿过公路时，埋设深度不应小于0.8m。

② 化学处理法：应用减阻剂来降低接地电阻(如将盐、硫酸铵、碳粉与泥土一起分层填入接地体坑内)。采用化学处理法时，要注意防止对接地体的腐蚀，接地体应采用镀锌元件。

③ 换土法：给接地体坑内换上电阻率低的土壤，以降低接地电阻。

④ 深埋法：如果周围土壤电阻率不均匀，可以在土壤电阻率较低的地方，深埋接地体，以降低接地电阻。

⑤ 接地体延长法：延长接地体或采用其他形式的接地体，可以增加与土壤的接触面积，以降低接地电阻。

5. IT系统的安全条件

IT系统除应满足接地电阻及接地装置的要求外，还应符合过电压防护、绝缘监视、等电位联结等条件。

（1）过电压防护。过电压分为外部过电压和内部过电压。由于雷击或其他外部系统的感应产生的过电压属于外部过电压。由于拉、合闸操作和谐振、故障接地以及高、低压短接产生的过电压属于内部过电压。

不接地配电网本身没有抑制过电压的功能。为了减轻过电压的危险，将低压配电网的中性点经击穿保险接地，并用两个高阻抗的电压表监视，如图3—3所示。击穿保险器主要由两片黄铜电极夹以带小孔的云母片组成。在正常情况下，击穿保险器处在绝缘状态，配电系统不接地，当中性点出现数百伏的电压时，云母片带部分的空气隙击穿，中性点直接接地。中性点接地后，其对地电压为接地电流与接地电阻的乘积。降低这一接地电阻，可将过电压限制在一定的范围内。

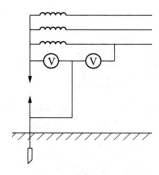

图3—3　击穿保险器连接

（2）绝缘监视。

①IT系统安装绝缘监视的原因：一相接地时，其他两相对地电压接近线电压，增加了绝缘负担，也增加了触电的危险性。一相接地的接地电流很小，线路和设备还能继续工作，故障可能长时间存在，这对安全是非常不利的。

②低压电网的绝缘监视：用三只规格相同的电压表完成，如图3—4所示。当电网对地绝缘正常时，三相电压平衡，三只电压表的读数均为相电压。当一相接地时，接地相的电压表读数接近零，其他两相的电压表读数接近线电压。当没有接地故障，但有一相或两相对地绝缘显著恶化时，三只电压表也会给出不同的读数　绝缘恶化的一相，其电压表读数变小，而正常的则读数变大。

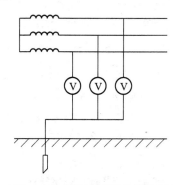

图3—4　低压电网的绝缘监视

③高压电网的绝缘监视：如图3—5所示，监视仪表通过电压互感器同高压连接。电压互感器有两组低压线圈，一组接成星形，供绝缘监视的电压表用；一组接成开口三角形，开口处接信号继电器。当正常时，三相电压平衡，三只电压表读数相同，均为100V，三角形开口处的电压为零，信号继电器不动作。当一相接地时，接地相电压表读数为零，三角形开口处的电压为100V，信号继电器动作，发出信号。当两相接地时，接地的两相电压表读数均为零，三角形开口处的电压为100V，信号继电器动作，发出信号。当一相或两相绝缘明显恶化时，三只电压表出现不同读数，当电压差大于信号继电器的动作电压

时，继电器动作。

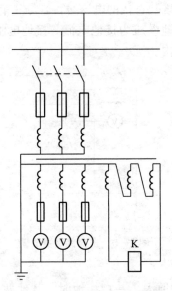

图 3—5　高压电网的绝缘监视

④ 电压表绝缘监视装置的优缺点：优点是结构简单，对一相或两相接地的故障很敏感。缺点是三相同时恶化时，三相绝缘电阻降低相同，监视会失效；而且当三相绝缘电阻相互差别较大，但都在安全范围内时，会给出错误信号。

（3）等电位联结。在不接地配电网中，即使每一台用电设备都有合格的保护接地，但各自的接地装置是互相独立的，如图 3—6 所示。当发生双重故障，两台设备不同相漏电时，两台设备之间的电压为线电压，两台设备对地电压分别为

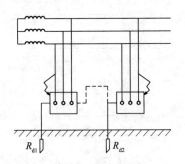

图 3—6　等电位联结

$$U_{E1} = 1.732 U R_{d1} / (R_{d1} + R_{d2})$$
$$U_{E2} = 1.732 U R_{d2} / (R_{d1} + R_{d2}) \tag{3—2}$$

式中，U_{E1} 和 EU_{E2} 为相电压，R_{d1} 和 R_{d2} 分别为两台设备的保护接地电阻。这两个电压都能给人以致命的电击，这种状态是十分危险的。如果像图 3—6 中虚线那样，进行等电位联结，即将两台设备的外壳接在一起（或将其接地装置联成整体），则在双重故障的情况下，相间短路电流将促使短路保护装置动作，迅速切断两台设备或其中一台设备的电源，以保证安全。如确有困难，不能实现等电位联结，则应安装漏电保护装置。

二、TT 系统安全原理及应用范围

TT 系统的配电网俗称三相四线配电网,第一个 "T",表示配电网中性点接地;第二个 "T",表示设备金属外壳接地。

1. TT 系统限压原理

(1) 接地配电网中,没有保护接零、接地措施的分析。如图 3—7 所示,在三相四线配电线路中,如果没有保护接地或接零,那么工作接地电阻 R_0、人体电阻 R_r 与电源构成一电路回路,人体有接触电压 (U_r) 和电流 (I_r) 通过,分别为

$$U_r = UR_r/(R_0 + R_r),\tag{3—3}$$

$$I_r = U_r/R_r\tag{3—4}$$

因为 $R_r \geqslant R_0$,即:$R_0 + R_r \approx R_r$,所以

$$U_r = UR_r/(R_0 + R_r) \approx U = 220\text{V}$$

$$I_r = U_r/R_r = 220/1\,500 = 146.7\text{mA}$$

这是非常危险的触电电压和触电电流。

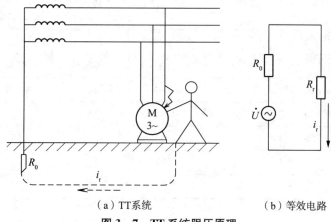

(a) TT系统   (b) 等效电路

图 3—7 TT 系统限压原理

(2) 接地配电网中,采用保护接地措施的分析。如图 3—8 所示,在三相四线配电线路中,有保护接地时,那么人体电阻 R_r 与保护接地电阻 R_d 并联后,与工作接地电阻、电源构成一电路回路,因为 $R_r \geqslant R_d$,所以,人体有接触电压 (U_r) 和电流 (I_r) 通过,它们分别为

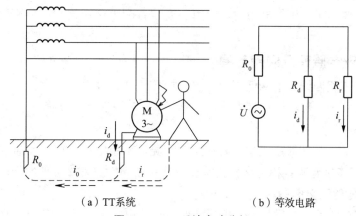

(a) TT系统   (b) 等效电路

图 3—8 TT 系统电路分析

$$U_r = UR_d/(R_0 + R_d), \qquad (3—5)$$
$$I_r = U_r/R_r \qquad (3—6)$$

因为 R_d 一般与 R_0 大约相等，约为 4Ω，所以

$$U_r = UR_r/(R_0 + R_r) \approx 220 \times 4/(4+4) = 110V$$
$$I_r = U_r/R_r = 110/1\,500 = 73.3mA$$

虽然有保护接地时，触电电压、触电电流都比没有保护接地时低了一半，但人体通过这样大的电流，也足以致命。正因为如此，一般情况下不能采用 TT 系统防护，如确有困难不得不采用 TT 系统，则必须采取措施(安装漏电保护器)防止电气外壳带电，并装设能自动切断电源的保护装置(如剩余电流保护装置)，将故障持续时间限制在允许的范围内。故障最大持续时间原则上不得超过 5s，TT 系统允许故障持续时间，如表 3—6 所示。

表 3—6   TT 系统允许故障持续时间

预期的接触电压/(V)	环境干燥或略微潮湿、皮肤干燥、地面电阻率高			环境干燥、皮肤干燥、地面电阻率高		
	人体阻抗 (Ω)	人体电流 (mA)	持续时间 (s)	人体阻抗 (Ω)	人体电流 (mA)	持续时间 (s)
25	—	—	—	1 075	23	>5
50	1 725	29	>5	925	54	0.47
75	1 625	46	0.60	825	91	0.30
90	1 600	56	0.45	780	115	0.25
110	1 535	72	0.36	730	151	0.18
150	1 475	102	0.27	660	227	0.10
220	1 375	160	0.17	575	383	0.035
280	1 370	204	0.12	570	491	0.020
350	1 365	256	0.08	565	620	—
500	1 360	368	0.04	560	893	—

2. TT 系统的应用范围

TT 系统主要用于低压供电用户，即用于未装备配电变压器，从外面引进低压电源的小型用户。

三、TN 系统安全原理及应用范围

TN 系统是三相四线配电网低压中性点直接接地，电气设备金属外壳采取接零措施的系统。字母"T"表示配电网中性点接地；字母"N"表示设备金属外壳接零。

1. 保护接零

在 380/220V 三相四线系统中，将在正常情况下不带电的电气设备金属外壳与系统中的保护零线紧密连接起来，称为保护接零。它适用于中性点直接接地的低压系统。

2. 保护接零的安全原理

如图 3—9(c)所示，当发生某一相碰壳时，相线电阻 R_L、保护零线电阻和电源形成一

回路，忽略感抗时，短路电流为：$I_d = U/(R_L + R_{PE})$，它使线路上的自动保护装置动作，迅速切断电源。当发生碰壳时，如果有人接触电气设备的金属外壳，那么加在人体上的电压：

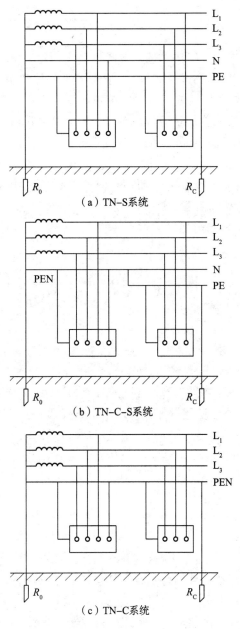

（a）TN-S系统

（b）TN-C-S系统

（c）TN-C系统

图 3—9 TN 系统

当 $S_{PE} = S_L$，即 $R_L = R_{PE}$ 时，
$$U_r = U_{PE} = UR_{PE}/(R_L + R_{PE}) = 110V$$
当 $S_{PE} = 0.5S_L$，即 $R_{PE} = 2R_L$ 时，
$$U_r = U_{PE} = UR_{PE}/(R_L + R_{PE}) = 146.7V$$
这电压远远超过安全电压。由此可知，保护接零的作用是：

(1) 故障时迅速切断电源，这是它的第一安全作用。

(2) 降低漏电设备对地电压，这是它的第二安全作用。

四、保护接零的种类及应用

1. TN 系统的三种类型

(1) TN-S 系统：有专用的保护零线（PE 线），即保护零线与工作零线（N 线）完全分开的系统。如图 3—9(a)所示，它适用于爆炸危险性较大或安全要求较高的场所。

(2) TN-C-S 系统：干线部分保护零线与工作零线前部共用、后部分开的系统。如图 3—9(b)所示，厂区设有变电站，低压进线的车间可采用 TN-C-S 系统。

(3) TN-C 系统：干线部分保护零线与工作零线完全共用（构成 PEN 线）的系统。如图 3—9(c)所示，用于无爆炸危险和安全条件较好的场所。

2. TN 系统的安全条件

(1) 电网中性点接地。三相四线配电网低压中性点直接接地。

(2) 金属性漏电时能实现速断。

① 对于固定设备，故障持续时间$<5s$。

②对于手持电动工具、插座等，380V 者故障持续时间$<0.2s$，220V 者故障持续时间$<0.4s$。

(3) 保持 PE 线、PEN 线的连续性，连接可靠，不得装设开关和熔断器。

(4) 保护线要有足够的截面积。

① 当 $S_L \leq 16mm^2$ 时，$S_{PE} = S_L$；

② 当 $S_L > 16mm^2$ 时，$S_{PE} = 0.5S_L$。

(5) 保护方式协调。在 TN 系统中，所有电气设备的金属外壳都必须采用保护接零，不得一部分电气设备采用保护接零，另一部分采用保护接地。这是因为当采用保护接地的设备发生碰壳漏电时，漏电电流通过保护接地电阻 R_d 和中性点工作接地电阻 R_0 形成回路，电流不会太大，约 27.5A，线路保护装置不会短时间自动切断，而设备和零线对地电压约为 110V（在 TT 系统防护已计算），是危险电压，而且所有电气设备外壳都带这个危险电压，这是非常危险的。但采用了保护接零的电气设备，其外壳可以同时接地，这种接地可以看成重复接地，对安全有益无害。

(6) 重复接地。TN 系统中，中性线上除工作接地外其他点的再次接地称为重复接地。

① 重复接地的作用。

● 三相负荷不平衡时，消除零线断线造成电气设备烧坏的不良后果，减低触电危险。

如果没有重复接地，零线断线后，负载中性点"漂移"，断线后方的功率越小的电气设备越容易烧坏，最后造成负荷最小的两相设备烧坏。

如果没有重复接地，零线断线后，当有人接触意外带电的设备外壳时，人体电阻、工作接地电阻、单相线路负载电阻与电源构成回路，假如人体电阻 R_r 为 1 500Ω，工作接地电阻 R_0 为 4Ω，单相线路负荷为 200W（$R_L = 242Ω$），那么加在人体上的电压 $U_r = UR_r / (R_0 + R_r + R_L) = 189V$。这是一个非常危险的电压，而且不平衡负荷越大，这一故障电压越高。如果有重复接地，则重复接地电阻、工作接地电阻、单相线路负载电阻与电源构成回路，重复接地电阻 R_c 为 10Ω 时，加在人体上的电压 $U_r = U_c = R_c U / (R_0 + R_c + R_L) = 9V$，也就是说断线后方的设备外壳对地电压为 9V，这一电压在安全电压范围内，不会造成触电危险。

- 进一步降低零线断线时漏电设备的对地电压，减少触电危险。

没有重复接地时，$U_r=U$，而且断线后方的接零设备外壳电压也接近 U，危险性大。

有重复接地时，$U_r=UR_C/(R_0+R_C)$，当 R_0 为 4Ω，R_C 为 10Ω 时，$U_r=157V$，断线后的设备外壳电压为 $U_N=U-U_r=63V$。

- 缩短漏电故障持续时间：由于重复接地在短路电流返回的途径上增加了一条并联支路，可增大单相短路电流，缩短漏电故障持续时间。对细长线路，这一作用比较明显。

- 改善架空线路的防雷性能：由于重复接地对雷电流起分流作用，因而可降低冲击过电压，改善架空线路的防雷性能。

② 重复接地要求。

- 安装位置：配电线路的最远端、进户处、分支线终端、分支线长度超过 200m 的分支处、沿线路每 1km 处。

- 接地电阻：当 $R_0\leqslant 4\Omega$ 时，$R_C\leqslant 10\Omega$；当 $R_0\leqslant 10\Omega$ 时，$R_C\leqslant 30\Omega$，但不少于 3 次接地。

(7) 工作接地合格。三相四线配电网低压中性点接地电阻符合有关规定。

五、电气绝缘与电气隔离

1. 电气绝缘

电气绝缘就是将带电体隔离开来，防止短路、接地，阻挡带电体对外界的电击危险的介质。比如，电线外面有一层塑料皮，这就是绝缘，可以防止导线短路、接地、电击人。裸母线在空气中有一定的间距，空气就起到绝缘的作用。

(1) 工作绝缘。

工作绝缘，又称基本绝缘或功能绝缘，是保证电气设备正常工作和防止触电的基本绝缘，位于带电体与不可触及金属件之间。

(2) 保护绝缘。

保护绝缘，又称附加绝缘，是在工作绝缘因机械破损或击穿等而失效的情况下，可防止触电的独立绝缘，位于不可触及金属件与可触及金属件之间。

(3) 双重绝缘。

双重绝缘，是兼有工作绝缘和附加绝缘的绝缘。

(4) 加强绝缘。

加强绝缘，是基本绝缘经改进后，在绝缘强度和机械性能上具备了与双重绝缘同等能力的单一绝缘，在构成上可以包含一层或多层绝缘材料。

具有双重绝缘和加强绝缘的设备属于Ⅱ类设备。

2. 电气隔离

(1) 电气隔离的定义。采用电压比为 1∶1（即一、二次侧电压相等）的双卷（隔离）变压器实现工作回路与其他电气回路在电气上的隔离，称为电气隔离。

(2) 隔离变压器的安全要求。

①变压器原、副边间必须有加强绝缘。

②副边保持独立：隔离回路不得接地、接保护导体、接其他电气回路。

③副边线路要求：必须限制电源电压和副边线路的长度，电源电压 $U \leqslant 500\text{V}$ 时，线路长度 $L \leqslant 200\text{m}$（或电压与长度的乘积 $UL \leqslant 1\,000\text{Vm}$）。

④等电位连接：将隔离回路中不带电的设备外壳和导电导体，用导线连接起来，让它们的电位相同，以防止邻近设备外壳或导电体发生不同相线的碰壳故障时，工作人员同时触及这两台设备外壳而引发触电事故。

项目六 触电急救知识

发生触电时，应迅速使触电者脱离电源，及时拨打"120"联系医疗部门，并进行必要的现场急救。

"迅速、准确、有效、坚持"是现场触电急救的八字方针。

迅速——发现触电者时，抢救动作要快，迅速将触电者脱离电源。把触电者脱离电源后，应迅速组织现场抢救。据统计，触电后1分钟开始抢救，救活率可达90%；触电后6分钟开始抢救，救活率则只有10%；触电后12分钟开始抢救，救活的可能性则很小。也有统计表明：若人心跳、呼吸停止，在1分钟内进行抢救，约80%的人可以救活；如在6分钟后才开始抢救，则约80%的人救不活。由此可见，触电后争分夺秒、立即就地正确抢救是至关重要的。

准确——触电者脱离电源后，应迅速根据其症状，采用正确的救治方法进行抢救，也就是说要对症救治或救治得法。

有效——抢救要有效果。如进行人工呼吸时，吹气量很少；或心脏按压时压深不够，那么你所做的一切就没有效果。

坚持——要耐心、不间断地抢救。有抢救近5小时使触电者得救的实例。

触电急救包括三个方面的内容：一是使触电者脱离电源；二是脱离电源后，立即检查触电者的受伤情况；三是根据受伤情况确定处理方法，对心跳、呼吸停止的，立即就地采用人工心肺复苏方法进行抢救。

一、低压触电使触电者脱离电源的正确方法

1. 切断电源法

如果触电地点附近有电源开关或电源插销，应立即拉开关或拔出插销，切断触电电源，这种方法最安全。

2. 砍断导线法

如果触电地点附近没有电源开关或电源插销，而且触电者因肉肌收缩握紧导线或电力设备时，应立即用有干燥木柄的砍刀、斧头、锄头切断导线，或者用绝缘钳将导线剪断，使触电者脱离电源；用干木板等绝缘物插入触电者身下，以隔断流过触电者的电流，然后再设法切断电源。

3. 挑开导线法

如果触电地点附近没有电源开关或电源插销，而且电线搭在触电者身体上方时，抢救者应立即用干燥的竹竿、棍棒等长绝缘物体将导线挑开；也可以穿绝缘鞋或者站在干燥的木板、木凳上，用干燥的衣服、手套，将导线包住拿开，使触电者脱离电源。

4. 拉开触电者

如果触电地点附近没有电源开关或电源插销,而且触电者压着导线或电力设备时,应立即用干燥的衣服、手套、麻绳将触电者包住拉开,使之脱离电源;如果触电者的衣服是干燥的,又没有紧缠在身上,可以用一只手抓住他的衣服,将触电者拉离电源。但因触电者的身体是带电的,其鞋的绝缘也可能遭到破坏,救护人员不得接触触电者的皮肤,也不能抓他的鞋。

二、高压触电使触电者脱离电源的正确方法

(1) 立即打电话通知有关部门停电,并参加抢救工作。

(2) 戴绝缘手套,穿绝缘靴,使用符合该电压等级的绝缘工具拉开开关。

(3) 掷裸体软金属线,使线路短路接地,迫使保护装置动作,断开电源。

注意:抛掷裸体软金属线前,先将金属线的一端可靠接地,然后抛掷另一端;抛掷的一端不可触及触电者和其他人员。

三、使触电者脱离电源时的注意事项

(1) 救护人员不可直接用手或其他金属及潮湿的物件作为救护工具,而必须使用适当的绝缘工具。救护人员最好用一只手操作,以防自己触电。

(2) 为防止触电者脱离电源后可能的摔伤,特别是当触电者在高处的时候,应考虑防摔措施。即使触电者在平地,也要注意触电者倒下的方向,注意防摔。

(3) 如果事故发生在夜间,应迅速解决临时照明问题(如用手电筒或打火机),以便看清导致触电的带电物体,防止自己触电,也便于看清触电者的状况以利于抢救,以避免事故扩大。

(4) 高压触电时,不能用干燥木棍、竹竿去拨高压线。应与高压带电体保持足够的安全距离,防止跨步电压触电。

(5) 如果触电者脱离电源后,留下的导线仍带电,应妥善处理,以防围观者又发生触电事故。

任务一 紧急救护训练

使触电者脱离电源后,应立即把触电者抬到附近干燥、空气清新流通的平坦地方躺下,解开其紧身衣服裤带,然后对触电者进行简单诊断(观察呼吸、检查心跳、检查瞳孔)。

一、触电者伤势的判定

1. 检查触电者神志是否清醒

在触电者耳边响亮而清晰地喊其名字或"睁开眼睛"等话语,或用手拍打其肩膀,若无反应则可判断是失去知觉、神志不清。

2. 检查触电者是否有自主呼吸

触电者如意识丧失，应在 5 秒内用看、听、试的方法，判断触电者呼吸心跳情况，如图 3—10 所示。

图 3—10　看、听、试

(1) 看——看触电者的胸部、腹部有无起伏动作。

(2) 听——用耳贴近触电者的口鼻处，听有无呼吸的气流声，同时感觉有无呼吸的气流。

(3) 试——将羽绒、薄纸或棉纤维放在鼻、口前，观察是否被呼气气流吹动。

3. 检查触电者是否有心跳

救护人员一只手放在触电者前额使其头部保持后仰，另一只手的食指和中指并齐放在触电者的喉结上，然后将手指滑向颈部气管和邻近肌肉带之间的沟内，两手指轻压，就可测颈动脉有无搏动，如图 3—11 所示。测颈动脉脉搏时应避免用力压迫动脉，脉搏可能缓慢不规律或微弱而快速，因此测试时间需 5～10s。

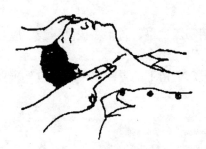

图 3—11　颈动脉测试

4. 触电者各种症状的救护方法

根据简单诊断的结果，迅速采取相应的救护方法抢救触电者，同时向附近医院告急求救。

(1) 轻微触电的救护法。对于未失去知觉、能回答问话，仅因触电时间较长只感到心慌乏力和四肢发麻的触电者，或在触电过程中曾一度昏迷的轻型触电者，则必须让其保持安静，不要走动，以减轻心脏负担，加快恢复；并迅速请医生前来诊治或送往医院，同时应严密注意触电者的症状变化情况。

(2) 触电昏迷者的抢救方法。如果触电者已失去知觉或神志不清，但呼吸、心跳正常，应使触电者舒适安静地平卧，解开衣服裤带，防止人围观，使空气流通；给触电者闻风油精等有刺激性的物质，也可用拇指按其人中穴，使触电者尽快清醒；同时可用毛巾沾酒精或少量的水摩擦其全身，使之发热。如天气寒冷，应注意保温，并迅速请医生前来抢救。摩擦时应注意触电者的呼吸情况，防止呼吸停止，如果触电者呼吸困难，不时发生抽筋现象，则应立即做好人工呼吸的准备工作。

（3）触电者呼吸停止但有心跳的抢救方法。对已失去知觉且呼吸很困难，或呼吸逐渐微弱，或呼吸停止但脉搏、心脏仍跳动的触电者，应立即进行人工呼吸，并迅速请医生前来抢救，做好将触电者送往医院的准备工作。

（4）触电者心跳停止但有呼吸的抢救方法。对已失去知觉、没有心跳但仍有呼吸的触电者，应立即进行心脏按压，并迅速请医生前来抢救，做好将触电者送往医院的准备工作。

（5）触电者呼吸与心跳均停止的抢救方法。触电者呼吸与心跳均停止，应立即做人工呼吸和心脏按压，并迅速请医生前来抢救，做好送往医院的准备工作。

如果现场仅一个人抢救，两种方法应交错进行，每吹 2 次，再挤压 30 次，反复进行。在做第二次人工呼吸时，吹气后不必等伤员呼气就可立即按压心脏。

如果双人抢救，一个人进行人工呼吸并判断伤员是否恢复自主呼吸和心跳，另一人进行心脏按压。一人吹两口气后不必等伤员呼气，另一人立即按压心脏 30 次，反复进行，但吹气时不能按压心脏。

二、救护过程中应注意的事项

（1）在救护过程中，救护人员必须注意观察触电者的症状变化情况，以便于随时用适当的方法救护触电者。

（2）施行人工呼吸或胸外心脏按压法抢救时，要坚持不断，切不可轻率中止，运送医院途中也不能中止抢救。

（3）做人工呼吸时，必须不断观察触电者的面孔，如发现触电者的嘴唇稍有开合，或眼皮活动以及喉嗓有咽东西的动作，则应注意其是否开始自动呼吸，若触电者能自动呼吸，应停止人工呼吸。

（4）应注意触电者的皮肤和瞳孔的变化，皮肤由紫变红，瞳孔由大变小，说明抢救收到了效果，只有当触电者身上出现尸斑，身体僵冷，医生作出无法救活的诊断后，才能停止抢救（触电死亡的五种征象：无呼吸无心跳、瞳孔放大、尸斑、尸僵、血管硬化）。

（5）对于与触电同时发生的外伤，应分情况酌情处理。对于不危及生命的轻度外伤，可放在触电急救之后处理；对于严重的外伤，应与人工呼吸和胸外心脏按压同时处理。如伤口出血，应予止血。为防止伤口感染，最好予以包扎。

任务二 口对口（鼻）人工呼吸技能训练

人工呼吸是在触电者呼吸停止后应用的急救方法。人工呼吸的作用是在伤员不能自主呼吸时，人为地帮助其进行被动呼吸，救护人员将空气吹入伤员肺内，然后伤员自行呼出，实现气体交换，维持氧气供给。

一、人工呼吸前的准备工作

（1）迅速使触电者舒适仰卧，将其身上妨碍呼吸的衣领、裤带等解开，使胸、腹部能自由舒张。

（2）迅速清理出触电者口腔内妨碍呼吸的食物、脱落的假牙、血块、黏液等，以免堵塞呼吸道。清理口腔时，使触电者头部侧向一边，有利于将异物清出。

（3）使触电者的头部充分后仰，使其鼻孔朝上，以利呼吸道顺畅。救护人员一手放在触电者前额上，手掌向后压，另一只手的手指托着下颚向上抬起，使头部充分后仰至鼻孔朝天，防止舌根后坠堵塞气道。因为在昏迷状态下舌根会向下坠，将气道堵塞，令头部充分后仰可以提起舌根，使气道开放。

二、人工呼吸的操作步骤

（1）吹气前，救护人员深吸一口气，用拇指和食指捏住触电者的鼻孔，紧贴触电者的口向内吹气(吹气量一般为 800～1 200ml)，为时约 2 秒。如图 3—12 所示。

图 3—12　口对口人工呼吸

（2）吹气完毕，立即离开触电者的口，并松开触电者的鼻孔，让其自行呼气，为时约3 秒钟。

如果触电者的牙关紧闭无法张开时，可以采用口对鼻孔吹气。对儿童进行人工呼吸时，吹气量要减少。

任务三　人工胸外心脏按压法技能训练

胸外心脏按压法是触电者心脏跳动停止后的急救方法。触电者心跳停止后，血液循环失去动力，用人工的方法可以重新建立血液循环。人工有节律地压迫心脏，按压时使血液流出，放松时心脏舒张，使血液流入心脏，这样可迫使血液在人体内流动。胸外心脏按压的三个基本要素是：压点正确、向下挤压、迅速放松。

一、挤压心脏前的准备工作

（1）迅速使触电者平躺仰卧(或在背部垫硬板，以保证挤压效果)，将其身上妨碍呼吸的衣领、裤带等解开，使胸、腹部能自由舒张。

（2）迅速清理出触电者口腔内妨碍呼吸的食物、脱落的假牙、血块、黏液等，以免堵塞呼吸道。清理口腔时，使触电者头部侧向一边，有利于将异物清出。

（3）使触电者的头部充分后仰，使其鼻孔朝上，使头部低于心脏，以利血液流向脑部，利于呼吸道顺畅，必要时可稍抬高下肢促进血液回流心脏。

（4）确定正确的按压部位。

人工胸外心脏按压时按压胸骨下半部，间接压迫心脏使血液循环。按压部位正确才能保证效果，按压部位不当，不但无效甚至有危险，比如压断肋骨伤及内脏，或将胃内流质压出引起气道堵塞等。所以在按压前必须准确确定按压部位。了解心脏、胸骨、胸骨剑突、肋弓的解剖位置，如图3—13所示，有助于掌握正确的按压部位（正确压点）。确定按压部位的方法有以下几种：

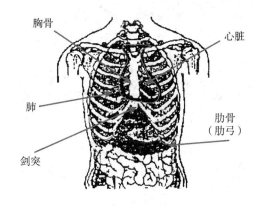

图3—13　胸部解剖图

① 方法一：先在腹部的左（或右）上方摸到最低的一条肋骨（肋弓），然后沿肋骨摸上去，直到左、右肋弓与胸骨的相接处（在腹部正中上方），找到胸骨剑突，把手掌放在剑突上方并使手掌边离剑突下沿二手指宽，如图3—14所示，掌根压在胸骨的中心线上，偏左偏右都可能会造成肋骨骨折。这种方法可概括为："沿着肋骨向上摸，遇到剑突放二指，手掌靠在指上方，掌心应在中线上。"

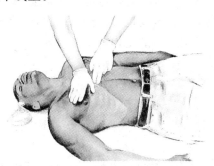

图3—14　找胸骨剑突位置的方法

② 方法二（两乳连线法）：中指与两乳连线重合，掌根压在胸骨的中心线上。
③ 方法三：按压部位在胸骨下方三分之一处，掌根压在胸骨的中心线上。

二、胸外心脏按压的操作步骤

（1）救护人员跪在触电者一侧或骑跪在触电者腰部两侧（但不要蹲着），两手相叠，下方的手掌根部放在正确的按压部位上，紧贴胸部，手指稍翘起不要接触胸部。按压时只是手掌根用力下压，手指不得用力，否则会使肋骨骨折。如图3—15所示。

（2）腰稍向前弯，上身略向前倾斜，两臂伸直，使双手与触电者胸部垂直。双手用力垂直迅速向下挤压，压陷4～5厘米，压出心脏里面的血液。下压时以髋关节为支点用力，用力方向是垂直向下，如斜压则会推移触电者。按压时切忌用力过猛，否则会造成骨折伤及内脏。压陷过深有骨折危险，压下深度不足则效果不好，成年人压陷4～5厘米，体形大的压下深些。

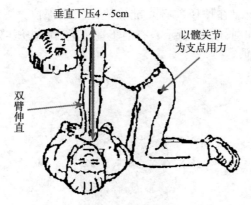

图 3—15　正确的按压方法

（3）挤压后掌根迅速全部放松，让触电者胸部自动复原，心脏舒张使血液流入心脏。放松时掌根不要离开胸部。

（4）以每分钟挤压 100 次的频率节奏均匀地反复挤压，挤压与放松的时间相等。

（5）对婴儿和幼童做心脏按压时，只用两只手指按压，压下约 2 厘米；10 岁以上儿童用一只手按压，压下 3 厘米，按压频率都是 100 次/分。

三、用人工呼吸、心脏按压对伤员进行抢救的注意事项

（1）应立即、就地、正确、持续抢救。越早开始抢救生还的机会越大，脱离电源后立即就地抢救，避免转移伤员而延误抢救时机，正确的方法是取得成效的保证，抢救应坚持不断，在医务人员未接替抢救前，现场抢救人员不得放弃抢救，也不得随意中断抢救。

（2）抢救过程中要注意观察伤员的变化，每隔数分钟检查一次，检查伤员是否恢复自主心跳、呼吸。

① 如果恢复呼吸，则停止吹气。

② 如果恢复心跳，则停止按压心脏，否则会使心脏停搏。

③ 如果心跳呼吸都恢复，则可暂停抢救，但仍要密切注意呼吸脉搏的变化，随时有再次骤停的可能。

④ 如果心跳呼吸虽未恢复，但皮肤转红润、瞳孔由大变小（正常状态下瞳孔 3～4cm），说明抢救已收到效果，要继续抢救。

⑤ 如果出现尸斑、身体僵冷、瞳孔安全放大，经医生确定真正死亡，可停止抢救。

测试题

一、填空题

1. 电流对人体的伤害有两种：_____和_____。

2. 我国规定工频安全电压有效值的限值为_____。

3. 我国规定工频有效值_____为安全电压的额定值。

4. 水下作业等特殊场所应采用_____安全电压。

5. 防止直接接触触电的措施有_____。

6. 防止间接接触触电的措施有_____。

7. 对触电者实施人工呼吸急救时，救护人深吸一口气，用拇指和食指捏住触电者的

鼻孔，紧贴触电者的口向内吹气，为时约_____秒钟；吹气完毕，立即离开触电者的口，并松开触电者的鼻孔，让其自行呼气，为时约_____秒钟。

8. 对触电者实施胸外心脏按压急救时，按压频率为_____次/分钟。

二、判断题

（　　）1. 发生有人触电时，应立即切断电源，然后进行扑救。

（　　）2. 发现触电者心跳和呼吸均停止时，在医务人员未接替抢救前，现场抢救人员可放弃抢救。

三、简述题

1. 什么是保护接地？其安全原理是什么？原则上适用于哪种配电网？

2. IT 系统中，电气设备的哪些部位应采取接地措施？低压接地电阻一般不应超过多少？

3. 什么是 TT 系统？采用 TT 系统的安全条件是什么？

4. 什么是保护接零？它适用于什么配电网？电气设备的哪些部位应当采取接零措施？

5. 应用保护接零方式应当满足哪些基本安全条件？

6. TN 系统有哪几类形式？它们分别适用于什么场合？

7. 什么是重复接地？其安全作用是什么？重复接地能消除零线断线的危险吗？为什么？

8. 接地装置的连接应符合哪些具体要求？

学习目标

1. 了解发生火灾、爆炸的原因；
2. 了解电气火灾的处理方法；
3. 掌握电气防火防爆的措施；
4. 电气起火时，正确选择和使用灭火器材进行扑救。

项目一　电气火灾和爆炸的原因

　　燃烧（火灾）是一种放热发光的化学反应。发生燃烧的三个基本条件：有可燃物存在、有助燃物存在、有火源存在。

　　凡是发生瞬间的燃烧，同时生成大量的热和气体，并以很大的压力向四周扩散的现象都叫做爆炸。为防止电气火灾和爆炸，我们应当首先了解电气发生火灾和爆炸的原因。各种不同的电气设备，由于它们的结构、运行各有其特点，引发火灾和爆炸的危险性和原因也各不相同。配电线路、照明器具、电动机、电热器具，以及高、低压开关电器等电气装置都可能引起火灾；电力电容器、电力变压器、电力电缆等电气装置除可能引起火灾外，本身还可能发生爆炸；雷电、寄生静电和电磁感应也可能引起火灾和爆炸。但总体来说，除设备缺陷、安装不当等设计和施工方面的原因外，在运行中，电流的热量和电流的火花或电弧都是引发火灾和爆炸的直接原因。

一、过度发热

1. 短路

　　我们知道，载流导体的发热量与电流的平方成正比。因此，当电路或电气设备发生短路时，由于流过导体的电流会迅速增加，为正常时的数倍甚至数十倍，因而电路或电气设备的温度也随之急剧上升，温度大大超过允许范围。如果温度达到可燃物的自燃点，即会引起燃烧，从而可能导致火灾。而造成电路或电气设备短路的原因很多，如：

　　（1）当电路或电气设备的绝缘老化变质，或受到高温、潮湿或腐蚀的作用而失去绝缘能力时，可能会引起短路事故。

（2）绝缘导线直接缠绕、钩挂在铁钉或铁丝上时，也很容易使绝缘破坏而形成短路。

（3）由于电气设备的安装不当或工作疏忽，可能使电气设备的绝缘受到机械损伤而形成短路。相线与零线直接短路会产生更大的短路电流。

（4）由于雷击等过电压的作用，电气设备的绝缘可能遭到击穿而形成短路。

（5）由于所选用的电气设备的额定电压太低，不能满足工作电压的要求时，可能会因绝缘被击穿而短路。

（6）在安装和检修工作中，由于接线或操作的错误，也可能造成短路事故。

2. 过载

负荷过载，也会引起电气设备过热而产生危险温度，引发火灾事故。造成过载的原因大体上有如下三种情况：

（1）设计选用的线路设备不合理，或没有考虑适当的裕量，以致在正常负载下出现过热。

（2）使用不合理，即线路或设备的负载超过额定值，或连续使用时间过长，超过线路的设计能力，由此造成过热。

（3）设备故障运行会造成设备和线路过载。如三相电动机缺相运行可能造成过载。

3. 接触不良

接触部位是电路中的薄弱环节，是产生危险温度的主要部位之一。

不可拆卸的接头接触不牢、焊接不良或混有杂质，都会增加接触电阻而导致接头发热。可拆卸的接头连接不紧密或由于振动而松动，也会导致接头发热，这种发热在大功率电路中，表现得尤为严重。

设想，某电路中的工作电流为100A，某接头或其垫片，由于油污、灰尘或锈蚀而具有 0.1Ω 的电阻，则仅此一处接头就产生线路压降 $U=IR=100\times0.1=10V$，在此处消耗的电功率 $P=IU=100\times10=1\,000W$，即此处接触不良就相当于存在一个 1kW 的电炉在日夜不停地发热，情况的严重性可想而知。

至于活动触头，如刀开关的触头、接触器的触头、插式熔断器(插保险)的触头、插销的触头、灯泡与灯头的接触处等活动触头，如果没有足够的接触压力或接触表面粗糙不平，也会导致触头过热。对于铜铝接头，由于铜和铝的电性不同，接头处易因电解作用而腐蚀，从而导致接头过热。

4. 铁芯发热

对于电动机、变压器、接触器等带有铁芯的电气设备，如铁芯短路（片间绝缘破坏），或线圈电压过高且长时间工作，或通电后铁芯不能吸合等，都会使铁芯的涡流损耗和磁滞损耗增加，造成铁芯过热，从而产生危险温度。

5. 漏电

漏电电流一般不大，不能促使线路的熔丝动作。如漏电电流沿线路比较均匀地分布，则发热量分散，火灾危险性不大；但当漏电电流集中在某一点时，可能引起比较严重的局部发热，甚至引燃成灾。

6. 散热不良

各种电气设备在设计和安装时，都考虑有一定的散热、通风措施，如果这些措施遭到破坏，如散热油管堵塞、通风道堵塞、安装位置不当、环境温度过高或距离外界热源太近等，均可能造成散热不良，导致电气设备或线路过热。

7. 机械故障

对于带有电动机的设备，如果卡死或轴承损坏，造成电机堵转或负载转矩过大，都将造成电动机过热。

8. 电热器具和照明灯具

小电炉、电烘箱、电熨斗、电烘铁、电褥子等电热器具和照明灯具的工作温度较高，如果这些发热元件紧贴在可燃物上或离可燃物太近，极易引燃成灾。

二、电火花和电弧

电火花是电极间的击穿放电，而电弧是由大量的电火花汇集而成的。电火花的温度很高，特别是电弧，温度可高达 3 000～6 000℃。因此，电火花和电弧不仅能引起可燃物燃烧，还能使金属熔化、飞溅，构成危险的火源。在有爆炸危险的场所，电火花和电弧更是一个十分危险的因素。

在生产和生活中，电火花是经常见到的。电火花大体包括工作火花和事故火花两类。

1. 工作火花

工作火花是指电气设备正常工作时，或正常操作过程中产生的火花。例如，刀开关、断路器、接触器、控制器接通和断开线路时，都会产生电火花；直流电机电刷与整流子滑动接触处、交流电机电刷与滑环滑动接触处也会产生电火花；切断感性电路时，断口处将产生比较强烈的电火花等。

2. 事故火花

事故火花是指线路或设备发生故障时出现的火花。如电路发生故障，保险丝熔断时产生的火花；如导线过松导致短路或接地时产生的火花。事故火花还包括由外来原因产生的火花，如雷电火花、静电火花、高频感应电火花等。

电动机转子和定子发生摩擦(扫堂)，或风扇与其他部件相碰也都会产生火花，这是由碰撞引起的机械性质的火花。还应当指出的是，灯泡破碎瞬时温度达 2 000～3 000℃的灯丝，有类似火花的危害。

就电气设备着火来讲，外界热源也可能引起火灾或爆炸的危险。如变压器周围堆积杂物、油污，并由外界火源引燃，可能导致变压器喷油燃烧，甚至引起爆炸事故。

电气设备本身，除了油断路器、电力变压器、电力电容器、充油套管等充油设备可能爆裂外，一般不会出现爆炸事故。下列情况可能引起空间爆炸：

(1) 周围空间有爆炸性混合物，在危险温度或电火花作用下引起空间爆炸。

(2) 充油设备的绝缘油在电弧作用下分解和汽化，喷出大量油雾和可燃气体，引起空间爆炸。

(3) 发电机氢冷装置漏气、酸性蓄电池排出氢气等，会形成爆炸性混合物，引起空间爆炸。

项目二 防火防爆措施

从根本上说，所有防火防爆措施都是控制燃烧和爆炸的三个基本条件，使之不能同时出现。因此，防火防爆措施必须是综合性的措施，除了选用合理的电气设备外，还包括必要的防火间距、保持电气设备正常运行、保持通风良好、采用耐火设施、装设良好的保护装置等技术措施。

一、消除或减小爆炸性混合物

消除或减小爆炸性混合物的主要技术措施如下：

（1）采取封闭式作业、防止爆炸性混合物泄漏。

（2）清理现场积尘，防止爆炸性混合物积累。

（3）采取开放式作业或通风措施，稀释爆炸性混合物。

（4）在危险空间充惰性气体或不活泼气体，防止形成爆炸性混合物。

（5）设计正压室，防止爆炸性混合物侵入。

（6）安装报警装置，当混合物中危险物品的浓度达到其爆炸下限的10％时报警。

二、保持防火间距与隔离

选择合理的安装位置，保持必要的安全间距也是防火防爆的一项重要措施。电气装置，特别是高压、充油的电气装置，应与爆炸危险区域保持规定的安全距离。变、配电站不应设在容易沉积可燃粉尘或可燃纤维的地方。天车滑触线的下方，不应堆放易燃物品。

隔离是将电气设备分室安装，并在隔墙上采取封堵措施，以防止爆炸性混合物流入。电动机隔墙传动、照明灯隔玻璃照明等都属于隔离措施。为了防止电火花或危险温度引起火灾，开关、插销、熔断器、电热器具、照明器具、电焊设备、电动机等均应根据需要，适当避开易燃物或易燃建筑构件。

10kV及以下的变、配电室不应设在爆炸危险场所的正上方或正下方；变、配电室与爆炸危险场所或火灾危险场所毗连时，隔墙应是非燃性材料制成的。

三、消除引燃源

消除引燃源的主要措施有：

（1）按爆炸危险环境的特征和危险物的级别、组别选用电气设备和设计电气线路。

（2）保持电气设备和电气线路安全运行。安全运行包括电流、电压、温升和温度不超过允许范围，包括绝缘良好、连接和接触良好、整体完好无损、清洁、标志清晰等。安全运行还包括电气设备的最高表面温度不超过表4—1和表4—2所列的规定。

表4—1　　　　　　　气体、蒸气爆炸危险场所电气设备最高表面温度

组　　别	T1	T2	T3	T4	T5	T6
最高表面温度(℃)	450	300	200	135	100	85

表 4—2　　　　　　　　粉尘、纤维爆炸危险场所电气设备最高表面温度

引燃温度组别	无过负荷的设备	有过负荷的设备
T11	215℃	195℃
T12	160℃	145℃
T13	120℃	110℃

（3）在爆炸危险环境应尽量少用携带式设备和移动式设备，一般情况下不应进行电气测量工作。

四、危险场所接地和接零

爆炸危险场所的接地（或接零）较一般场所要求高，需注意以下几点：

1. 接地、接零实施范围

在爆炸危险场所，除生产上有特殊要求的以外，一般场所不要求接地（或接零）的部分仍应接地（或接零）。如在不良导电地面处，交流电压 380V 及以下、直流电压 440V 及以下的电气设备正常运行时不带电的金属外壳，还有直流电压 110V 及以下、交流电压 127V 及以下的电器设备，以及敷设有金属包皮且两端已接地的电缆用的金属构架，这些电气设备在正常干燥场所允许不采取接地或接零措施，但在爆炸危险环境，仍应接地或接零。

2. 整体性连接

在危险场所内的所有不带电金属，必须接地（或接零）并连接成连续整体，以保持电流途径不中断；接地（或接零）干线宜在爆炸危险场所不同方向不少于两处与接地体相连，连接要牢靠，以提高可靠性。

3. 保护导线

单相设备的工作零线应与保护零线分开，相线和工作零线均应装设短路保护装置，并装设双极开关同时操作相线和工作零线。保护导线的最小截面：铜线不得小于 $4mm^2$，钢线不得小于 $6mm^2$。

4. 保护方式

在不接地电网中，必须装设一相接地时或严重漏电时能自动切断电源的保护装置或能发出声、光双重信号的报警装置。在中性点直接接地的电网中，最小单相短路电流不得小于该段线路熔断器额定电流的 5 倍或自动开关瞬时（或短延时）动作过电流脱扣器整定电流的 1.5 倍。

项目三 电气灭火常识

与一般火灾相比，电气火灾有两个显著的特点：一是着火的电气设备可能带电，扑灭时若不注意就会发生触电事故；二是有些电气设备充有大量的油（如电力变压器、多油断路器等），一旦着火，可能发生喷油甚至爆炸事故，造成火焰蔓延，扩大火灾范围。因此，根据现场情况，可以断电的应断电灭火，无法断电的则带电灭火。

一、触电危险和断电

1. 触电危险

（1）火灾发生后，电气设备和电气线路可能是带电的，如不注意，没有及时切断电源，扑救人员或所持器械接触带电部分，易造成触电事故。

（2）使用导电的灭火剂喷射到带电部分，也可能造成触电事故。

（3）绝缘损坏或电线断落接地短路，使正常时不带电的金属构架、地面等部分带电，也可能导致接触电压或跨步电压触电的危险。

2. 断电

切断电源时要注意以下几点：

（1）火灾发生后，由于受潮或烟熏，开关设备绝缘能力降低，因此拉闸时最好用绝缘工具操作。

（2）先拉负荷开关，后拉隔离开关，以免引起弧光短路。

（3）切断电源的地点要选择适当，防止切断电源后影响灭火工作。

（4）剪断电线时，不同相电线应在不同部位剪断，以免造成短路。剪断空中电线时，剪断位置应选择在电源方向的支持物附近，以防止电线剪断后断落下来造成接地短路和触电事故。

二、带电灭火安全要求（注意事项）

原则上要求不带电灭火，但有时为了争取灭火时间，防止火灾扩大，来不及断电；或因生产需要或其他原因不能断电，则需要带电灭火。带电灭火必须注意以下几点：

（1）电气设备起火时，应尽快切断电源，如来不及切断电源，应选择二氧化碳、干粉灭火器灭火。禁止用泡沫灭火器或水灭火。

（2）用水枪灭火时，宜采用喷雾水枪，这种水枪泄漏电流较小，带电灭火比较安全；用普通直流水枪时，要做好绝缘安全措施，如可将水枪喷嘴接地，也可穿戴绝缘手套和绝缘靴或穿均压服工作。

（3）注意人与带电体之间的安全距离。用水枪时，水枪喷嘴与带电体的距离为：电压110kV及以上者不应小于3m；电压220kV及以上者不应小于5m。用灭火器时，身体、喷嘴至带电体的最小距离：10kV者不小于0.4m，35kV者不应小于0.6m。

（4）对架空线路等空中设备进行灭火时，人体位置与带电体之间的仰角不应超过45°，以防导线断落危及灭火人员的安全。

（5）如果带电导线断落在地面上，要划出一定的警戒区，防止跨步电压伤人。

三、充油电气设备灭火要求

充油设备的油，闪点多在130～140℃之间，有较大的危险性。所以在灭火时要求：

（1）如果只在设备外部起火，可用二氧化碳、干粉灭火器灭火。

（2）如火势较大，应切断电源，并可用水灭火。

（3）如油箱、喷油燃烧，火势很大时，除切除电源外，有事故贮油坑的应设法将油放进贮油坑，坑内和地上的油燃烧可用泡沫扑灭。

（4）要防止燃烧着的油流入电缆沟而顺沟蔓延，电缆沟内的油只能用泡沫覆盖扑灭。

四、旋转电机的灭火

发电机和电动机等旋转电机起火时，为防止轴和轴承变形，避免绝缘受损，在灭火时要求：

(1) 慢慢转动电机转轴，用喷雾水枪灭火，并使其均匀冷却；也可用二氧化碳或者蒸汽灭火。

(2) 不宜用干粉、砂子或泥土灭火，以免损坏电气设备的绝缘。

技能训练

任务一 正确使用干粉灭火器灭火

一、实训目的

掌握干粉灭火器的灭火方法。

二、实训器材

手提式干粉灭火器。

三、干粉灭火器的使用步骤

(1) 第一步：右手握着压把，左手托着灭火器底部，轻轻地取下灭火器，或打开消防箱顶盖，右手握着压把，将灭火器提出消防箱。

(2) 第二步：右手握着灭火器跑到现场。

(3) 第三步：将灭火器上下颠倒几次，使筒内干粉松动，拔出保险销。

(4) 第四步：左手握着喷管(无喷管的托底部)，右手提着压把，在距火焰最佳距离的地方，右手用力压下压把，喷嘴对着火焰根部左右摆动，喷射干粉覆盖燃烧区。

四、干粉灭火器的使用注意事项

(1) 动作要迅速果断，以免错过最佳灭火时机。

(2) 灭火时人要站在上风，并注意喷射距离以及与带电体的距离。

(3) 喷射前最好将灭火器上下颠倒几次，使筒内干粉松动，但喷射不能倒置。

(4) 灭液体火(B类火)时，不能直接向液面喷射，要由近向远，在液面上10mm左右快速摆动，覆盖燃烧面，切割火焰。

(5) 灭A类火时可先由上向下压制火焰，然后对燃烧物上下左右前后都喷匀灭火剂，以防止复燃。

(6) 不宜用于电机、污染损伤绝缘设备的火灾。

(7) 不要扑救电压超过5 000V的带电物体火灾。

(8) 灭火器一经开启，即使喷出不多，也必须按规定要求送专业维修部门充装，不得随便更改灭火剂的品种和重量。

(9) 注意防潮，定期检查驱动气体是否合格，如压力表指针在红色区域，或灭火器使用年限已过，必须按规定要求进行检修。

（10）干粉灭火器存放时应放置牢靠，存放地点通风干燥。存放环境温度为：—10～45℃，不得受到烈日暴晒、接近火源或受剧烈振动。

任务二 正确使用二氧化碳灭火器灭火

一、实训目的
掌握二氧化碳灭火器的灭火方法。

二、实训器材
手提二氧化碳式灭火器。

三、二氧化碳灭火器的使用步骤

（1）第一步：右手握着压把，左手托着灭火器底部，轻轻地取下灭火器，或打开消防箱顶盖，右手握着压把，将灭火器提出消防箱。

（2）第二步：右手握着灭火器跑到现场。

（3）第三步：拔出保险销。

（4）第四步：左手握着喇叭筒，右手提着压把，在距火焰2m的地方，右手用力压下压把，对着火焰根部喷射，并不断推前，直至把火焰扑灭。

四、二氧化碳灭火器的使用注意事项

（1）要迅速果断，以免错过最佳灭火时机。

（2）不宜在室外大风时使用。灭火时，离火源不能过远，一般2m左右较好；带电灭火时，要注意与带电体的距离。

（3）喷射时，手不要接触金属部分，以防冻伤。

（4）在空气不流畅的场所，喷射后应立即通风；在较小的密闭空间或地下坑道喷射后，人要立即撤出，以防止窒息（二氧化碳在空气中的浓度达到5%时，人就会感到呼吸困难；浓度超过10%时，人就会死亡）。

（5）灭油类火灾时，喷筒不能距离油面太近，以免把油液吹散，使火灾扩大。

（6）若灭600V以上的电器火灾时，应先切断电源。

（7）不能扑灭轻金属的火灾，也不宜用于在惰性介质中燃烧的硝基纤维、含氧炸药等物质的火灾。

测试题

1. 发生燃烧（爆炸）的三个基本条件是什么？
2. 引发火灾和爆炸的直接原因是什么？
3. 电气设备起火时，如何灭火？
4. 旋转电机起火时，可用干粉、砂子或泥土灭火吗？

学习目标

1. 摇表的结构、工作原理;
2. 接地电阻测量仪的结构、工作原理;
3. 钳形电流表的使用。

项目一 摇表的使用

摇表又叫做兆欧表、迈格表、高阻计、绝缘电阻测定仪等,是一种测量电器设备或电路绝缘电阻、检测电器设备绝缘材料受潮情况的仪表,测量单位是兆欧(MΩ)。

一、摇表的结构及工作原理

(1)摇表的结构。

摇表主要由手摇直流发电机(有的用交流发电机加整流器)、磁电式流比计及接线柱(L、E、G)三部分组成。

(2)摇表的工作原理。

摇表的工作原理,如图5—1所示,它的磁电式流比计有两个互成一定角度的可动线圈,装在一个有缺口的圆柱铁芯上外面,并与指针一起固定在一转轴上,构成流比计的可

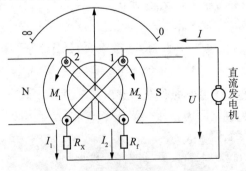

图 5—1 摇表的工作原理示意图

动部分，被置于永久磁铁中，其中，磁铁的磁极与圆柱铁芯之间的气隙是不均匀的。流比计不像其他仪表，它的指针没有阻尼弹簧，指针可以停留在任何位置。

摇动手柄，直流发电机即可输出电流，其中，一路电流 I_1 流入线圈 1 和被测电阻 R_x 的回路，另一路电流 I_2 流入线圈 2 与附加电阻 R_f 回路，设线圈 1 的电阻为 R_1，线圈 2 的电阻为 R_2，根据欧姆定律有

$$I_1=U/(R_1+R_x)，I_2=U/(R_2+R_f)$$

两式相比得：$I_1/I_2=(R_2+R_f)/(R_1+R_x)$，

其中，R_1、R_2 和 R_f 为定值，R_x 是变量。可见 R_x 的改变必将引起电流比值 I_1/I_2 的改变，当 I_1 和 I_2 分别流过线圈 1 和线圈 2 时，受到永久磁铁磁场力的作用，使线圈 1 产生转动力矩 M_1，线圈 2 由于与线圈 1 绕向相反，产生了反作用转动力矩 M_2，两个力矩作用的合力矩使指针发生偏转。在 $M_1=M_2$ 时，指针静止不动，这时指针所指出的就是被测设备的绝缘电阻值。由图 5—1 可见，摇表未接入电路前相当于 $R_x=\infty$，线圈 1 回路开路，摇动手柄时 $I_1=0$，$M_1=0$，指针在 I_2 和 M_2 作用下，向逆时针方向偏转，最后指在 "∞" 处。如将输出端 L 和 E 短接，即 $R_x=0$，此时 I_1 最大，M_1 最大，M_1 和 M_2 综合作用结果使指针顺时针方向偏转，指到标度尺的 "0" 处。

二、摇表的选择

摇表有 250V、500V、1 000V、2 500V 和 5 000V 等几个电压等级，使用时应根据被测线路或设备的额定电压，选择相对应电压等级的摇表。

(1) 对于额定电压在 500V 以下的线路或设备，可选用 500V 或 1 000V 的摇表，若选用过高电压的摇表可能会损坏被测设备的绝缘。

(2) 高压设备或线路选用 2 500V 摇表。

(3) 特殊要求的高压或线路选用 5 000V 摇表。

三、绝缘电阻的指标

为了防止绝缘损坏造成事故，应按规定严格检查电气设备的绝缘性能。绝缘性能包括绝缘电阻、耐压强度、泄漏电流和介质损耗等电气性能。

1. 绝缘电阻测量及指标

绝缘材料的绝缘电阻，是加于绝缘材料的直流电压与流经绝缘材料的电流（泄漏电流）之比。绝缘电阻是最基本的绝缘性能指标。足够的绝缘电阻能把泄漏电流限制在很小的范围内，有效地防止漏电造成的触电事故。

绝缘电阻测量，现场一般用摇表进行，摇表测量实际上是给被测物加上直流电压，测量通过其上的泄漏电流，表面上的刻度是经过换算得到的绝缘电阻值。

不同的线路或不同的电气设备，对绝缘电阻的要求也不同。一般来说，高压的电气设备和线路比低压的要求高，新设备比老设备要求高，室外的电气设备和线路比室内的要求高，移动的设备比固定的要求高。以下是几种电气设备、线路的绝缘电阻指标：

(1) 常温下电动机、配电设备和配电线路的绝缘电阻不应低于 0.5MΩ。

(2) 运行中的低压线路和设备，绝缘电阻可降低为每伏工作电压 1 000Ω。

（3）在潮湿环境中，低压线路和设备的绝缘电阻不应低于每伏工作电压500Ω。

（4）新装和大修后的低压电力和照明线路，绝缘电阻值不低于0.5MΩ。

（5）控制线路的绝缘电阻、配电盘二次线路的绝缘电阻不应低于1MΩ，潮湿的环境可降为0.5MΩ。

（6）携带式电气设备的绝缘电阻不应低于2MΩ。

（7）高压线路和设备的绝缘电阻一般不低于1 000MΩ。

（8）架空线路每个悬式绝缘子的绝缘电阻应不低于300MΩ。

（9）电压、电流互感器的绝缘电阻不应低于10～20MΩ。

（10）电力变压器投入运行前，绝缘电阻应不低于出厂时的70%；运行中，绝缘电阻可适当降低，但变压器的绝缘电阻不低于初次值的50%。

2. 吸收比的测定

（1）测吸收比的目的：判定绝缘材料的受潮情况。

（2）吸收比的定义：吸收比是指从开始测量60s时的绝缘电阻与15s时的绝缘电阻的比值，即R_{60}/R_{15}。

（3）直流电流通过绝缘材料时的变化曲线，如图5—2所示。

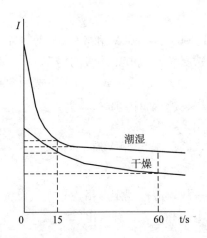

图5—2　直流电流通过绝缘材料时的变化曲线

① 对于干燥的绝缘材料，当加上直流电压时，由于泄漏电阻很高，不但泄漏电流小，而且充电过程很慢。从图5—2我们可以看出：绝缘材料干燥时，15s与60s时的绝缘电阻变化比较大，因而吸收比较大。

②对于受潮后的绝缘材料，当加上直流电压时，由于泄漏电阻降低，不但泄漏电流大，而且充电过程变快。从图5—2我们可以看出：绝缘材料受潮后，15s与60s时的绝缘电阻变化很小，因而吸收比明显降低。

（4）$R_{60}/R_{15}<1.3$时，说明绝缘材料已经受潮，吸收比越小受潮越严重。绝缘受潮或有局部缺陷时吸收比趋近于1。

（5）电力变压器、电抗器的吸收比不应小于1.3。

（6）高压交流电动机的吸收比不应小于1.2。

项目二 接地电阻测量仪的使用

接地电阻测量仪也称为接地摇表，是一种专门用于直接测量各种电气及避雷接地装置的接地电阻大小的仪器。

一、接地电阻测量仪的结构与工作原理

（1）结构：接地电阻测量仪由检流计、手摇发电机、电流互感器、调节电位器组成。

（2）原理：当手摇发电机的摇把以每分钟 120 转的速度转动时，便产生 90～98 周/秒的交流电流。电流经电流互感器一次绕组、接地极、大地和探测针后回到发电机，电流互感器便感应产生二次电流，检流计指针偏转，借助调节电位器使检流计达到平衡。

二、接地装置有关规定

（1）用绝缘铜导线作低压电力设备的明敷接地线时，其截面不得小于 $1.5mm^2$，利用裸铜导体作明敷的接地线时，其截面不得小于 $4mm^2$。

（2）用圆钢敷设在室内的地面上作接地线时，其最小直径应为 6mm，敷设在地下作接地线时，其最小直径应为 8mm，用扁钢敷设在室内地面上作接地线时，其最小截面应为 $24mm^2$。

（3）接地线与接地体的连接应焊接，接地线与电气设备的连接可焊接或采用螺栓连接；电气设备每个接地设备，应通过单独的分支线与接地干线连接。

（4）埋在地下的接地体采用钢管时，其壁厚应为 3.5mm 以上。

（5）低压电力设备及电力变压器的接地电阻不宜超过 4Ω，当变压器容量不超过 100kVA 时，其接地装置的接地电阻允许不超过 10Ω。

（6）低压架空电力线的零线，每一重复接地装置的接地电阻不应大于 10Ω，在发电机和变压器的接地装置的接地电阻的最大允许值为 10Ω 的网路中，每一重复接地装置的接地电阻不应超过 30Ω，但重复接地不应少于三处。

项目三 钳形电流表的使用

在不断开电路而需要测量电流的场合，可以使用钳表（即钳形电流表），钳表就是一种用于测量正在运行的电气线路中电流大小的仪器。

一、钳表的结构及工作原理

（1）结构：钳表由一只电流互感器和带整流装置的磁电式表头组成，如图 5—3 所示。

（2）原理：电流互感器的铁芯呈钳口形，当捏紧钳表手把时，其铁芯张开，载流导线可以穿过铁芯张口放入，松开把手后铁芯闭合，通过被测载流的导线成为电流互感器的一

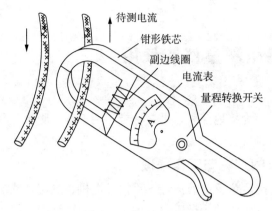

待测电流
钳形铁芯
副边线圈
电流表
量程转换开关

图 5—3 钳表的结构

次绕组。被测电流在铁芯中产生磁通，使绕在铁芯上的电流互感器二次绕组产生感应电动势，测量线路就有电流 I_2 流过，这个电流按不同的分流比整流后通过表头。标尺是按一次电流 I_1 刻度的，所以表的读数就是被测量电流值。量程的改变由转换开关改变分流器的电阻来实现。

二、钳表测量交流电流的步骤及注意事项

1. 钳表测量交流电流的步骤

（1）打开电源总开关箱门，确定被测线路。

（2）选择适当的量程，并检查指针是否指零。

（3）手握钳表，捏紧钳表手把，张开铁芯。

（4）卡入导线，使导线处于铁芯中央，然后松开把手，使铁芯闭合。

（5）读出正确读数。

（6）钳表退出导线，将开关箱门锁好。

2. 钳表使用的注意事项

（1）选择适当的量程，不可以小量程去测量大电流。如果测量的是未知电流的数值，应选用最大电流量程测量，当将导线卡入钳口后发现量程不合适时，必须把钳口退出导线，然后调节量程再进行测量。

（2）钳口卡入导线以后，应使钳口完全密贴，并使导线处于正中，如有杂声可重新开合一次；如仍有杂声应检查钳口是否有污垢存在，如有污垢则应清除后再进行测量。

（3）测量前，要注意被测电路电压的高低，如果用低压表去测量高电压电路中的电流，会容易造成事故或者引起触电危险。

（4）测量电流较小读数不明显时，可将载流导线多绕几圈放进钳口进行测量，但是应将读数除以所绕的圈数才是实际的电流值。

（5）在测量大电流后再测量小电流时，为了准确，应把钳口开合几次，待消除大电流所产生的剩磁后，再进行小电流测量。

（6）测量完毕，要将调节开关放在最大量程位置，以免下次使用时，由于疏忽未选择量程就进行测量，而造成损坏电表的事故。

任务一 用摇表测量电动机、线路导线及绝缘电缆的绝缘电阻

一、实训目的

掌握摇表测量绝缘电阻的方法。

二、实训器材

（1）500V、2 500V 摇表各 1 个。

（2）1m 长的多股绝缘铜导线（BV—16）1 根、三相电动机 1 台、0.5m 长的铠装电缆 1 根。

三、实训图

实训接线图，如图 5—4 所示。

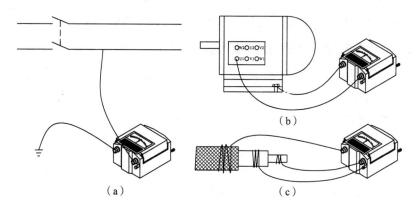

（b）

（a）　　　　　　　（c）

图 5—4　摇表的正确接线

四、用摇表测量运行中电动机（或线路）绝缘电阻的步骤

（1）停电：先断开负荷开关，后断开隔离开关，并在隔离开关的操作手柄上挂上"有人工作，禁止合闸"（或"线路有人工作，禁止合闸"）标示牌。

（2）验电：使用验电器（电笔）对电动机的接线端子（或导线）进行验电。对于大容量的电动机（或很长的线路），必须先放电后验电。

（3）拆电动机接线盒的电源进线和端子的短接片。

（4）选择适当的摇表，并检查摇表外表及测量线是否良好，并将被测设备表面擦拭干净。

（5）平稳放置摇表，以免在摇动时因抖动和倾斜产生测量误差。

（6）检查摇表的好坏：用短路试验和开路试验进行检查。

① 短路试验：将两根检测线（L、E）短接，然后缓慢摇动摇表手柄，指针应指在

"0"处。

② 开路试验：将两根检测线（L、E）开路，然后摇动摇表手柄，指针应指在"∞"处。

（7）测量各电动机绕组（或线路各相导线）对地绝缘电阻。

① 测量线 L 接电动机的其中一相绕组（或线路的其中一相导线），测量线 E 接电动机外壳（或接地体）；

② 摇动手柄，转速由慢渐快，使转速保持约 120r/min；

③ 摇至表针摆动到稳定处读出数据；

④ 拆去摇表的测量线，再停止摇动手柄，测量完毕，对设备进行放电；

⑤ 用同样的方法测量其他两相的对地绝缘电阻。

（8）测量绕组之间的绝缘电阻：

① 测量线 L 接电动机的其中一相绕组（或线路的其中一相导线），测量线 E 接电动机的另一相绕组（或线路的另一相导线）；

② 摇动手柄，转速由慢渐快，使转速保持约 120r/min；

③ 摇至表针摆动到稳定处读出数据；

④ 拆去摇表的测量线，再停止摇动手柄，测量完毕，对设备进行放电；

⑤ 用同样的方法测量其他两组间相间绝缘电阻。

（9）恢复被拆线路，取下标示牌，经检查无误后送电。

测量电动机各绕组间的绝缘电阻及各绕组对地的绝缘电阻。

五、用摇表测量运行中铠装绝缘电缆绝缘电阻的步骤

（1）停电：先断开负荷开关，后断开隔离开关，并在隔离开关的操作手柄上挂上"线路有人工作，禁止合闸"标示牌。

（2）验电：使用验电器（电笔）电缆各相进行验电。对于很长的线路，必须先放电后验电。

（3）选择适当的摇表，并检查摇表外表及测量线是否良好，并把被测设备表面擦拭干净。

（4）平稳放置摇表，以免在摇动时因抖动和倾斜产生测量误差。

（5）检查摇表的好坏：用短路试验和开路试验进行检查。

① 短路试验：将两根检测线（L、E）短接，然后缓慢摇动摇表手柄，指针应指在"0"处；

② 开路试验：将两根检测线（L、E）开路，然后摇动摇表手柄，指针应指在"∞"处。

（6）测量线路各相对地绝缘电阻。

① 测量线 L 线路的其中一相导线线芯，测量线 E 接铠装电缆的铅皮上；

② 将另一相导线短接，并接到接铠装电缆的铅皮上；

③ 用裸软导线将摇表的"屏蔽"（G）接到电缆的绝缘层上（靠近 L 线）；

④ 摇动手柄，转速由慢渐快，使转速保持约 120r/min；

⑤ 摇至表针摆动到稳定处读出数据；

⑥ 拆去摇表的测量线，再停止摇动手柄，测量完毕，对设备进行放电；

⑦ 用同样的方法测量其他两相的对地绝缘电阻。

（7）测量电缆导线之间的绝缘电阻。

① 测量线 L 接电缆线路的其中一相导线线芯，测量线 E 电缆的另一相导线线芯；

② 摇动手柄,转速由慢渐快,使转速保持约 120r/min;

③ 摇至表针摆动到稳定处读出数据;

④ 拆去摇表的测量线,再停止摇动手柄,测量完毕,对设备进行放电;

⑤ 用同样的方法测量其他两组相间绝缘电阻。

(8) 恢复线路,取下标示牌,经检查无误后送电。

六、摇表的使用注意事项

(1) 测量前应检查摇表是否良好。

(2) 切断被测线路或设备的电源,禁止带电测量绝缘电阻;测量前后均应对设备进行放电(对容性设备更应充分放电),放电前切勿用手触及测量部分和摇表的接线桩。

(3) 测量时,若表针迅速指"0",说明绝缘已损坏,电阻值为零,应立即停摇,此时若继续摇动手柄,摇表会烧坏。

(4) 测大容量设备时,摇动手柄至使表针指示为稳定的数值后再读数,读数后应继续摇动手柄,在摇表(发电机)在发电的状态下断开测试线,以防电路储存的电能对仪表放电。

(5) 摇动摇表手柄的速度不宜太快或太慢,一般规定为 120r/min,允许有 ±20% 的变化,最高不应超过规定值的 25%。

(6) 禁止在雷电时或附近有高压导体的设备上测量绝缘。只有在设备不带电且不可能受其他电源感应而带电的情况下才可测量。

(7) 测量时,接线必须正确。

(8) 摇表应定期校验。校验方法是直接测量有确定值的标准电阻,检查它的测量误差是否在允许范围以内。

任务二 用接地电阻测量仪检测接地电阻

一、实训目的

掌握用接地电阻测量仪测量接地电阻的方法。

二、实训器材

(1) 接地电阻测量仪 1 个。

(2) 接地装置 1 套。

(3) 电工常用工具 1 套。

三、实训图

实训接线图如图 5—5 所示。接地极 E'、电位探测针 P' 和电流探测针 C' 三点成一直线,E' 至 P' 的距离为 20 米左右,E' 至 C' 的距离为 40 米左右,然后用专用导线分别将 E'、P' 和 C' 接到仪表相应的端子上,如图 5—5(a) 所示;如测量仪有四个接线柱,那么把 C_2、P_2 端短接后作为 E(接地极)点,如图 5—5(b) 所示。

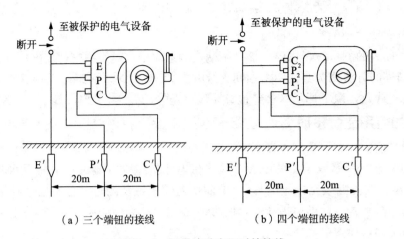

（a）三个端钮的接线　　　　　（b）四个端钮的接线

图 5—5　测量接地电阻时的接线

四、用接地电阻测量仪测量接地电阻的步骤

（1）用扳手将接地装置引出的接断卡断开，切断接地线与接地体的联系。

（2）观察现场，找出适当的测量用路径。

（3）用 5 米长的测量线（一般是黑色绝缘软铜芯线）将接地体引出端与接地测量仪的"E"接线柱连接起来。

（4）连接安装电压测量线。

① 将 20 米长的测量线一端接到仪表的"P"接线柱上，然后沿着确定的路径放线。

② 放完 20 米测量线后，在离接地体 20 米的位置，用铁锤将电压探测针打入地面，然后将测量线的另一端接到探测针上。

（5）用同样方法连接安装 40 米的电流测量线，电流探测针距接地体 40 米。

（6）把仪表放在水平位置，检查检流计指针是否指在黑线上，如不在应调整指针指于黑线，然后将仪表的倍率标度置于中间标位。

（7）慢慢转动发电机的摇把，同时旋转"测量标度盘"使检流计指针平衡，接近中心线。

（8）当指针接近黑线时，加快发电机摇把的转速，达到每分钟 120 转以上，再调整"测量刻度盘"，使指针指于黑线。当指针停留在黑线不动时，说明检流计中的电桥已平衡，可停止摇动摇把。

① 如果指针指于黑线时，读数小于 1，应将"倍率标度"调小 1 级，然后重新测量。

② 如果当测量刻度盘调到最大刻度时，指针仍不能指向黑线，应将"倍率标度"调大 1 级，再重新测量。

（9）将"测量刻度盘"的读数乘以"倍率标度盘"的倍率即为所测的接地电阻值。

五、测量注意事项

（1）当检流计的灵敏度高时，可将电位探测针 P′插入土中浅些，当检流计灵敏度不高时，可沿电位探测针 P′和电流探测针 C′注水，使其湿润。

（2）测量时，接地线路要与被保护的设备断开，以便得到准确的测量数据。

1. 钳表主要由哪几部分组成？使用时应注意什么？

2. 使用摇表时应注意什么？

3. 用摇表摇测绝缘电阻时，摇速有什么规定？

4. 如何选用摇表？

5. 携带式手电钻的绝缘电阻不应低于多少？

6. 如何测量运行中的电动机绝缘电阻？

7. 测量接地装置的接地电阻时，接极、电位控测针、电流控测针的关系如何？

8. 测量接地电阻时应注意什么？

9. 用绝缘铜导线作低压电力设备的明敷接地线时，其截面不得小于多少？

10. 利用裸铜导体作明敷的接地线时，其截面不得小于多少？

11. 用圆钢敷设在室内的地面上作接地线时，其最小直径应为多少？

12. 用圆钢敷设在地下作接地线时，其最小直径应为多少？

13. 用扁钢敷设在室内地面上作接地线时，其最小截面应为多少？

14. 低压电力设备及电力变压器的接地电阻不宜超过多少？当变压器容量不超过 100kVA 时，其接地装置的接地电阻允许不超过多少？

15. 低压架空电力线的零线，每一重复接地装置的接地电阻不应大于多少？在发电机和变压器接地装置的接地电阻的最大允许值为 10Ω 的网路中，每一重复接地装置的接地电阻不应超过多少？但重复接地不应少于几处？

模块六	电工工具与电工材料

 学习目标

1. 了解电工常用工具的用途、结构性能及使用注意事项；
2. 了解电工材料的性能及用途；
3. 熟知导线连接的四个基本要求；
4. 熟知架空导线连接的三个规定。

项目一 电工常用工具的用途、结构及使用

电工常用工具是指一般专业电工都经常使用的工具。电工工具质量的好坏、工具是否规范或使用方法等，都将直接影响电气工程的施工质量及工作效率，甚至会造成生产事故和安全事故，危及施工人员的安全。因此，电气操作人员掌握电工常用工具的结构、性能和正确的使用方法，对提高工作效率和安全生产都具有重要的意义。

一、螺丝刀

（1）作用：旋紧或松开螺丝。

（2）规格：螺丝刀有木柄和塑料柄两种，按头部形状的不同可分为一字形和十字形两种（俗称一字批和十字批），如图6—1所示；按柄部以外刀体长度的毫米数来分，常有75、100、150、200、300、400mm六种规格。

（3）使用注意事项：

① 电工不可使用金属杆直通柄顶的螺丝刀，否则使用时容易造成触电事故。

② 使用螺丝刀紧固或拆卸带电的螺钉时，手不得触及螺丝刀金属杆以免发生触电事故。

③ 为了避免螺丝刀的金属杆触及皮肤，或触及邻近带电体，应在金属杆上穿套绝缘管。

④ 使用螺丝刀时，要选用合适的型号，不允许以大代小，以免损坏电器元件。另外不可用铁锤敲击柄头。

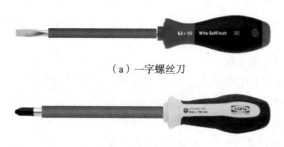

（a）一字螺丝刀

（b）十字螺丝刀

图 6—1　螺丝刀

二、低压验电器(又称电笔)

（1）作用：检验低压电线、电器及电气装置是否带电。任何电器设备未经验电，一律视为有电，不得用手触摸。

（2）构造：传统电笔由工作触头、发光氖胆、安全电阻、弹簧和笔尾金属体(帽)等组成，如图 6—2 所示。

（3）种类：常见的电笔有钢笔式、螺丝刀式和电子数字显示式三种。

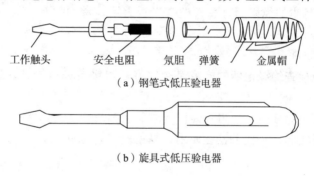

工作触头　　安全电阻　　氖胆　弹簧　　　金属帽

（a）钢笔式低压验电器

（b）旋具式低压验电器

图 6—2　低压验电器的构造

（4）握法：传统电笔的握法，如图 6—3 所示。

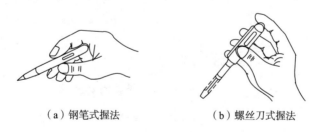

（a）钢笔式握法　　　　　（b）螺丝刀式握法

图 6—3　电笔的正确握法

（5）使用注意事项：

① 使用前，必须对电笔进行检查，并到带电体验明良好方可使用；

② 使用电笔时，必须穿绝缘鞋；

③ 在明亮光线下测试时，应注意避光仔细测试；

④ 测量线路或电气设备是否带电时，先要找一个已知电源测试，检查试电表的氖胆是否正常发光。能正常发光，才能使用。

三、电工钢丝钳

（1）作用：钢丝钳是一种夹捏和剪切的工具。

（2）构造：电工钢丝钳由钳头、钳柄、绝缘套等组成，如图6—4所示。

① 钳柄套有绝缘套（耐压500V），可用于适当的带电作业；

② 钳口可用来绞绕电线或弯曲芯线或钳夹线头；

③ 齿口可旋动有角小型螺母；

④ 刀口可剪断电线或拔铁钉，也可剖软导线绝缘层；

⑤ 侧口用来切钢丝、导线线芯等较硬金属。

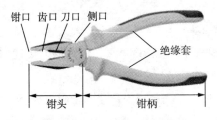

图6—4　电工钢丝钳的构造

（3）规格：钢丝钳的规格用其总长的毫米数表示，常用的有150、175、200mm三种规格。

（4）使用注意事项。

① 使用前，应检查绝缘把柄的绝缘是否完好，绝缘层如有损坏，进行带电作业时就会发生触电事故；

② 用来剪切带电导线时，不得用刀口同时剪切相线和零线，以防短路事故发生；

③ 不得用钢丝钳的钳头代替铁锤使用，以免损坏钢丝钳。

四、尖嘴钳

（1）作用：尖嘴钳的头部尖细，有细齿，如图6—5所示。尖嘴钳适用于在狭小的工作空间操作，主要用途有：

图6—5　尖嘴钳

① 剪断细小的导线、金属丝，夹持较小的螺钉、垫圈、导线等；

② 用于将单股导线端头弯成接线端子（线鼻子）；

③ 尖嘴钳的柄部套有绝缘管（耐压500V），可带电作业。

（2）规格：尖嘴钳按长度分有130、160、180、200mm四种规格。

（3）使用注意事项。

① 使用中不能切剪2mm直径以上的金属丝；

② 用于弯绕金属丝时，直径不宜过大，否则尖嘴部分容易折断；

③ 使用前，应检查绝缘把柄的绝缘是否完好，绝缘层如有损坏，进行带电作业时就会发生触电事故。

五、斜口钳

(1) 作用：斜口钳有圆弧形的钳头和上翘的刀口，如图6—6所示，主要用途有：

图6—6　尖嘴钳

① 切剪较细的金属丝，如电线、细铁丝等；

② 其柄部套有绝缘管(耐压500V)，可带电作业。

(2) 规格：斜口钳按长度分有130、160、180、200mm四种规格。

(3) 使用注意事项。

① 不能作钳子使用，因为它无夹持能力；

② 切剪的金属丝不能过于粗大，以免损坏斜口钳；

③ 带电操作时，要首先查看柄部绝缘是否良好，检查完好方可工作，以防触电。

六、剥线钳

(1) 作用：剥线钳是一种用来剥去导线线头绝缘层的专用工具，其柄部套有绝缘管(耐压500V)，可带电剥离导线的绝缘层，如图6—7所示。

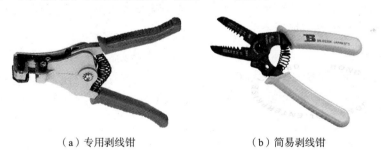

（a）专用剥线钳　　　　　　　　　（b）简易剥线钳

图6—7　剥线钳

(2) 握法：与钢丝钳的握法基本上相同，不过咬口要对着自己，以便选择适合的咬口剥线。

(3) 使用注意事项。

① 使用时应注意钳缺口的大小应和电线的金属丝直径相对应。缺口选大了，绝缘层剥不下，缺口选小了，就会损伤或切断导线，甚至损坏剥线钳。

② 不允许把剥线钳当钢丝钳使用，以免损坏剥线钳。

③ 带电操作时，要首先查看柄部绝缘是否良好，检查完好方可工作，以防触电。

(4) 钳子的维护方法。

① 钳子沾了水以后，一定要抹干，以防生锈和导电。

② 活动部分要定期加点润滑油，以保证使用灵活。

③ 使用钳子不能乱敲乱掉，防止胶套损坏起不了绝缘作用。

七、电工刀

（1）作用：电工刀是一种切削工具，主要用于切削电线头、削制木榫、切割木台、裁割绝缘带等。

（2）种类及规格：电工刀有普通型和多用型两种，如图 6—8 所示，按刀片长度分为大号、小号，大号长 112mm，小号长 88mm。

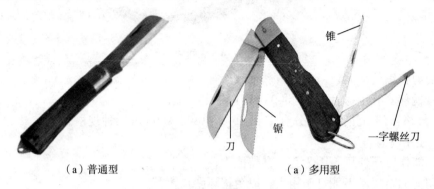

（a）普通型   （a）多用型

图 6—8 电工刀

（3）使用注意事项：

① 使用电工刀时，刀口应朝外向进行操作；

② 剖削导线绝缘层时，应使刀面与导线面成较小的锐角，以免割伤导线；

③ 电工刀的柄部无绝缘保护，使用时应注意防止触电；

④ 用完将刀身折进刀柄内。

八、活动扳手

（1）作用：用于紧固和松动螺母。

（2）结构：主要由活动扳唇、呆扳唇、扳口、蜗轮、轴销和手柄等组成，如图 6—9(a)所示。

（3）规格：扳手的规格以长度×最大开口宽度(mm)表示，常用的有 150×19(6″)、200×24(8″)、250×30(10″)、300×36(12″)等。

（4）使用注意事项：

① 活动扳手不可反用，以免损坏活动扳唇，如图 6—9(b)所示。

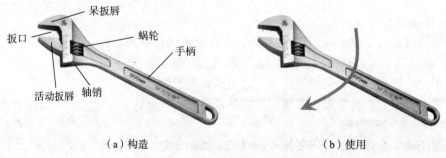

（a）构造   （b）使用

图 6—9 活动扳手的构造及其使用

② 扳动大螺母时，需要较大力矩，手应握在手柄尾部，不可用钢管接长来施加较大的扳拧力矩。

③ 扳动较小螺母时，需要力矩不大，但螺母过小易打滑故手应握在手柄根部，拇指可随时调节蜗轮，收紧活动扳唇防止打滑。

④ 不能把活动扳手当做撬棒或手锤使用。

九、梯子

(1) 作用：梯子是室内外登高作业的专用工具。

(2) 种类：电工常用的梯子有竹梯和人字梯两种，竹梯通常用于室外登高作业，而人字梯通常用于室内登高作业。如图 6—10 所示。

竹梯　　　　　　　人字梯

图 6—10　梯子

(3) 规格：

① 竹梯常用的规格有 2、2.5、3、3.5 米等，竹梯最上面的一档和最下面的一档，应用镀锌铁线加以缠绕固牢，规格大的竹梯在中间也应用镀锌铁线加以缠绕固牢；

② 人字梯常用的规格有 1、1.5、2、3、3.5、4、5、6 米等。

(4) 使用注意事项。

① 梯子使用前要检查是否牢固可靠，是否有虫蛀及折裂现象，是否能承受一定的荷重，不准使用用钉子钉成的木梯。

② 梯子不准垫高使用，也不可架在不可靠的支撑物上勉强使用。

③ 使用梯子应放置牢靠、平稳，着力不应有所侧重。

④ 梯子与地面的夹角以 60°为宜，使用前应做好防滑措施（梯脚包扎麻布片或橡胶套）。梯子靠在电线或管道上使用时，上部应使用牢固的挂钩；在泥土地面上使用时，梯子应加铁尖。

⑤ 人字梯张开后应将钩挂好，工作人员不得在最上层工作，也不得将工具材料放在最上层。

⑥ 在梯子上工作时，梯顶一般不应低于工作人员的腰部，切忌在梯子的最高处或最上面一、二级横档上工作，站立时姿态要正确。

⑦ 在 3 米以上的梯子上工作时，地面必须有工作人员扶梯，以防梯子倾斜翻倒。扶

梯人员应戴安全帽，站在梯子的侧面，一脚尖顶梯一手扶梯。

⑧ 梯子的放置应与带电部分保持足够的安全距离。

项目二 常用内外线电工材料

一、常用导电材料

导电材料的用途是输送和传递电流。导电材料一般分良导电材料和高电阻材料两类。

常用良导电材料有铜、铝、钢、钨、锡等，它们的电阻率如表 6—1 所示。其中铜、铝、钢主要用于制作各种导线或母线；钨的熔点较高，主要用于制作灯丝；锡的熔点低，主要用作导线的接头焊料和熔丝(保险丝)。

常用高电阻材料有康铜、锰铜、镍铬和铁铬铝等，主要用作电阻器和热工仪表的电阻元件。

表 6—1   常用金属材料的电阻率

材料名称	电阻率($\Omega mm^2/m$)	材料名称	电阻率($\Omega mm^2/m$)
银	0.016 5	黄铜	0.07～0.08
铜	0.017 2	青铜	0.021～0.4
铝	0.026 2	锰铜	0.42
钢	0.13～0.3		

1. 铜导线的优缺点及适用场所

(1) 铜导线的优点：电阻率小($0.017\ 2\Omega mm^2/m$)，抗拉强度高($39kg/mm^2$)，抗腐蚀能力强，是比较理想的导线材料。

(2) 铜导线的缺点：铜导线的缺点是比重大($8.9kg/cm^3$)，成本高。

(3) 铜导线的适用场所：爆炸危险环境、火灾危险大的环境、有强烈振动的环境、户外非架空线路、天花板(顶棚)内布线等安全要求较高处，应选用铜芯导线；正常室内场所的配电线路，多采用铜芯绝缘导线。

2. 铝导线的优缺点及适用场所

(1) 铝导线的优点：电阻率为 $0.026\ 2\Omega mm^2/m$，比重小($2.7kg/cm^3$)，抗一般化学侵蚀性能好，是仅次于铜的导线材料，而且价格便宜。

(2) 铝导线的缺点：不易焊接，易受酸、碱、盐腐蚀，且抗拉强度较低($16kg/mm^2$)。

(3) 铝导线的适用场所：铝导线多制作成裸体绞线，一般用于 35kV 以下的电力线路中，而且挡距不超过100～150m。

3. 钢导线的优缺点及适用场所

(1) 钢导线的优点：机械强度高($120kg/mm^2$)。

(2) 钢导线的缺点：电阻率高($0.13\Omega mm^2/m$)，而且易生锈。

(3) 钢线的适用场所：钢线常用作输送小功率架空电力线路的导线、接地装置中的地线以及室外高压架空线路中的避雷线。

4. 钢芯铝线

钢芯铝线利用了钢的机械强度高和铝的导电性能好的特点，其内部的一股或几股线是钢线，其余的则是铝线。导线上所受的力主要由钢线部分来承受，而导线中的电流几乎全部由铝线部分承担。由于这两种导线的结合，满足了导线应具备的条件。因此，钢芯铝线广泛地应用在高压电力线路中。

二、导线

导线又称电线，常用的导线可分为绝缘导线和裸导线两类。导线的线芯要求导电性能好、机械强度高、质地均匀、表面光滑、无裂纹、耐蚀性好。导线的绝缘包皮要求绝缘性能好，质地柔韧且具有相当的机械强度，能耐酸、油、臭氧的侵蚀。

1. 裸导线

没有绝缘包皮的导线叫做裸导线。裸导线分为单股线和多股绞合线两种，主要用于室外架空线路。

裸导线的材料、形状和尺寸常用符号表示：铜用字母"T"表示；铝用"L"表示；钢用"G"表示；硬型材料用"Y"表示；软型用"R"表示；绞合用"J"表示；截面用数字表示；单线线径用"Φ"表示。

例如：LJ—35 表示截面积为 35mm² 的裸体铝绞线。LGJ—80/8 表示截面积为 80mm² 的裸体钢芯铝绞线(8 指钢芯截面)。TΦ4 表示直径为 4mm 的单股裸体铜导线。

2. 绝缘导线

具有绝缘包层的电线称为绝缘导线。绝缘导线按其芯线材料分为铜芯和铝芯两种；按线芯股数分为单股和多股两类；按结构分为单芯、双芯、多芯等；按绝缘材料分为橡皮绝缘导线和塑料绝缘导线两种，橡皮绝缘导线的外防护层又分为棉纱编织和玻璃丝编织两种。绝缘导线的型号表示方法及含义如下：

BBLX—500—1×50

  第一个 B——表示布线

  第二个 B——表示玻璃编织，不标表示棉纱编织，用于橡皮绝缘导线

  L——表示铝芯，不标表示铜芯

  X——表示橡皮绝缘，将 X 改标为 V 表示聚氯乙烯塑料绝缘

  500——表示导线的绝缘电压为 500V

  1——表示单芯

  50——表示标称截面(mm²)

3. 电缆

电缆是一种多芯导线，即在一个绝缘软套内裹有多根相互绝缘的线芯。电缆的种类很多，有电力电缆、控制电缆、通信电缆等。

(1)电力电缆：电力电缆是用来输送和分配大功率电能的导线。电力电缆由缆芯、绝缘层和防护层三个主要部分构成。

缆芯通常采用高电导率的铜或铝制成，截面有圆形、半圆形、扇形等多种，有统一的标称截面等级。线芯有单芯、双芯、三芯、四芯等几种。单芯和双芯电缆一般用来输送直流电和单相交流电；三芯电缆用来输送三相交流电；四芯电缆(中性线线芯截面较小)用于

中性点接地的三相四线制配电系统中。

电缆的绝缘层通常采用纸、橡皮、塑料制成，作用是将线芯与线芯、线芯与保护层隔开和绝缘。

保护层在电缆的最外层，是保护线芯和绝缘层的，分内保护层和外保护层。内保护层保护绝缘层不受潮湿，并防止电缆浸渍剂外流，常用铝（铅）、塑料、橡套作成。外保护层的作用是保护内保护层不受机械损伤和化学腐蚀，常用的有沥青麻护层、钢带（丝）铠装护层等几种。

（2）控制电缆：控制电缆是在配电装置中传导控制电流、连接电气仪表及继电保护和自动控制回路用的。因通过的电流不大，且是间断负荷，所以截面积较小，一般为 $1.5\sim10\text{mm}^2$。

三、绝缘材料

绝缘材料的主要作用是隔离带电的或不同电的导体，使电流按指定的方向流动，在某些场合下，绝缘材料往往还起机械支撑、保护导体、防电晕及灭弧等作用。

1. 导线常用的绝缘材料

导线常用的绝缘材料有橡皮绝缘和塑料绝缘两种。

（1）橡皮绝缘导线主要供室内敷设用，长期工作温度不得超过 60℃，交流电压在 250V 以下的橡皮绝缘导线只能用于照明线路。

（2）塑料绝缘具有耐油、耐酸、耐腐蚀、防潮、防霉等特点，塑料绝缘导线常用于 500V 以下室内照明线路，可直接敷设在空心板或墙壁上。

2. 漆和胶

（1）浸渍漆——主要用来浸渍电机、电器的线圈和绝缘零部件，以填充其间隙和微孔，用以提高它们的绝缘机械强度。

（2）覆盖漆和瓷漆——它们都是用来涂覆经浸渍处理后的线圈和绝缘零部件的，在表面形成连续而均匀的漆膜作为绝缘保护。

（3）电缆浇注胶——用于浇注电缆接线盒和终端盒。

3. 浸渍纤维制品

（1）玻璃纤维漆布（带）——用于作电机电器的衬垫或线圈的绝缘。

（2）漆布管——用于作电机、电器引出线或连接线的绝缘套管。

4. 层压制品

常用的玻璃纤维层压制品适宜于作电机、电器的绝缘结构零件。

5. 压塑料

压塑料具有良好的电气机械性能，适宜做成电机、电器的绝缘零件。

6. 云母制品

（1）云母带——绝缘性能好，在室温时较柔软，适用于作电机、电器线圈及连接线的绝缘。

（2）衬垫云母板——可用于作电机、电器的绝缘衬垫。

7. 薄膜和薄膜复合制品

薄膜和薄膜复合制品均适用于电机的槽绝缘、层间绝缘、相间绝缘等。

8. 其他绝缘材料

其他绝缘材料是指在电机、电器中作为结构补强、衬垫、包扎及保护作用的辅助绝缘材料，这类材料有：

（1）绝缘纸和绝缘纸板，如电话纸、绝缘纸板、硬钢纸板。

（2）电工用热塑性塑料，如 ABS 塑料、尼龙等。

（3）电工用橡胶，有天然橡胶和人工合成橡胶两类。

（4）绝缘包扎带，如黑胶布、聚氯乙烯带等。

四、线管

常用的线管有水管、煤气管、电线管、硬塑料管、金属软管和瓷管。

（1）水管、煤气管——管壁厚，适于在潮湿和有腐蚀性气体的场所明敷或埋地敷设。

（2）电线管——其管壁较薄(1.5mm)，适于在干燥场所明敷或暗敷使用。

（3）硬塑料管——耐腐蚀性较好，但机械强度不高。采用这种线管配线时，施工方便，价格比较便宜，还可以节约钢材，重量轻，目前使用较多。

（4）金属软管——又称蛇皮管，壁厚 3mm，柔软，可作任意角度的连接，主要用作线管和电气设备之间的连接，以及线管和移动式电器之间的连接，连接时应使用合适的管接头。

（5）瓷管——有直瓷管、弯头瓷管和包头瓷管之分，主要用在导线与导线的交叉处或导线和建筑物之间距离较小的场合，以增强导线的绝缘。

项目三 导线连接的基本要求及规定

导线连接的部位是电气线路的薄弱环节，如果连接部位接触不良，则接触电阻增大，必然造成连接部位发热增加，及至产生危险温度，构成引燃源。如连接部位松动，则可能放电打火，构成引燃源。为了保证线路的安全运行，我们必须遵守导线连接的四个基本要求，如果是架空导线，还必须同时遵守架空导线连接的三个规定。

1. 导线连接的四个基本要求

（1）接触紧密，接头电阻尽可能小，稳定性好，与同长度同截面导线的电阻比值不应大于 1.2(广州市的规程规定为 1)。

（2）接头的机械强度不应小于原导线机械强度的 80%(广州市的规程规定为 90%)。

（3）接头处应耐腐蚀，避免受外界气体的侵蚀；铜、铝导线不能直接连接，应用铜铝过渡。

（4）接头的绝缘强度应与导线的绝缘强度一样。

2. 架空导线的连接应遵守以下的规定

（1）不同金属、不同截面、不同绞向的导线，严禁在挡距内连接。

（2）在一个挡距内，每根导线不应超过一个接头。

（3）接头位置不应在绝缘子固定处，应距导线固定处 0.5 米以上，以免妨碍扎线及折断。

技能训练

任务一 单股绝缘铜芯线的连接

一、实训目的

掌握单股绝缘铜芯线的各种连接方法。

二、实训器材

(1) 单股绝缘铜芯线 BVV - 1.5 及 0.5mm 铜芯软导线若干。

(2) 绝缘黑胶带 1 卷。

(3) 电工常用工具 1 套。

三、单股绝缘铜芯线的连接方法

1. 单股绝缘铜芯线直接连接的工艺

(1) 导线绝缘层的剥削。

绝缘层的剥削依接头方法和导线截面不同而不同，通常有单层剥法、双层剥法及斜削法三种剥法，如图 6—11 所示。单层剥法适用塑料线，双层剥法适用于双层绝缘的导线。

单层剥法 　　　　　　 双层剥法 　　　　　　 斜剥法

图 6—11 　导线绝缘层的剥削

① 芯线截面在 4mm² 及以下的塑料硬线，一般用剥线钳剥削，在剥削过程中要注意不可切入芯线，应保持芯线完整无损。

② 芯线截面在 4mm² 以上的塑料硬线，可用电工刀剥削。首先将电工刀以 45°斜角倾斜切入塑料层；然后将刀面以 15°角左右用力向线端推削，注意不可切入芯线；最后将被削绝缘层向后扳翻，再用电工刀齐根切去即可。

③ 塑料软线的绝缘层不可用电工刀剥削，只能用剥线钳或钢丝钳、尖嘴钳、斜口钳来剥削。

④ 塑料护套线绝缘层必须用电工刀来剥削，先用电工刀刀尖对准芯线缝隙间划开护套层，然后向后扳翻护套层并齐根切去，最后用剥线钳或电工刀剥削各根导线的绝缘层。

(2) 将两导线端去其绝缘层后，用砂布或电工刀将线芯刮干净，然后作×相交。

(3) 将两根导线相互绞合 2～3 回并扳直，如图 6—12(a)所示。

(4) 取其中一根线围绕另一根芯线紧密绕 5 圈，多余线端剪去，钳平切口，如图 6—12(b)所示。

(5) 另一根线端也围绕芯线紧密绕 5 圈，多余线端剪去，钳平切口，并整理接头，使之平直，如图 6—12(c)所示。

(6) 用黑胶带恢复导线接头的绝缘。

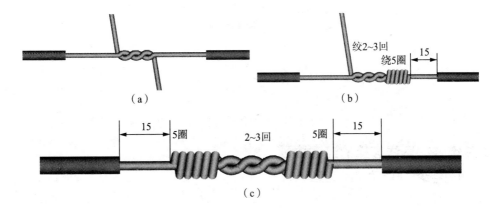

（a）

绞2~3回
绕5圈
15

（b）

15
5圈
2~3回
5圈
15

（c）

图 6—12　单股绝缘铜芯线的直线连接

2. 单股绝缘铜芯线 T 形分支连接的工艺

（1）用电工刀将干线绝缘层削去一定长度，用剥线钳将分支线线头绝缘层剥掉。

（2）支线端和干线十字相交，使支线芯根部留出 3～5 毫米。

（3）然后在干线缠绕一圈，再环绕成结状。

（4）收紧线端向干线并绕 6～8 圈，剪平切口，如图 6—13(a)所示。

（5）如果连接导线的截面较大，两芯线十字相交后直接在干线上紧密缠绕 6～8 圈即可，如图 6—13(b)所示。

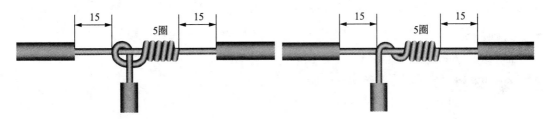

15
5圈
15
15
5圈
15

图 6—13　单股绝缘铜芯线的 T 形连接

3. 单股铜芯线终端连接的工艺(如图 6—14 所示)

绞5圈

图 6—14　终端连接

（1）用剥线钳将两根导线的绝缘层剥去，然后将两根导线并排贴在一起，两线芯相互交叉。

（2）将两线芯相互绞合 5 圈，线端留下 10 毫米，多余的剪掉。

（3）将两根线端折回压在绞合线上。

4. 软硬线连接的工艺(如图 6—15 所示)

（1）用剥线钳剥去硬线和软导线的绝缘层，并将多股软导线线芯拧紧。

（2）软线芯在硬线芯上缠绕一圈，再环绕成结状。

（3）软线芯在硬线芯上紧缠 6～8 圈。

（4）硬线芯折回压软线芯，以防软线脱落。

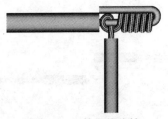

图 6—15　软硬线连接

四、单股绝缘铜导线连接的注意事项

（1）剥削绝缘层时不可损伤芯线。

（2）导线接头要紧密可靠，平接接头水平推拉不能有松动，T形连接的分支线不可绕干线转动，否则应用钳收紧。

（3）芯线缠绕要紧密，缠绕圈数不能小于5圈，平接接头、T形连接接头与绝缘的距离不应大于15mm，最好在5~10mm之间。

（4）导线平接时，两芯线互绕圈数不应小于2圈，也不能超过3圈。

（5）绝缘恢复应符合要求，包扎牢固紧密。

任务二　多股绝缘铜芯线的连接

一、实训目的

掌握多股绝缘铜导线连接的各种连接方法。

二、实训器材

（1）多股绝缘铜导线 BV-16 若干。

（2）黄蜡绸和绝缘黑胶带各1卷。

（3）电工常用工具1套。

三、多股绝缘铜导线连接的方法

1. 多股绝缘铜导线直接连接的工艺

方法一：适用于室内敷线的多股绝缘铜导线连接。

（1）将两根导线的绝缘层剥掉（长度为 $90d+100$，d 为股线直径），然后在 $30d+10$ 处将多股线芯顺次序解开成 $20°~30°$ 角伞状并拉直，剪短中心一根，如图6—16(a)所示。

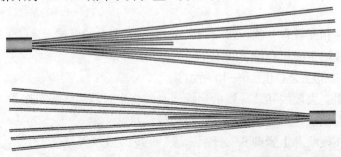

图 6—16(a)　室内敷线多股绝缘铜导线的平接步骤一

（2）将两导线相互插嵌至中心线接触为止，把张开的各线合拢，取其中任意两根相邻的股线（一边一根）相互扭一下（转 90°角），如图 6—16（b）所示。

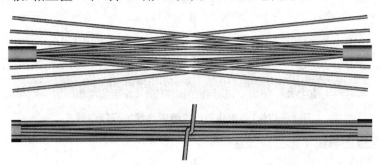

图 6—16（b）　室内敷线多股绝缘铜导线的平接步骤二

（3）其中一根股线围绕干线缠绕 5 圈，然后换这根导线的另一股线紧接缠绕 5 圈；以此类推，将这根导线的股线全部缠完为止，余线剪弃用钳夹平，如图 6—16（c）所示。

图 6—16（c）　室内敷线多股绝缘铜导线的平接步骤三

（4）按步骤（3）将另一根导线的六根股线全部缠绕完毕，如图 6—16（d）所示。

图 6—16（d）　室内敷线多股绝缘铜导线的平接步骤四

方法二：适用于室外架空导线的连接，也用于室内导线的连接。

（1）与方法一（1）相同。

（2）与方法一（2）相同。

（3）其中一根股线围绕干线缠绕 5 圈，接着将另一根股线挑起 90°，然后将刚才剩余的线端扭 90°贴向干线，并用钢丝钳压平，如图 6—17（a）所示。

（4）挑起的股线也围绕干线缠绕 5 圈，接着也将另一根股线挑起 90°，然后将刚才剩余的线端扭 90°贴向干线，并用钢丝钳压平。以此类推，将这根导线的股线全部缠完为止。最后打辫子，剪去多余线端压平，如图 6—17（b）所示。

（5）按（3）、（4）将另一根导线的六根股线全部缠绕完毕，如图 6—17（c）所示。

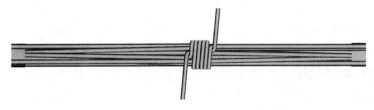

图 6—17（a）　室外多股绝缘铜导线的平接步骤一

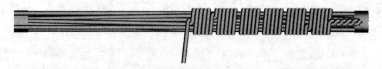

图 6—17(b)　室外多股绝缘铜导线的平接步骤二

图 6—17(c)　室外多股绝缘铜导线的平接步骤三

2. 多股绝缘铜导线 T 形分支连接的工艺

方法一：如图 6—18(a)所示。

（1）用电工刀将干线和分支线的绝缘削去一定长度。

（2）将分支线解开拉直、擦净，剪去中心股线，然后分成两组（每组三股）。

图 6—18(a)　多股绝缘铜导线 T 形分支连接步骤一

（3）将分支线叉在干线上，使中心股断口接触干线，两组线以相反方向围绕干线各缠绕 5～6 圈，最后剪断余线，用钳修整线匝即可。

方法二：如图 6—18(b)所示。

（1）用电工刀将干线和分支线的绝缘削去一定长度。

（2）将分支线端解开拉直擦净，曲折 90°附在干线上。

图 6—18(b)　多股绝缘铜导线 T 形分支连接步骤二

（3）在分支线线端中任意取出一股，用钳子在干线上紧密缠绕 5 圈，余线压在干线上或剪弃。

（4）再换一根股线用同样方法缠绕 5 圈，余线压在干线上或剪弃。

（5）以此类推，直至七股线全部缠绕完毕（或缠绕长度为双根导线直径 5 倍为止），最后打辫子，剪去多余线端压平即可。

方法三（另缠法）：如图 6—18(c)所示。

（1）用电工刀将干线和分支线的绝缘削去一定长度。

（2）将分支线曲折 90°附在干线上，线端稍作弯曲。

（3）剪 1.6m 多股绝缘铜导线（BV－16），用电工刀将绝缘层削去，拆散股线并拉直，

双根导线直径的5倍

图6—18(c) 多股绝缘铜导线 T 形分支连接步骤三

然后将股线卷成饼状作绑线。

（4）从绑线剪出约 140mm 长的铜线，将它放在两根导线并合部缝隙上。

（5）用钢丝钳将绑线紧密地缠绕在两根导线的并合部上，缠绕长度为双根导线直径的5倍。

（6）利用被压短绑线对绑扎线两端进行打辫子，剪去多余绑线压平即可。

四、多股绝缘铜芯线的连接的注意事项

（1）剥削绝缘层应使用电工刀进行，但不可损伤芯线。

（2）剥削绝缘层的长度要适当：T 形分支接的干线能短勿长，短了可以补救；而平接或 T 形分支接的分支线则不能短，但也不能太长，太长浪费材料，短了不能完成连接任务。

（3）在拆散多股绝缘导线的线股时，角度不能太大，以 20°～30°为宜，否则连接时不容易紧密。

（4）每根股线缠绕的圈数不得小于 5 圈，另缠法的缠绕长度不得小于双根导线直径的5倍。为了缠绕紧密牢固，应使用钢丝钳进行缠绕。

（5）绝缘恢复应符合要求，包扎紧密坚实。

任务三 导线与接线桩的连接

一、实训目的

掌握导线与接线桩连接的各种方法。

二、实训器材

（1）单股绝缘铜导线、多股绝缘铜导线和软导线若干。

（2）平压式接线桩、瓦形接线桩、针孔式接线桩若干。

（3）电工常用工具 1 套。

三、导线与接线桩的连接

1. 导线头与平压式接线桩的连接（如图 6—19 所示）

方法一：

（1）用剥线钳或电工刀剥削导线绝缘层。

（2）将导线线芯插入平压式接线桩垫片下方，将线芯顺时针绕进垫片大半圈，用斜口钳剪去多余线芯，如图 6—19（a）所示。

（3）用尖嘴钳收紧端头，拧紧螺栓即可，如图 6—19（b）所示。

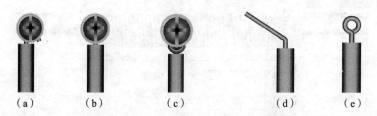

（a）　　　　（b）　　　　（c）　　　　（d）　　　　（e）

图6—19　导线与平压式接线桩的连接

（4）将多股芯线（软线）绞紧，顺时针绕螺钉一圈，再在线头根部绕一圈，然后旋紧螺钉，剪去余下芯线，如图6—19（c）所示。

方法二：

（1）用剥线钳剥导线绝缘层。

（2）在离导线绝缘层根部约3mm处向外侧折角，如图6—19（d）所示。

（3）按略大于螺钉直径顺时针弯曲圆弧，剪去余线并修正，如图6—19（e）所示。

（4）把线耳套在螺钉上，拧紧螺钉，通过垫圈压紧导线，如图6—19（b）所示。

2. 导线与瓦形接线桩的连接（如图6—20所示）

（1）将单股铜芯线端按略大于瓦形垫圈螺钉直径弯成"U"形，并放在垫圈下面，通过螺钉压紧，如图6—20（a）所示。

（2）如果两根线头接在同一瓦形接线桩上时，两根单股线的线端都弯成"U"形，然后如图6—20（b）所示放在垫圈下面用螺钉压紧。

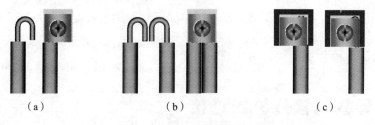

（a）　　　　　　　　（b）　　　　　　　　（c）

图6—20　导线与瓦形接线桩的连接

（3）如果瓦形接线桩两侧有挡板，则线芯不用弯成"U"形，只需松开螺栓，将线芯直接插入瓦片下面，拧紧螺栓即可。当线芯直径太小，接线桩压不紧时，应将线头折成双股插入，如图6—20（c）所示。

3. 导线与针孔式接线桩的连接（如图6—21所示）

（1）剥导线绝缘，线芯长度约为接线桩连接孔的长度。

（2）当芯线直径与针孔大小合适时，将线芯直插入针孔内用螺钉固紧即可，如图8—12（a）所示。

（3）当针孔大，单股线径太小不能压紧时，将线芯折回成双股，然后插入孔内紧固，如图6—21（b）所示。

（4）当针孔大，多股线径太小不能压紧时，应在线芯上紧密缠绕一层股线，然后插入孔内紧固，如图6—21（c）所示。

（5）当针孔小，多股线径太大不能放进孔内时，可剪掉两根股线，然后绞紧线芯，插入孔内紧固。

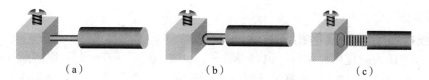

（a）　　　　　　　　（b）　　　　　　　　（c）

图 6—21　导线与针式接线桩的连接

四、注意事项

（1）剥削绝缘层时不可损伤芯线。

（2）剥削绝缘层的长度要适当：瓦形接线桩接线时，线芯的长度应比瓦片的长度长2～3mm；针式接线桩接线时，线芯的长度约为针式接线桩的宽度；接线时，导线绝缘层距接线桩的距离不应超过2mm。

（3）接线时，螺栓不能拧得太紧，也不能松，力度要适中。太紧会损伤芯线，松则会接触不良，引起接头发热，严重者会引起火灾。因此，要检查接头。

任务四　导线接头绝缘恢复

一、实训目的

掌握导线接头绝缘恢复的工艺。

二、实训器材

（1）单股绝缘铜导线接头、多股绝缘铜导线接头若干。

（2）黄蜡绸（带）、涤纶薄膜带和黑胶带一卷。

（3）电工常用工具1套。

三、导线接头绝缘恢复的工艺

导线接头绝缘恢复的工艺，如图6—22所示。

（1）在距左端接头2倍带宽的地方开始包扎。

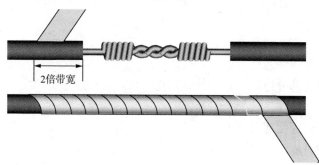

2倍带宽

图 6—22　导线接头的绝缘恢复

（2）使绝缘带与导线保持一定角度（45°），以保证后一圈压住前一圈的一半。

（3）开始包扎，直到距右端接头绝缘2倍带宽的位置为止。

（4）原地缠一圈（如包扎一层，将绝缘带撕掉即可），再缠半圈并使绝缘带斜向左方45°，准备包扎第二层。

（5）往反方向包扎第二层，直到起始位置为止，接着在原地缠一圈，最后撕掉多余的绝缘带压紧即可。

四、导线接头绝缘恢复包扎注意事项

（1）包绝缘带时应用力拉紧，包卷得紧密、坚实，并贴结在一起，以防潮气侵入。

（2）380V 线路上的导线恢复绝缘时，必须先包缠 1~2 层黄蜡带，然后再包缠一层黑胶带。

（3）220V 线路上的导线恢复绝缘时，应先包缠一层黄蜡带，然后再包缠一层黑胶带，也可只包缠两层黑胶带。

（4）若在室外时，应在黑胶带上再包一层防水胶带（如塑料胶带等）。

测 试 题

一、填空题

1. 传统的电笔由工作触头、_____、_____、弹簧和笔尾金属体（帽）等组成。

2. 在梯子上工作时，梯顶一般不应低于工作人员的_____，切忌在梯子的最高处或最上面_____工作，站立时姿态要正确。

3. 导电材料的用途是输送和传递_____。

4. 导线常用的绝缘材料有_____和_____。

5. _____、_____、_____的导线，严禁在挡距内连接。

6. 梯子与地面的夹角以_____为宜，使用前应做好_____措施。

二、判断题

（　　）1. 未经验电的电气设备或线路，一律视为有电，不得用手触摸。

（　　）2. 电工刀手柄主要采用电木或塑料制成，因此可带电操作。

（　　）3. 在梯子上工作时，如果工作人员的高度超过 3 米，则属于高空作业，因此工作人员必须系安全带，并设专人扶梯保护。

（　　）4. 铜导线的导电性能、机械强度均比铝导线好，因此，高压输电线路多采用铜导线。

（　　）5. 梯子的高度不够时，可以用桌子垫高使用。

三、简述题

1. 使用电工刀时应注意什么？

2. 使用螺丝刀时应注意什么？

3. 钢丝钳由哪几部分组成？各有什么用途？使用时应注意什么？

4. 使用尖嘴钳时应注意什么？

5. 使用剥线钳时应注意什么？

6. 使用斜口钳时应注意什么？

7. 使用活动扳手时应注意什么？

8. 使用梯子时应注意什么？

9. 低压验电器检测电压的范围是多少？使用时应注意什么？

10. 导线连接要遵守哪四个基本要求？

11. 架空导线连接要遵守哪三个规定？

12. 导线绝缘恢复时要注意什么？

模块七 　　　　家居照明线路的安装

 学习目标

1. 照明线路的构成；
2. 了解电气照明的光源及选择；
3. 照明负荷的计算；
4. 导线和电路元器件的选择；
5. 熟知塑槽、管道布线的有关规定；
6. 熟知开关、插座、灯具安装的有关规定；
7. 了解照明线路、电器的故障原因，掌握线路、开关电器故障的维修方法；
8. 熟知各种电器图形符号、照明电气平面图的设计步骤，能设计家居照明线路。

项目一 照明线路的简介

一、电源

（1）照明线路的供电应采用 380/220V 三相四线制中性点直接接地的交流电源，如负载电流为 15～30A 时，一般可采用单相三线制或三相五线制的交流电源。

（2）易触电、工作面较窄、特别潮湿的场所（如地下建筑）和局部移动式的照明，应采用 36、24、12V 的安全电压。一般情况下，可用干式双卷变压器供电（不允许采用自耦变压器供电）。

（3）照明配电箱的设置位置应尽量靠近供电负荷中心，并略偏向电源侧，同时应便于通风散热和维护。

二、电压偏移

照明灯具的电压偏移，一般不应高于其额定电压的 5%，照明线路的电压损失应符合下列要求：

（1）视觉较高的场所为 2.5%。

（2）一般工作场所为 5%。

(3) 远离电源的场所，当电压损失难以满足 5% 的要求时，允许降低到 10%。

三、照明供电线路

(1) 照明线路的基本形式：照明线路的基本形式，如图 7—1 所示。图中从室外架空线路电杆上到建筑物外墙支架上的线路称为引下线；从外墙到总配电箱的线路称为进户线；从总配电箱至分配电箱的线路称为干线；从分配电箱至照明灯具的线路称为支线。

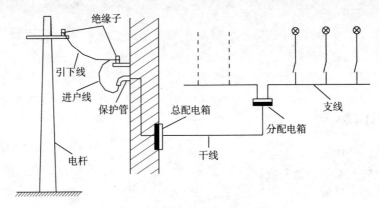

图 7—1　照明线路的基本形式

(2) 照明线路的供电方式：总配电箱到分配电箱的干线有放射式、树干式和混合式三种供电方式，如图 7—2 所示。

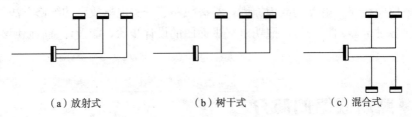

（a）放射式　　　　　　（b）树干式　　　　　　（c）混合式

图 7—2　照明线路的供电方式

① 放射式：如图 7—2(a)所示，各分配电箱分别由各干线供电。当某分配电箱发生故障时，保护开关将其电源切断，不影响其他分配电箱的工作。所以放射式供电方式的电源较为可靠，但材料消耗较大。

② 树干式：如图 7—2(b)所示，各分配电箱的电源由一条共用干线供电。当某分配电箱发生故障时，将影响其他分配电箱的工作，所以电源的可靠性差。但这种供电方式节省材料，较经济。

③ 混合式：如图 7—2(c)所示，放射式和树干式混合供电，吸取两式的优点，即兼顾材料消耗的经济性又保证电源具有一定的可靠性。

项目二　电气照明的光源及选择

一、电光源

电光源根据其工作原理的不同可分为热辐射光源和气体放电光源两类。

1. 热辐射光源

热辐射光源是利用电能将材料加热到白炽程度而发光的光源，例如，白炽灯、碘钨灯等照明灯具。

（1）白炽灯：白炽灯可分为普通照明灯泡和其他白炽灯灯泡两种，属于阻性负荷。

（2）卤钨灯：卤钨灯可分为石英卤钨灯和聚硅玻璃卤钨灯，属于阻性负荷。

2. 气体放电光源

气体放电光源利用电极间的气体或蒸发气体放电而发光，常见的有低气压放电灯和高气压放电灯。

（1）低气压放电灯：低气压放电灯有白炽灯、低压汞灯、低压钠灯等照明灯具，属于电感性负荷。

（2）高气压放电灯：高气压放电灯有高压汞灯、高压钠灯、高压氙灯和金属卤化物条等照明灯具，也属于电感性负荷。

二、照明光源的选择

电气照明的光源应根据照明要求和使用场所的特点来选择，一般应遵循以下原则：

（1）对开关频繁，或因频闪效应影响视觉效果需防止电磁波干扰的场所，要采用白炽灯或卤钨灯。

（2）对着色的区别要求较高的场所，宜采用白炽灯、卤钨灯或日光灯。

（3）对振动较大的场所，宜采用荧光高压汞灯或高压汞灯。

（4）对需大面积照明的场所，宜采用金属卤化物灯、高压钠灯或长弧氙灯。

（5）对于一种光源不能满足需求的场所，宜采用两种或两种以上的光源进行混合照明。

（6）对于功率较小的室内和局部照明可采用节电型的高频供电荧光灯或冷光束钨灯。

为了便于比较，现列表说明常用的几种光源的基本参数、优缺点及适用场合，供选用时参考，如表7—1和表7—2所示。

表 7—1　　　　　　　　　　　常用光源的功率、效率及寿命

光源名称	功率范围(W)	发光效率(lm/w)	平均寿命(h)
白炽灯	15～1 000	7～16	1 000
碘钨灯	50～2 000	14～21	1 500
荧光灯	20～100	40～60	3 000～5 000
高压汞灯（镇流器式）	50～1 000	35～50	5 000
高压汞灯（自镇流式）	50～1 000	22～30	3 000
氙灯	1 500～20 000	20～37	1 000
钠铊铟灯	400～1 000	60～80	2 000

表 7—2　　　　　　　　　常用光源的优缺点及适用场所

光源名称	优点	缺点	适用场所
白炽灯	结构简单、使用方便、价格便宜	发光效率低、寿命短	适用照度要求较低，开关次数频繁的室内外场所
碘钨灯	效率较高、光色好、寿命较长	灯座温度高，安装严格，水平偏角应小于 4 度，价格贵	适用照明要求较高，悬挂高度较高的室内外照明
荧光灯	发光效率高、寿命长、光色好、灯体温度低	灯光照度高，需要镇流器等附属设备，有射频干扰	适用于照明要求较高，需辨别色彩的室内照明
荧光灯（电子镇流器式）	发光效率高、寿命长、光色好、灯体温度低	采用电子元件作镇流器，产品可靠性稍差	适用于照明要求较高，需辨别色彩的室内照明
高压汞灯	效率高、寿命长、亮度高	功率因数较低，起动时间长，价格较贵	适用于悬挂高度较高的大面积室内外照明
氙灯	功率大、光色好、亮度高	价格贵，需镇流器和触发器	适用于广场、建筑工地、体育馆等照明
钠铊铟灯	效率高、亮度大、体积小、重量轻	价格贵，需镇流器和触发器	适用于工厂、车间、广场、车站、码头等照明

三、电感式镇流器日光灯的工作原理

电感式镇流器日光灯的电路由镇流器 L_d、启辉器 S、荧光灯管等基本元件组成，如图 7—3 所示。

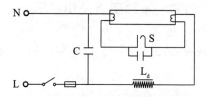

图 7—3　日光灯电路原理图

1. 镇流器的结构及作用

镇流器实际是一个电感线圈，它在日光灯电路中起的作用是：

（1）产生高压脉冲，点燃灯管。

（2）在日光灯点燃工作后，起降压和限制电流的作用。这时由于镇流器的分压作用，使得灯管两端电压远低于 220V（例如，40W 灯管的端电压为 108V 左右，而镇流器两端电压为 165V 左右），因灯管的电压较低，使得与灯管并联的启辉器因启辉电压不足而处于相对静止状态，不至于影响灯管的正常工作。

2. 启辉器的结构及作用

启辉器由一个热开关和一个小电容组成，热开关则由双金属片（∩形动触片）和固定电极构成，它封装在充有氖气的玻璃泡内。启辉器的作用是：通过加在热开关上的电压，自动接通和切断起动线路，促使镇流器产生高压脉冲，点燃灯管；小电容为 $0.01\mu F/400V$ 的低介质电容，其作用是可抑制灯管电路产生的射频干扰，从而减少对无线电接收设备的影响。

3. 日光灯(荧光灯)的工作原理

如图 7—3 所示，当日光灯接通电源后，电源电压经过镇流器、灯丝，加在启辉器的动静触片之间，使启辉器内氖气电离，产生辉光放电。放电时产生的热量使 U 形动触片膨胀并向外延伸，与静触片接触，接通电路，使灯丝加热并发射电子。与此同时，由于 U 形动触片与静触片接触，故两片间电压为零而停止辉光放电，动触片冷却并复原脱离静触片；在动触片断开瞬间，在镇流器两端会产生一个比电源电压高得多的感应电动势，这个感应电动势与电源电压串联后，全部加在灯管两端的灯丝间，使灯管内惰性气体(氩气)被电离而引起弧光放电，随着灯管内温度升高，液态汞就会汽化游离，引起汞气弧光放电而辐射出不可见的紫外线，紫外线激发灯管内壁的荧光粉后，发出近似日光的可见光。

4. 电容 C

图 7—3 中的电容器是为了补偿由镇流器所引起的无功感性电流，提高线路的功率因数而设置的，如果采用集中补偿方式，则此电容器可不用。由于电感式镇流器的引入，灯管电路的功率因数只有 0.4 左右，接入电容器后，电感 L_d 的无功电流可由电容器 C 提供，所以电路的功率因数可大为提高，一般可提高到 0.9 以上。应用中可根据不同的灯管功率，配用不同容量的电容器，例如，20W 的灯管，配用 2.5μF 的电容；30W 的灯管，配用 3.5μF 的电容；40W 的灯管，配用 4.75μF 的电容。

项目三 照明负荷的计算

照明负荷一般根据需要系数法计算。当三相负荷不均匀时，取最大一相的计算结果作为三相四线制线路的计算容量(计算电流)。

1. 容量的计算

单相二线制照明线路计算容量的公式为

$$P_j = K_c P_e \quad \text{或} \quad P_j = \sum K_c P_e \tag{7—1}$$

式中：P_j——计算容量；

K_c——需要系数，可按表 7—3 选择；

P_e——线路上的额定安装容量(包括镇流器或触发器的功率损耗)。

表 7—3 　　　　　　　　　　　照明负荷计算需要系数 K_c 表

编号	建筑类别	需要系数 K_c
1	大型厂房及仓库、商业场所、户外照明、事故照明	1.0
2	大型生产厂房	0.95
3	图书馆、行政机关、公用事业单位	0.9
4	分隔或多个房间的厂房或多跨厂房	0.85
5	试验室、厂房辅组部分、幼儿园、学校、医院	0.8
6	大型仓库、配变电所	0.6
7	支线	1.0

2. 电流的计算

（1）白炽灯、卤钨灯等纯电阻负载。

单相线路：
$$I_j = P_j/U_P = K_c P_e/U_P \tag{7—2}$$

计算单个家居照明电路的电流时，白炽灯、卤钨灯等纯电阻负载的计算电流可按 4.5A/kW 进行计算。

三相线路：
$$I_j = P_j/(\sqrt{3}U_L) = K_c P_e/(\sqrt{3}U_L) \tag{7—3}$$

（2）荧光灯、带有镇流器的气体放电灯以及电动机。

单相线路：
$$I_j = K_c P_e/(U_P \cos\Phi) \tag{7—4}$$

计算单个家居照明电路的电流时，荧光灯、带有镇流器的气体放电灯以及单相电动机的计算电流可按 9A/kW 进行计算。

三相线路：
$$I_j = K_c P_e/(\sqrt{3}U_L \cos\Phi) \tag{7—5}$$

（3）混合线路（既有白炽灯又有气体放电灯类）。

各种光源的电流：
$$I_{yg} = P_e/U_P = P_e/220 \tag{7—6}$$
$$I_{wg} = I_{yg} \operatorname{tg}\Phi \tag{7—7}$$

每根线路的工作电流和功率因数：
$$I_g = \sqrt{(\sum I_{yg})^2 + (\sum I_{wg})^2}$$
$$\cos\Phi = \sum I_{yg}/\sum I_g \tag{7—8}$$

（4）总计算电流：
$$I_j = K_c I_g \tag{7—9}$$

式中：P_e——线路安装容量（W）；

$\quad\quad U_P$——线路额定相电压（V），一般为 220V；

$\quad\quad U_L$——线路额定线电压（V），一般为 380V；

$\quad\quad K_c$——照明负荷需要系数，可查表 7—3；

$\quad\quad I_j$——线路计算电流（A）；

$\quad\quad I_{yg}$——线路有功电流（A）；

$\quad\quad I_{wg}$——线路无功电流（A）；

$\quad\quad I_g$——线路工作电流（A）；

$\quad\quad \cos\Phi$——线路功率因数。

[**例 7—1**]　某生产厂房的三相四线制照明线路上，有 250W 高压汞灯和 25W 白炽灯两种光源，各相负载分配如下：

相序	250W 高压汞灯	白炽灯
L₁	4 盏，1 000W	2 000W
L₂	8 盏，2 000W	1 000W
L₃	2 盏，500W	3 000W

试计算电流。

解：查表得 250W 高压汞灯的 $\cos\Phi = 0.61$（$\operatorname{tg}\Phi = 1.3$），其镇流器损耗为 25W。查表

7—3，生产厂房的 $K_c=0.95$。

L_1 相负荷计算如下：

(1) 容量的计算。

① 高压汞灯容量：$P_j = K_{cl}P_e = 1 \times (250 + 25) \times 4 = 1\,100\text{W}$

② 白炽灯容量：$P_j = K_{cl}P_e = 2\,000\text{W}$

(1) 电流的计算。

① 高压汞灯电流：

$$I_{yg} = P_j/220 = 1\,100/220 = 5\text{A}$$

$$I_{wg} = I_{yg}\text{tg}\Phi = 6.5\text{A}$$

② 白炽灯电流：$I_{yg} = P_j/220 = 2\,000/220 = 9.09\text{A}$

③ L_1 相线路的工作电流和功率因数：

$$I_g = \sqrt{(\sum I_{yg})^2 + (\sum I_{wg})^2} = 15.52\text{A}$$

$$\cos\varphi = \sum I_{yg}/I_g = 0.91$$

同理得：L_2 相工作电流为 19.51A，功率因数为 0.75。

L_3 相工作电流为 16.49A，功率因数为 0.98。

由于 L_2 相工作电流最大，故三相四线制照明线中的计算电流为

$$I_j = K_c I_g = 0.95 \times 19.51 = 18.53\text{A}$$

线路功率因数为 0.75。

项目四　导线和电路元器件的选择

一、导线选择

据国标 GB 50054—2011 的有关规定，导体截面的选择应符合下列要求：

(1) 按敷设方式及环境条件确定的导体载流量，不应小于计算电流；

(2) 导体应满足线路保护的要求；

(3) 导体应满足动稳定与热稳定的要求；

(4) 线路电压损伤应满足用电设备正常工作及启动时端电压的要求；

(5) 导体最小截面应满足机械强度的要求；

(6) 用于负荷长期稳定的电缆，经技术经济比较确认合理时，可按经济电流密度选择导体截面，且应符合现行国家标准《电力工程电缆设计规范》（GB 50217—2007）的有关规定。

选择导线时还必须考虑导线的最高允许工作温度、导线通电的工作制（如长期固定负荷运行、变负荷运行和间断运行等）及环境温度等。

1. 根据机械强度选择导线截面

在照明电路中，电线截面的选择主要从线路的最大允许电压损失和导线机械强度两方面去考虑。但导线的最小芯线截面，不能小于表 7—4 所列的规定。

表 7—4   低压配线机械强度允许的导线最小截面

序号	类别		线芯最小允许截面(mm²)		
			铜芯软线	铜导线	铝导线
1	移动式设备电源线	生活用	0.4	—	—
		生产用	1.0	—	—
2	吊灯引线	民用建筑，室内	0.4	0.5	1.5
		工业建筑，室内	0.5	0.8	2.5
		户外	1.0	1.0	2.5
3	敷设在绝缘支承件上的绝缘导线（d 为支点间距）	d≤1m，室内	—	1.0	1.5
		d≤1m，室外	—	1.5	2.5
		d≤2m，室内	—	1.0	2.5
		d≤2m，室外	—	1.5	2.5
		d≤6m，室内	—	2.5	4
		d≤6m，室外	—	2.5	6
4	接户线	≤10m	—	2.5	6
		≤25m	—	4	10
5	爆炸危险场所穿管敷设的绝缘导线	1区、10区	—	2.5	—
		2区、11区	—	1.5	—
6	穿管敷设的绝缘导线	1.0	1.0	2.5	
7	槽板内敷设的绝缘导线	—	1.0	2.5	
8	塑料护套线敷设(明码直敷)	—	1.0	2.5	

2. 根据允许持续电流选择导线截面

选择导线时，导线的允许持续电流应大于线路的计算电流。表 7—5～表 7—9 为几种常见电线的允许持续电流。

表 7—5   聚氯乙烯绝缘铜芯线穿硬塑料管敷设的允许持续电流(A，$T+65℃$)

截面积 mm²	2 根电线			管径 mm	3 根电线			管径 mm	4 根电线			管径 mm
	25℃	30℃	35℃		25℃	30℃	35℃		25℃	30℃	35℃	
1.0	12	11	10	15	11	10	9	15	10	9	8	15
1.5	16	14	13	15	15	14	12	15	13	12	11	15
2.5	24	22	20	15	21	19	18	15	19	17	16	20
4	31	28	26	20	28	26	24	20	25	23	21	20
6	41	38	35	20	36	33	31	20	32	29	27	25
10	56	52	48	25	49	45	42	25	44	41	38	32
16	72	62	57	32	65	60	56	32	57	53	49	32
25	95	88	82	32	85	79	73	40	75	70	64	40
35	120	112	103	40	105	98	90	40	93	86	80	50
50	150	140	129	50	132	123	114	50	117	109	101	65
70	185	172	160	50	167	156	144	50	148	138	129	65

表 7—6 聚氯乙烯绝缘铜芯线穿钢管(G)敷设的允许持续电流(A，$T+65℃$)

截面积 mm²	2 根电线			管径 mm	3 根电线			管径 mm	4 根电线			管径 mm
	25℃	30℃	35℃		25℃	30℃	35℃		25℃	30℃	35℃	
1.0	14	13	12	15	13	12	11	15	11	10	9	15
1.5	19	71	16	15	17	15	14	15	16	14	13	15
2.5	26	24	22	15	14	22	20	15	22	20	19	15
4	35	32	30	15	31	28	26	15	28	26	24	15
6	47	43	40	15	41	36	35	15	37	34	32	20
10	65	60	56	20	57	53	49	20	50	46	43	25
16	82	76	70	25	73	68	63	25	65	60	56	25
25	107	100	92	25	95	88	82	32	85	79	73	32
35	133	124	115	32	115	107	99	32	105	98	90	32
50	165	154	142	32	146	136	126	40	130	121	112	50
70	205	191	177	50	183	171	158	50	165	154	142	50

表 7—7 橡皮绝缘铜芯线穿硬塑料管敷设的允许持续电流(A，$T+65℃$)

截面积 mm²	2 根电线			管径 mm	3 根电线			管径 mm	4 根电线			管径 mm
	25℃	30℃	35℃		25℃	30℃	35℃		25℃	30℃	35℃	
1.0	13	12	11	15	12	11	10	15	11	10	9	15
1.5	17	15	14	15	16	14	13	15	14	13	12	20
2.5	25	23	21	15	22	20	19	15	20	18	17	20
4	33	30	28	20	30	28	25	20	26	24	22	20
6	43	40	37	20	38	35	33	20	34	31	29	25
10	59	55	51	25	52	48	44	25	46	43	39	32
16	76	71	65	32	68	63	58	32	60	56	51	32
25	100	93	86	32	90	84	77	32	80	74	69	40
35	125	116	108	40	110	102	95	40	98	91	84	40
50	160	149	138	40	140	130	121	50	123	115	106	50
70	195	182	168	50	175	163	151	50	155	144	134	50

表 7—8　　　　　　　　橡皮绝缘铜芯线穿钢管(G)敷设的允许持续电流(A，$T+65℃$)

截面积 mm²	2 根电线			管径 mm	3 根电线			管径 mm	4 根电线			管径 mm
	25℃	30℃	35℃		25℃	30℃	35℃		25℃	30℃	35℃	
1.0	15	14	12	15	14	13	12	15	12	11	10	15
1.5	20	18	17	15	18	16	15	15	17	15	14	20
2.5	28	26	24	15	25	23	21	15	23	21	19	20
4	37	34	32	20	33	30	28	20	30	28	25	20
6	49	45	42	20	43	40	37	20	39	36	33	20
10	68	63	58	25	60	56	51	25	53	49	45	25
16	86	80	74	25	77	71	66	32	69	64	59	32
25	113	105	97	32	100	93	86	32	90	84	77	40
35	140	130	121	32	122	114	105	32	110	102	95	40
50	175	163	151	40	154	143	133	50	137	128	118	50
70	215	201	185	50	193	180	166	50	173	161	149	70

表 7—9　　　　　　　　明敷塑料铜芯护套线的允许持续电流(A，$T+65℃$)

截面积 mm²	导线直径 mm	单 芯			二 芯			三 芯		
		25℃	30℃	35℃	25℃	30℃	35℃	25℃	30℃	35℃
1.0	1.13	19	17	16	15	14	12	11	10	9
1.5	1.37	24	22	21	19	17	16	14	13	12
2.5	1.76	32	29	27	26	24	22	20	18	17
4	2.24	42	39	36	36	33	31	26	24	22
6	2.73	55	51	47	47	43	40	32	29	27
10	7×1.33	75	70	64	65	60	56	52	48	44

3. 根据电压损失选择导线截面

负载端电压是保证负载正常运行的一个重要因素。由于线路存在阻抗，电流通过线路时会产生一定的电压损失，如果电压损失过大，负载就不能正常工作。

电压损失的大小与导线的材料、截面和长度有关，如用电压损失率来表示，其关系式如下：

$$\varepsilon = \Delta U/U = 100 \cdot \Delta U/U \cdot \% \tag{7—10}$$

即　　　　　　　　　　　　$\varepsilon = 100 \cdot (U_1 - U_2)/U \cdot \%$

式中：ε——线路的电压损失率，正常情况允许 5%；

ΔU——线路首末端的绝对电压差(V)；

U_1——线路首端电压(或电源端电压)(V)；

U_2——线路末端电压(或负载端电压)V。

当给定线路电功率、送电距离和允许电压损失率后，导线截面计算公式(经验公式)为

$$S = \sum (P_j L)/(C\varepsilon) \cdot \%$$

或

$$S = (P_1 L_1 + P_2 L_2 + \cdots\cdots)/(C\varepsilon)$$

式中：S——导线截面积(mm^2)；

P_j——线路或负载的计算功率(kW)；

L——线路长度(m)；

ε——允许电压损失率(%)，正常情况允许 5%；

C——使用系数，由导线材料、线路电压及配电方式而定，可按表 7—10 选取。

表 7—10 电压损失计算的 C 值

线路额定电压 (V)	线路系统类别	C 值计算公式	C 值	
			铜	铝
380/220	三相四线	$10rU_L^2$	72.0	44.5
380/220	两相一零线	$10rU_L^2/2.25$	32.0	19.5
220	单相、直流	$5rU_P^2$	12.1	7.45
110			3.02	1.86
36			0.323	0.200
24			0.144	0.0887
12			0.036	0.0220
6			0.009	0.0055

注：(1) 环境温度取 35℃，线芯工作温度为 50℃。

(2) r 为导线电导率(/Ω·mm²)，$r_铜 = 49.88$，$r_铝 = 30.79$。

(3) U_L、U_P 分别为线电压、相电压(kV)。

在从机械强度、允许持续电流、允许电压损失三个方面选择导线截面积时，应取其中最大的截面积作为依据，再从产品目录中选用等于或稍大于所求得的标称截面导线。

4. 电压损失校验

为保证电压损失不超过规定值，在选用导线截面和确定配电方式之后，还需要进行电压损失的校验，如不符合电压损失的规定，必须重新选择导线截面或调整负荷分配。

电压损失校验一般采用下面经验公式估算：

$$\Delta U\% = \sum \varepsilon\, I_j L \tag{7—11}$$

式中：$\Delta U\%$——三相四线制对称负载的电压损失；

I_j——线路的计算工作电流(A)；

L——线路的长度(km)；

ε——线路每 1A·km 的电压损失率(%)，可查表 7—11。

表 7—11　　　　　　　　　三相四线制照明线路每 1A·km 的电压损失率 δ（35℃）

敷设方式	导线截面	铜芯绝缘导线不同 cosΦ 的电压损失率						铝芯绝缘导线不同 cosΦ 的电压损失率					
		0.5	0.6	0.7	0.8	0.9	1.0	0.5	0.6	0.7	0.8	0.9	1.0
明敷	1	4.84	5.73	6.64	7.56	8.51	9.40	—	—	—	—	—	—
	1.5	3.23	3.83	4.45	5.06	5.66	6.27	5.41	6.44	7.46	8.51	9.50	10.54
	2.5	1.98	2.36	2.72	3.10	3.47	3.76	3.30	3.93	4.54	5.17	5.80	6.34
	4	1.28	1.51	1.71	1.97	2.17	2.35	2.11	2.49	2.87	3.25	3.62	3.96
	6	0.86	1.03	1.17	1.33	1.44	1.57	1.42	1.70	1.95	2.20	2.43	2.64
	10	0.57	0.658	0.739	0.814	0.896	0.94	0.91	1.06	1.195	1.35	1.54	1.58
	16	0.37	0.42	0.49	0.53	0.58	0.59	0.60	0.69	0.78	0.86	0.94	0.99
	25	0.269	0.295	0.346	0.355	0.372	0.376	0.42	0.47	0.53	0.58	0.61	0.63
	35	0.212	0.232	0.252	0.265	0.280	0.268	0.32	0.36	0.40	0.43	0.45	0.45
	50	0.19	0.199	0.211	0.227	0.232	0.125	0.274	0.303	0.330	0.354	0.370	0.362
穿管	1	4.7	5.64	6.58	7.52	8.46	9.40	—	—	—	—	—	—
	1.5	3.14	3.76	4.39	5.01	5.63	7.27	5.27	6.32	7.38	8.43	9.48	10.54
	2.5	1.92	2.30	2.68	3.06	3.44	3.76	3.20	3.84	4.47	5.10	5.76	6.34
	4	1.23	1.46	1.70	1.93	2.14	2.35	2.02	2.41	2.8	3.18	3.57	3.96
	6	0.82	0.98	1.13	1.29	1.41	1.57	1.36	1.62	1.88	2.13	2.38	2.64
	10	0.52	0.596	0.699	0.779	0.871	0.94	0.82	0.96	1.130	1.29	1.50	1.58
	16	0.32	0.38	0.45	0.50	0.53	0.59	0.52	0.63	0.72	0.81	0.90	0.99
	25	0.221	0.252	0.305	0.323	0.355	0.376	0.34	0.40	0.47	0.53	0.58	0.63
	35	0.165	0.189	0.215	0.234	0.255	0.268	0.25	0.30	0.34	0.38	0.42	0.45
	50	0.143	0.161	0.181	0.196	0.211	0.125	0.206	0.245	0.274	0.306	0.337	0.362

〔例 7—2〕　例 7—1 中生产厂房的三相四线制照明，干线采用钢管布线供电线路，供电干线距离为 100 米，允许电压损失均为 5%，如采用塑料铜芯绝缘导线供电应选用多大的截面？

解：（1）根据机械强度选择导线截面：

从表 7—4 中可查出应采用截面为 1mm² 的单股铜芯绝缘导线。

（2）根据允许持续电流选择导线截面：

①电流的计算：从例 7—1 可知，线路的计算工作电流为 18.5A，功率因数 cosΦ=0.75；

②选择截面：查表 7—6 得出应采用截面为 2.5mm² 的单股铜芯绝缘导线（环境温度为 30℃）；

（3）根据允许电压损失率选择截面：

从表 7—10 中查得当送电电压为 380V 采用三相四线制供电方式时，铜线 C 值为 72.0，题中给出允许电压损失率 ε=5%，则三相负载的计算功率为

$$P_j = K_c \sum (P_{e1} + P_{e2} + P_{e3})$$

$$=0.95(3\ 100+3\ 200+3\ 550)=9\ 357.5\text{W}=9.36\text{kW}$$
$$S=\sum(P_jL)/(C_{\epsilon})\cdot\%=2.6\text{mm}^2$$

应采用截面为 4mm² 的单股铜芯绝缘导线。

根据以上计算，为了同时满足机械强度、持续电流和电压损失率三个条件，应选取最大截面积导线，故应选取 4mm² 单股铜芯绝缘导线。

（4）电压损失校验：根据已知参数从表 7—11 查得 $\epsilon=1.93$，则负载端的电压损失率为

$$\Delta U\%=\sum\epsilon\ I_jL=1.93\times18.5\times0.1=3.57\%$$

结果符合电压损失要求。

5. 中性线(N)和保护线(PE)的选择

在三相四线制配电系统中，负载布置要求尽量三相对称，中性线中通过的电流仅为三相不平衡电流，数值通常较小。因此，中性线的截面可按不小于相线截面的 50% 来选择。但中性线(N)的允许载流量不应小于线路中最大不平衡负荷电流，且应计入谐波电流的影响。对于单相线路的中性线，由于其中通过的电流与相线电流相同，因此，其截面应与相应的相线截面相同。

当保护线(PE 线)所用材料与相线相同时，PE 线芯线的最小截面应符合表 7—12 的规定。

表 7—12   **PE 线芯线的最小截面**

相线芯线截面 $S(\text{mm}^2)$	$S\leqslant16$	$16<S\leqslant35$	$S>35$
PE 线芯线截面 $S_{PE}(\text{mm}^2)$	S	16	$S/2$

6. 导线颜色的选择

在 GB 2681—82 中，依导线颜色标志电路时，黑色：装置和设备的内部布线。棕色：直流电路的正极。黄色：三相电路的 A 相；半导体三极管的基极；可控硅管和双向可控硅管的控制极。绿色：三相电路的 B 相。红色：三相电路的 C 相；半导体三极管的集电极；半导体二极管、整流二极管或可控硅管的阴极。蓝色：直流电路的负极；半导体三极管的发射极；半导体二极管、整流二极管或可控硅管的阳极。淡蓝色：三相电路的零线或中性线；直流电路的按地中线。白色：双向可控硅管的主电极；无指定用色的半导体电路。黄和绿双色（每各色宽约 15～100 毫米交替贴接）：安全用的接地线。红、黑色并行：用双芯导线或双根绞线连接的交流电路。

二、开关电器的选择

1. 低压断路器(空气开关)的选择

在选用断路器时，应首先确定断路器的类型，然后进行具体参数的确定。断路器的选择大致可按以下步骤进行：

（1）应根据使用条件、被保护对象的要求，选择合适的类型：塑料外壳式低压断路器的断流能力较小，框架式低压断路器的断流能力较大。因此，在电气设备控制系统中，常选用塑料外壳式或漏电保护断路器；在电力网主干线路中主要选用框架式断路器；而在建筑物的配电系统中则一般采用漏电保护断路器。

（2）确定断路器的类型后，再进行具体参数的选择，选用的一般原则如下：

①断路器的额定电压和额定电流应大于或等于被保护线路的额定电压；

②低压断路器的额定电流应大于或等于被保护线路的计算负载电流，也可按负载电流的 1.3 倍来选择；

③断路器的额定通断能力（kA）大于或等于被保护线路中可能出现的最大短路电流（kA），一般按有效值计算；

④线路末端单相对地短路电流应大于或等于 1.25 倍断路器瞬时（或短延时）脱扣器的整定电流；

⑤断路器欠电压脱扣器额定电压应等于被保护线路的额定电压；

⑥断路器分励脱扣器额定电压应等于控制电源的额定电压。

2. 漏电保护装置的选择

（1）漏电保护装置应根据所保护线路的电压等级、工作电流及动作电流的大小来选择。漏电开关的额定电流应大于或等于被保护线路的额定电压，也可按计算负载电流的 1.3 倍来选择。

（2）灵敏度（动作电流）的选择：要视线路的实际泄漏电流而定，不能盲目追求高的灵敏度。漏电保护器的动作电流选择得越低，可以提供越安全的保护。但不能盲目追求低的动作电流，因为任何供电回路设备都有一定泄漏电流存在，当漏电保护装置的动作电流低于电器设备的正常泄漏电流时，漏电保护装置就不能投入运行，或者由于经常动作而破坏供电的可靠性。因此，为了保证供电的可靠性，我们不能盲目追求过高的灵敏度。

（3）对以防止触电为目的的漏电保护开关，宜选择动作时间为 0.1s 以内，动作电流在 30mA 及以下的高灵敏度漏电保护装置。

（4）浴室、游泳池、隧道等触电危险性很大的场所，医院和儿童活动场所，应选用高灵敏度、快速型漏电保护装置，动作电流不宜超过 10mA。

（5）触电时得不到其他人的帮助及时脱离电源的作业场所，漏电保护装置的动作电流不应超过摆脱电流。

（6）触电后可能导致严重二次事故的场合，应选用动作电流 6mA 的快速型漏电保护装置。

3. 熔断器的选择

熔断器和熔体只有经过正确的选择，才能起到应有的保护作用。熔断器的选择包括熔断器种类选择和额定参数选择。

（1）熔断器种类的选择。熔断器的种类应根据使用场合、线路的要求以及安装条件作出选择。

在工厂电器设备自动控制系统中，半封闭插入式熔断器、有填料螺旋式熔断器的使用极为广泛；在供配电系统中，有填料封闭管式熔断器和无填料封闭管式熔断器使用较多；而在半导体电路中，则主要选用快速熔断器做短路保护。

（2）熔断器额定参数的选择。在确定熔断器的种类后，就必须对熔断器的额定参数作出正确的选择。

① 熔断器额定电压 U_N 的选择：熔断器额定电压应大于或等于线路的工作电压 U_L，即：$U_N \geqslant U_L$。

② 熔体额定电流 I_{RN} 的选择：按熔断器保护对象的不同，熔体额定电流的选择方法也有所不同。主要有：

当熔断器保护电阻性负载时，熔体额定电流等于或稍大于电路的工作电流即可，即：

$$I_{RN} \geqslant I_L$$

当熔断器保护一台电动机时，考虑到电动机受起动电流的冲击，必须要保证熔断器不会因为电动机起动而熔断。熔断器的熔体额定电流可按下式计算。

$$I_{RN} \geqslant (1.5 \sim 2.5) I_N$$

其中，I_N 为电动机额定电流，轻载起动或起动时间短时，系数可取得小些，相反若重载起动或起动时间较长时，系数可取得大些。若系数取 2.5 后仍不能满足起动要求时，可适当放大至 3 倍。

当熔断器保护多台电动机时，熔体额定电流可按下式计算：

$$I_{RN} \geqslant (1.5 \sim 2.5) I_{MN} + \sum I_N$$

其中，I_{MN} 为容量最大的电动机额定电流；$\sum I_N$ 为其余电动机额定电流之和；系数的选取方法同上。

当熔断器用于配电电路中时，通常采用多级熔断器保护，发生短路事故时，远离电源端的前级熔断器应先断。所以一般后一级熔体的额定电流比前一级熔体的额定电流至少大一个等级，以防止熔断器越级熔断而扩大停电范围。同时必须校核熔断器的断流能力。

当熔断器保护小容量可控硅时，快速熔断器熔体的额定电流应等于或大于可控硅额定电流(I_{KN})的 1.75 倍，即：$I_{RN} \geqslant 1.75 I_{KN}$。

③ 熔断器额定电流(I_{FUN})的选择。选择熔断器额定电流，实际上就是选择支持件的额定电流，其额定电流必须大于或等于所装熔体的额定电流，即：$I_{FUN} \geqslant I_{RN}$。

项目五 塑槽、管道布线

一、塑槽布线的有关规定

（1）塑槽布线适用于办公室、住宅等室内正常干燥场所，屋外、潮湿及较危险场所不允许用塑槽配线。

（2）塑槽布线的配线要求。应尽量沿建筑物的角位敷设，与建筑物的线条平行或垂直。水平敷设时距地面不应小于 150mm，塑槽不能穿过楼板或墙壁(应采用瓷管或硬塑管加以保护)。不同电压的导线不应敷设在同一塑槽内；槽内导线不得有接头，接头应在接线盒或塑槽外连接。

（3）塑槽布线的导线选择。可选用胶麻线、塑料线等 500V 绝缘的导线，不允许使用软线或裸导线。导线的最小截面积，铜芯线不得小于 $1mm^2$，铜芯地线不得小于 $1.5mm^2$，铝线不得小于 $2.5mm^2$。

（4）塑槽的固定要求。在木结构上敷设时可直接用木螺丝固定；在砖墙或水泥结构上敷设时可采用预埋木线、打洞塞木砧或塑料胀管等方法加木螺丝固定底板。底板的固定点距离不应大于500mm，离底板终端或始端40mm处应有木螺丝固定。

（5）塑槽尺寸的要求。选择塑槽的规格时，塑槽内导线的总截面（包括外皮）不应超过塑槽内截面积的40%。

二、管道布线的有关规定

（1）管道布线的适用场所。

① 镀锌水管、煤气钢管：适用于潮湿和有腐蚀气体场所的明敷或埋地，以及易燃易爆场所的明敷，其管壁厚度不应小于2.5mm。

② 电线金属管：适用于干燥场所的明敷或暗敷，管壁厚度不应小于1.5mm。

③ 硬塑料管：耐腐蚀性较好，但机械强度不如金属管，它适用于有酸碱腐蚀及潮湿场所的明敷或暗敷。

（2）管道布线的导线选择。管道布线的导线，可采用塑料线或穿管专用的胶麻线等500V绝缘的导线，其截面积：铜线不得小于$1mm^2$，地线不得小于$1.5mm^2$，铝线不得小于$2.5mm^2$。

（3）线管管径的要求。选择线管管径应遵循"穿管的导线总截面（包括外皮）不应超过管内截面的40%"的原则进行。为保证管路穿线方便，在下列情况下应装设拉线盒，否则应选用大一级的管径。

① 管子全长超过30m且无弯曲或有一个弯曲时。

② 管子全长超过20m且有两个弯曲时。

③ 管子全长超过12m且有三个弯曲时。

（4）管道布线的布线要求。

① 明敷时要求横平竖直，整齐美观。

② 明敷管路的弯曲半径，不得小于管道直径的6倍，暗敷管路以及穿管铅皮线的明敷管路，其弯曲半径不得小于管子直径的10倍。

③ 管子布线的所有导线接头，应装设接线盒连接。

④ 管内不允许有导线接头。不同电压或不同回路的导线，不应穿于同一管内，但下列情况除外：

- 同一设备或同一流水作业设备的动力和没有防干扰要求的控制回路；
- 照明花灯的所有回路；
- 同类照明的几个回路，但管内导线总数不应多于8根；
- 供电电压为65V及以下的回路。

⑤ 用金属管保护的交流线路，应将同一回路的各相导线穿在同一管内。

⑥ 硬塑料管布线时，管路中的接线盒、拉线盒、开关盒等，宜采用塑料盒；金属管布线时，则采用铁盒。

（5）线管垂直敷设时的要求。敷设于垂直线管中的导线，每超过下列长度时，应在管口处或接线盒中加以固定：

① 导线截面为$50mm^2$及以下，长为30m时；

② 导线截面为 70～95mm²，长为 20m 时；

③ 导线截面为 120～240mm²，长为 18m 时。

(6) 线管的固定距离。

① 明敷的金属管路，其固定点的距离，应不大于表 7—13 的规定；

② 明敷的硬塑料管路，其固定点的距离，应不大于表 7—14 规定。

表 7—13　　　　　　　　　明敷金属管路固定点间的最大距离

管　　径(mm)		13～20	25～32	40～50	70～100
管壁厚(mm)	3	1 500	2 000	2 500	3 500
	1.5	1 000	1 500	2 000	

表 7—14　　　　　　　　　明敷塑料管路固定点间的最大距离

管　　径(mm)	20 及以下	25～40	50 及以上
最大距离(mm)	1 000	1 500	2 000

③ 线管在进入开关、灯头、插座、拉线盒和接线盒孔前 300mm 处和线管弯头两边均需要固定。

三、管道布线的两种敷设方式

(1) 明管配线(明敷)——将线管直接敷设在墙上或其他明露处。要求做到横平竖直，整齐美观。适用于工业厂房，在易燃易爆等危险场所必须明管配线。明管配线有沿墙和管卡槽敷设等方式。

(2) 暗管配线(暗敷)——将线管埋设在墙、楼板或地坪内及其他看不见的地方(如天花板)，多用于宾馆饭店、文教设施等场所。

四、线管加工

(1) 线管的清扫：清扫污垢杂物，对金属管还应除锈刷漆。

(2) 锯管下料：确定长度、下料。

(3) 弯管：为了便于穿线，应尽可能减少弯头，管子弯曲处也不应出现凹凸和裂缝现象。管道的弯曲半径要符合规定。金属管的焊缝应放在弯曲的侧面。弯曲管壁薄、直径大的管子时，管内要灌满砂，两端堵上木塞，以防管子弯瘪。

① 弯制金属管：金属管常用弯管器、滑轮弯管器、气焊加热或电动顶弯机等弯制。

● 弯管器弯制：适用于直径在 50mm 以下的线管。弯管时，要逐渐移动弯管器棒，且一次弯曲的弧度不可过大，否则会弯裂或弯瘪线管。

● 滑轮弯管器弯制：当管子弯制的外观、形状要求较高，特别是弯制大量相同曲率半径的线管时，使用滑轮弯管器较适宜。

● 气焊加热弯制：当管壁较厚或管径较粗时，可用气焊加热后进行弯制(管内填砂)，但应注意火候，以免加热不足弯曲困难或加热过度和加热不均造成弯瘪。此外对预埋好的管子，可用气焊加热进行位置校正和扭弯整形。

● 电动顶弯机弯制：当管径超 100mm 或需大量弯制及线管的弯度要求较高时，可采用专用的电动(液压)顶弯机弯制。

(2) 弯制塑料管：热塑性塑料管一般采用热弯法，可挠性塑料管则用冷弯法。

● 直接加热煨弯：管径 20mm 及以下时可采用此方法。煨弯时先将管子放入烘箱内或放在电炉、喷灯上加热(加热时应均匀转动线管，不得有将管烤伤、变色以及有明显的凹凸等现象出现)到适当温度后，立即将管子放在平板或弯模上煨弯，为加速硬化，可浇水冷却。

● 填砂煨弯：管径 25mm 及以上时应采用此法。煨弯前先用木塞将管子一端的管口封好，然后把干砂灌入管内敦实，将另一端管口堵好，最后将管子加热到适当温度后放在模具上弯制成形。

● 冷弯法：热塑性硬塑料管不能用此法弯曲，而阻燃塑管属可挠性塑料管，可用冷弯法弯曲。弯制前先将带有拉线的弯管弹簧放进管内弯曲处，然后将管子放在模具上弯制成形，最后将弯管弹簧拉出即可。

(4) 套丝：为了使金属管与金属管之间或金属管与铁接线盒之间连接起来，就需要在管子端部套丝，钢管套丝时，可采用管子套丝绞板。套丝时，应把线管钳夹在管钳或台虎钳上，然后用套丝绞板绞出螺纹。操作时，用力要均匀，并加润滑油，以保护丝扣光滑，螺纹长度等于管箍长度的 1/2 加 1~2 牙。第一次套完后，松开板牙，再调整其距离使其比第一次小一点，再套一次，当第二次快套完时，稍微松开板牙，边转边松，使其成为锥形丝扣，套完丝后，应用管箍试丝。

五、线管的连接

1. 金属配管的连接

(1) 管间连接：无论明敷或暗敷，最好采用管箍连接，尤其是埋地和防爆线管，为保证管接口的严密性，管子的丝扣部分，应顺螺纹方向缠上麻丝，并在麻丝上涂一层白漆，再用管子钳拧紧，并使两管间吻合，如图 7—4(a)所示。

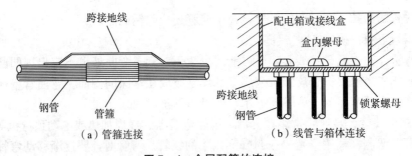

图 7—4　金属配管的连接

(2) 管盒连接：钢管的端部与各种接线盒、拉线盒连接时，应采用在接(拉)线盒内外各一个薄形螺母(又称纳子或锁紧螺母)夹紧线管的方法，如图 7—4(b)所示。如需密封，则在两螺母之间各垫入封口垫圈。

(3) 接地连接：因为螺纹连接会降低导电性能，保证不了接地的可靠性，因此为了安全用电，规程规定：管子所有连接点(包括接线盒、拉线盒、灯头盒、开关盒等)均应加跨接导线与管路焊接牢固，使管路成一电气整体，其两端的电阻不应大于 1 欧。跨接导线的截面不得小于表 7—15 的规定，且不允许采用铅导线作跨接线，管的两端应接地。如图 7—4(b)所示。

表 7—15 金属管布线接头跨接导线的最小截面(mm²)

跨 接 导 线		铜 线	镀锌铁线
敷设方式	明 敷	2.5	4.0
	暗 敷	4.0	6.0

2. 硬塑管的连接

(1) 加热直接插接法(也称一步插入法)：适用于管径为 50mm 及以下的塑料管连接。

① 管口倒角：将外管口倒内角，内管口倒外角。

② 管口清扫：将内外管插接段的污垢擦净。

③ 加热：用喷灯、电炉或炭火炉将外管插接段(长度为管径的 1.2～1.5 倍)加热。

④ 插接：插接段变软后，将内管插入段涂上胶合剂(如聚乙烯胶合剂)并迅速插入外管，待内外管端口一致时，应立即用湿布或浇水冷却，使管子恢复硬度。

(2) 模具胀管插接法(也称二步插入法)：适用于管径为 65mm 及以上的塑料管连接。

① 管口倒角、清扫和加热外管插接段。

② 扩口：当外管插接段加热软化后，立即将已加热的金属成形模具插入外管插接段进行扩口，扩完口用水冷却，取下模具。

③ 插接：扩口后在内外插接面上涂胶合剂，将内管插入外管，然后再加热插接段，待软化后立即浇水，使其急速冷却收缩变硬。也可将插接段改用焊接，将内管插入外管后，用聚乙烯焊条在接合处密焊 2～3 圈。

(3) 套管连接法：适用于各种管径的硬塑管连接。

① 截取连接套管：在同管径管上截取长度为管径的 2.5～3 倍的一段作为连接套管(管径为 50mm 及以下时取 2.5 倍，50mm 以上时取 3 倍)。

② 管口倒角、清扫和加热套管。

③ 套管插接：待套管加热软化后，立即将被连接的两根硬塑料管(已涂胶合剂)插入套管中，使连接管对口处于套管中心，并浇水冷却使其恢复强度。也可用塑料焊接方法在套管两端密焊。

六、明管配线的敷设方式

明管配线有沿墙敷设、吊装敷设和管卡槽敷设三种敷设方式。

(1) 吊装敷设：多根管子或管径较粗的线管在楼板下敷设时，可采用吊装敷设。其做法如图 7—5 所示。

(2) 沿墙敷设：一般采用管卡线管直接固定在墙壁或墙支架上，其基本方法如图 7—6 所示。

(3) 管卡槽敷设：将管卡板固定在管卡槽上，然后将线管安装在管卡板上，即为管卡槽敷设，它适用于多根线管的敷设。

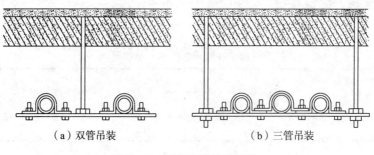

（a）双管吊装　　　　　　　　（b）三管吊装

图7—5　明管配线吊装敷设

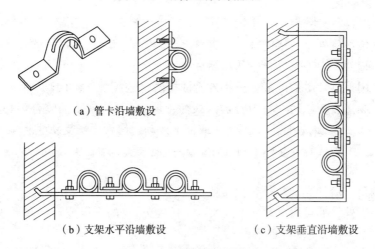

（a）管卡沿墙敷设

（b）支架水平沿墙敷设　　　　　　（c）支架垂直沿墙敷设

图7—6　明管配线沿墙敷设

项目六　开关、插座、灯具安装的有关规定

一、照明开关的安装规定

（1）拉线开关的安装高度宜为2～3m，且拉线出口应垂直向下；墙边开关的安装高度宜为1.3m(广州市规程规定为1.3～1.5m)。拉线开关、墙边(板把)开关距门框距离宜为0.15～0.2m。

（2）照明分路总开关距离地面的高度为1.8～2m。

（3）并列安装的相同型号的开关距地面的高度应一致，高度差不应大于1mm，同一室内的开关高度差不应大于5mm，并列安装的拉线开关的相邻距离不宜小于20mm。

（4）暗装的开关及插座应有专用的安装盒，安装盒应有完整的盖板。

（5）在易燃、易爆和特殊场所，开关应具有防爆、密闭功能及采用其他相应的安全措施。

（6）接线时，所有开关均应控制电路的火线。

（7）当电器的容量为0.5kW以下的电感性负荷(如电动机)或2kW以下的阻性负荷(如白炽灯、电炉等)时，允许采用插销代替开关。

二、插座安装的有关规定

(1) 插座的安装高度。在一般场所，距地面高度不宜小于1.3m；托儿所及小学不宜小于1.8m；车间及实验室的插座不宜小于0.3m，特殊场所暗装的插座不小于0.15m。（广州市规程规定：一般场所为1.3～1.5m，特殊不得小于0.15m，低于1.3m时，其导线应改用槽板或管道布线，居民住宅和儿童活动场所不得低于1.3m。）

(2) 插座的接线。

① 单相两孔插座水平安装时为左零右相，垂直安装时为上火下零；

② 单相三孔扁插座是左零右相上为地，不得将地线孔装在下方或横装，插座内的接地端子不应与零线端子直接连接；

③ 三相四孔插座的接地线或接零线均应接上孔，另外三个孔接相线；

④ 单相插座如果安装熔断器保护，相线应先进保险再接到插座的右孔接线桩上。

(3) 插座的容量应与用电设备负荷相适应，每一插座只允许接用一个电器，并应设有熔断器保护，熔断器应接在相线上。1kW以上的用电设备，其插座前应加装闸刀开关控制。

(4) 不同电压的插座应有明显的区别，不能互换使用。

(5) 并列安装的同一型号的插座高度差不宜大于1mm，同一场所安装的插座高度差不宜大于5mm。

三、灯具安装的有关规定

(1) 灯具的安装高度。

① 在正常干燥场所，室内一般的照明灯具距离地面的高度不应少于2m(广州市规程规定不得低于1.8m)，如吊灯灯具位于桌面上方等人碰不到的地方，允许高度不少于1.5m；

② 在危险和较潮湿场所的室内照明灯具距地面不得低于2.5m；

③ 屋外灯具距离地面的高度一般不应少于3m，如装在墙上，允许降低为2.5m；

④ 上述场所的灯具，安装高度如不符合要求，又无其他安全措施，应采用36V及以下的安全电压。

(2) 螺口灯头的安装，在灯泡装上后，其金属螺纹不能外露，且应接在零线上。

(3) 灯具不带电金属件、金属吊管和吊链应采取接零(或接地)措施。

(4) 1kg以下的灯具可采用软导线自身吊装，吊线盒及灯头两端均应拓蝴蝶结，防止线芯受力，也防止拉脱；1～3kg的灯具应采用吊链或吊管安装，3kg以上的灯具应采用吊管安装。

(5) 在每一照明支路上，配线容量不得大于2kW。

项目七 照明线路、电器故障的原因及检修

一、线路故障的原因与检修方法

线路的故障原因与检修方法，如表7—16所示。照明电路的常见故障主要有断路、短

路和漏电三种。

表 7—16　　　　　　　　　　　线路的故障原因与检修方法

故障现象	故障原因	检修方法
1. 线路无电	(1) 线路断路	检查重接
	(2) 总保险丝烧断	更换保险丝
2. 线路电压过低	(1) 线路负载超负荷	减少负荷
	(2) 线路电线压降大	加粗电源线
3. 线路电压过高	(1) 线路接入电源时误接入 380V 电压	检查改接
	(2) 用电低谷位(下半夜)	不用检修

1. 断路

(1) 产生断路的原因。产生断路的原因主要是保险丝熔断、线头松脱、断线、开关没有接通、铝线接头腐蚀等。

(2) 检查方法。

① 如果一个灯泡不亮而其他灯泡都亮，应首先检查是否是灯丝烧断，若灯丝未断，则应检查开关和灯头是否接触不良、有无断线等。为了尽快查出故障点，可用试电笔测灯座(灯口)的两极是否有电，若两极都不亮说明相线断路；若两极都亮(带灯泡测试)，说明中性线(零线)断路；若一极亮一极不亮，说明灯丝未接通。对于日光灯来说，还应对其启辉器进行检查。

② 如果几盏电灯都不亮，应首先检查总保险是否熔断或总闸是否接通。也可按上述方法用试电笔判断故障点在总相线还是在总零线上。

2. 短路

(1) 造成短路的原因。

① 用电器具接线不好，导致接头碰在一起；

② 灯座或开关进水，螺口灯头内部松动或灯座顶芯歪斜，造成内部短路；

③ 导线绝缘外皮损坏或老化损坏，并在零线和相线的绝缘处碰线。

(2) 短路故障处理。发生短路故障时，会出现打火现象，并引起短路保护动作(熔丝烧断)。当发现短路打火或熔断时，应先查出发生短路的原因，找出短路故障点，并进行处理，再后更换保险丝，恢复送电。

3. 漏电

(1) 漏电故障的原因。漏电故障的原因有相线绝缘损坏而接地、用电设备内部绝缘损坏使外壳带电等，这些原因都会造成漏电故障的发生。

(2) 漏电故障的查找方法。漏电不但会造成电力浪费，还可能造成人身触电伤亡事故，因此要求照明电路和电力电路都要安装漏电保护装置。漏电保护装置一般采用漏电开关，当漏电电流超过整定电流值时，漏电保护装置动作，切断电路。若发现漏电保护装置动作，则应查出漏电接地点并进行绝缘处理再通电。

照明线路的接地点多发生在穿墙部位和靠近墙壁或天花板等部位。查找接地点时，应注意查找这些部位。漏电故障的查找方法如下：

① 首先判断是否确实漏电。判断照明线路是否确实漏电，可用摇表摇测，看其绝缘

电阻值的大小，或在被检查建筑物的总刀闸上接一只电流表，取下所有灯泡，接通全部电灯开关，进行仔细观察，若电流表指针摆动，则说明漏电。指针偏转多少，取决于电流表的灵敏度和漏电电流的大小，若偏转多则说明漏电大。确定漏电后可按下一步继续进行检查。

② 判断是火线与零线之间的漏电，还是相线与大地间的漏电，或者是两者兼而有之。我们可以用上述电流表的方法来判断是什么漏电。在相线上接入电流表，切断零线，观察电流的变化：如果电流表指示不变，应该是相线与大地之间的漏电；如果电流表指示为零，则表示是相线与零线之间的漏电；如果电流表指示变小但又不为零，则表明相线与零线、相线与大地之间均有漏电。

③ 确定漏电范围。取下分路熔断器或拉下开关刀闸，如果电流表不变化，则表明是总线漏电；如果电流表指示为零，则表明是分路漏电；如果电流表指示变小但又不为零，则表明总线与分路均有漏电。

④ 找出漏电点。按前面所述的方法确定漏电的分路或线段后，依次拉断该线路灯具的开关，当拉断某一开关时，如果电流表指针回零，则表明是这一分支线漏电；如果电流表指针变小但又不为零，则表明除了该分支漏电外还有其他漏电处；如果所有灯具开关都拉断后，电流表指针仍不变，则说明是该段干线漏电。

按照上述方法依次把故障范围缩小到一个较短线段或小范围之后，便可进一步检查该段线路的接头以及电线穿墙处等有否漏电。当找到漏电点后，应及时妥善处理。

二、白炽灯电路的故障原因与检修

白炽灯电路的故障原因与检修方法，如表 7—17 所示。

表 7—17 　　　　　　　　白炽灯电路的故障原因与检修方法

故障现象	故障原因	检修方法
1. 灯泡不亮	(1) 灯泡断丝	更换灯泡
	(2) 烧保险	更换保险
	(3) 开关接触不良	检修或更换开关
	(4) 灯座(头)接触不良	检修或更换灯座(头)
	(5) 灯头引入线中断	检查线路，重新连接
	(6) 电源无电	
2. 灯泡忽明忽暗	(1) 开关接触不良	检修或更换开关
	(2) 灯座(头)接触不良	检修或更换灯座(头)
	(3) 保险丝安装不牢固	检查加固
	(4) 灯丝断后，断口忽接忽离	更换灯泡
	(5) 接头接触不良	检修拧紧灯泡
3. 灯泡强白	(1) 灯丝断后再接	更换灯泡
	(2) 灯泡额定电压不符	更换与电压相符的灯泡

三、日光灯电路的故障与检修

日光灯电路的故障原因与检修方法，如表 7—18 所示。

表 7—18 日光灯电路的故障原因与检修方法

故障现象	故障原因	检修方法
1. 不能发光或发光困难	(1) 电压太低或线路压降大	调整线路电压或加粗电线
	(2) 启辉器损坏	更换启辉器
	(3) 灯丝烧断	更换灯管
2. 灯管两端发光	(1) 启辉器接触点熔合或内部电容短路	更换启辉器
	(2) 电压太低	调整电压
3. 灯光闪烁，无法起动	(1) 新管暂时现象	开灯几次可消除
	(2) 启辉器质量差	更换启辉器
	(3) 接错线	检查线路并改正
4. 灯管光度减低或色彩差	(1) 灯管老化	更换灯管
	(2) 电压降低	调整电压
	(3) 灯管上积尘太多	清洁灯管
5. 杂声及电磁声	(1) 镇流器质量差、铁芯未夹紧	更换镇流器
	(2) 线路电压升高	测试电压并调整
	(3) 镇流器内部短路过载	更换镇流器
	(4) 镇流器受热过度	检查受热原因并排除
6. 镇流器发热	(1) 灯架内温度过高	改善灯架装置使之散热良好
	(2) 电路电压过高	调整电压
	(3) 灯管闪烁时间过长	检查闪烁原因并排除
	(4) 灯管连续使用时间过长	减少连续使用时间
7. 灯管寿命短	(1) 镇流器配用不当(过大)	选用匹配的镇流器
	(2) 镇流器质量差，致使灯管电压失常	选用质量好的镇流器
	(3) 开关次数太多	减少开头次数
	(4) 启辉器不良，引起长时间闪烁	更换启辉器
8. 灯管两端发黑或生黑斑	(1) 灯管使用时间长会有此现象	如亮度不正常，更换灯管
	(2) 灯管内汞凝结，是细管常有现象	起动即可蒸发

项目八 家居照明线路的设计

任何复杂的综合照明电路都是由一个个最基本的电路组成的。一栋建筑物的电源线，在进入建筑物时，其零线(中性线)都要进行重复接地，中性线在重复接地点分支，一路为工作零线(N 线)，一路为接零保护线(PE 线)；电源进入建筑物后，在便于操作的位置(一般是楼梯口处)设置一个总开关箱，控制整栋建筑物的电源开合；一般情况下，在每层的楼梯口处，都设置一个层分开关箱，控制本层的电源；在每间房间也设置一个开关箱，控制房间里所有的电器。三相四线制的 N 线上，不能装设开关和熔断器，以防相线开关和熔断器良好，而 N 线开关接触不良或熔丝熔断时，造成烧毁电器设备的事故发生。

照明线路安装的路径及位置，开关、插座、灯具、开关箱的安装位置和安装高度等，都应依据电气照明的施工图进行确定。

一、电气照明施工图

电气照明的施工图是根据土建设计提供的空间尺寸或照明场所的环境状况，结合照明场所的使用要求，遵照照明设计的有关规定，以确定合理的照明种类和方式选择适宜的光源及灯具而绘制出来的。电气照明施工图的内容包括：施工说明、工程数量表、电气照明平面布置图、系统图、安装图以及其他电气系统等。

1. 施工说明

施工说明又叫做设计说明，它用文字或符号对以下主要内容进行综合说明：

(1) 设计的总安装容量、计算容量和计算电流。

(2) 工程所采用的一些施工安装的常规要求和特殊措施。

(3) 在平面图和系统图上标注不便、无法表示或不易表达清楚之处的说明。

2. 工程数量表

工程数量表用表格形式表示，内有序号、工程项目和型号、单位、数量以及附注五栏内容。

3. 电气照明平面布置图

电气照明平面布置图也称为电气平面图或照明平面图，电气平面图的内容包括以下方面：

(1) 建筑和工艺设备及室内的平面布置轮廓(参见表 7—19)、各场所的名称、尺寸和照度。

(2) 按电气图例的图形符号(参见表 7—20)标出全部灯具、线路、配电箱、插座、开关等电器的安装位置。

表 7—19　　　　　　　　　常用建筑图例符号

图例	名称	图例	名称
	普通砖墙		混凝土
	普通砖墙		金属
	钢筋混凝土		可见孔洞
	砂、灰及土粉刷材料		钢筋混凝土柱
	普通砖柱		窗
	窗户		不可见孔洞
	高窗		墙内单扇推拉门
	空门洞		双扇门
	单扇门		污水池
	双扇弹簧门	0.000	标高符号(用米表示)
	轴线号与附加轴线号		楼梯底层
			楼梯中间层
			楼梯顶层

表 7—20　　　　　　　　　常用电气图例符号(GB/T 24340—2009)

名称	图例	文字符号、说明及做法
动力或动力——照明配电箱(屏)		画于墙外为明装
事故照明配电箱(屏)		画于墙内为暗装
多种电源配电箱(屏)		
有功电度表	WK	
无功电度表	rarh	

续前表

名称	图例	文字符号、说明及做法
电流表	(A)	
有功功率表	(W)	
电压表	(V)	
灯（一般符号）	⊗	
投光灯（一般符号）	(⊗	
聚光灯	(⊗→	
荧光灯（一般符号）	├──┤	
二管荧光灯	╞══╡	
单极开关 暗装 密闭（防水） 防爆		
双极开关		暗装、密闭、防爆圈内 表示方式同上
三极开关		
双极双控开关		
单极双控拉线开关		
单极拉线开关		
风扇调速器		
两根导线	─//─	
三根导线	─///─	多线表示
三根导线	─3─	单线表示
普通刀开关	| 或 |	Q, S

名称	图例	文字符号、说明及做法
三相刀开关		QS
带动合触点的按钮		
带动断触点的按钮		SB
带动合和动断触点的复合按钮		
热继电器的常开触点		
热继电器热元件		ER
接触器线圈		
接触器动合(常开)触点		KM
接触器动断(常闭)触点		
过电流继电器线圈		KI
过电压继电器线圈		KA
吊式电风扇		有时标出吊杆长度
轴流式电风扇		
单相插座		
单相插座暗装		

续前表

名称	图例	文字符号、说明及做法
密闭(防水)单相插座		
插座箱(板)		
带保护接点插座		暗装、密闭、防爆型 半圆内表示方式同上
带接地插孔的三相插座		
带熔断器的插座		
电信插座一般符号		TP—电话　M—传声器　TV—电视 TX—电传　FM—调频
三相笼形异步电动机		M
电抗器	或	L
时间继电器线圈		KT　通电延时
		KT　断电延时
接触器、中间继电器线圈		KM—交流接触器 KA—中间继电器
动合(常开)触点		符号同操作元件
动断(常闭)触点		
时间继电器		KT　通电延时断开常闭触点
		KT　断电延时闭合常闭触点
		KT　断电延时断开常闭触点
		KT　断电延时闭合常开触点

4. 供电系统图

供电系统图也称为电气系统图或照明系统图，图中有：

（1）标出的各级配电箱和照明线路的连接系统。

（2）各配电箱的编号和型号，箱内所用开关、熔断器等电器的型号和规格，以及熔断器或保护开关的保护整定值。

（3）除按线路标注外，干线还标明其额定电流（或计算电流）、长度和电压损失值，支线还标注其额定电流、线路计算长度、安装容量和所在相序。

5. 安装图

常规的安装图多采用标准图，施工单位一般备有标准图集。有特殊要求的安装图，一般有专门的安装详图。

6. 其他电气系统

电气施工图有时还包含其他与建筑物有关的电气系统，如防雷接地、公用电视天线、电话通信、火灾报警、有线广播等系统。

二、家居照明电路的平面图设计

1. 家居照明电路设计的一般要求

（1）室内开关箱应装置在明显、便于操作维护的位置，一般安装在厅的大门后面，安装高度为 1.8～2m。

（2）开关箱内必须设置漏电断路器，漏电断路器的规格应按计算电流的 1.3 倍进行选择，但漏电动作电流不得大于 30mA，动作时间不得大于 0.1s。

（3）室内插座的安装高度一般不应低于 1.3m，低于 1.3m 的插座必须有保护措施，如被家具、电视等遮挡，以免小孩接触。

（4）较大的家用电器，如电热水器、空调等，应设置独立的分路开关控制。

（5）各室的照明灯具应按其空间大小选择亮度合适的功率。

（6）家居照明的布线方式采用塑管暗敷或塑槽明敷。

2. 家居照明电路照明平面图的设计步骤

（1）按照比例画出建筑物平面图，标出具体的空间尺寸，以便于统计导线、材料的数量。

（2）根据建筑物的空间尺寸，结合照明场所的使用要求，确定灯具、开关、插座、风扇等电器的安装位置以及线路的路径，在建筑物平面图上用相应的电器图形符号标明。

（3）根据实际情况，确定各灯具、电器的容量，计算各灯具、电器的电流，选择合适的导线和控制开关。

（4）灯具标注：在灯具图形符号旁，标出灯具的数量、型号以及每盏灯具光源的数量、容量、安装高度和方式等（同一房间内相同的灯具，只标注一处）。

（5）线路标注：标出导线的型号、根数、截面和敷设方式（包括线管或塑槽的规格）。

（6）配电箱标注：标出配电箱的型号、规格和编号。画出所有配电箱的接线图，标明开关电器的规格、各支路的名称和负载大小，以及各支路线的线路标注（若线路上已标注，则配电箱不用标明线路标注）。

（7）做必要的设计说明，并画出工程数量表。

任务一 塑槽布线安装白炽灯电路

一、实训目的

掌握用一个开关控制一盏白炽灯电路的塑槽布线操作技能和通电试验技术。

二、实训器材

(1) 单股绝缘铜芯线 BVV-1.5 若干。

(2) 开关面板、插口白炽灯座及 15W 插口灯泡各 1 个。

(3) 24 塑槽若干、底盒 2 个。

(4) 绝缘胶带 1 卷、木螺钉若干。

(5) 电工实训台 1 张。

(6) 电工常用工具 1 套。

三、实训图

(1) 白炽灯控制电路原理图。

如图 7—7 所示,电路由导线、开关 SA、熔断器 FU 及插口白炽灯组成。火线先接开关,再接保险盒,然后才接到插口灯座的一个接线桩上。零线直接接到插口灯座的另一个接线桩上。

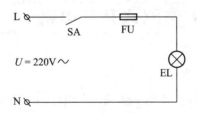

图 7—7　白炽灯电路原理图

如果白炽灯是螺口灯头,那么火线接开关、熔断器后,必须接到螺口灯座的中心抽头上。

(2) 白炽灯电路电气平面图。

如图 7—8 所示,塑槽布线安装白炽灯电路的电气平面图。图中,⟋ 表示明装墙边开关,⊗ 表示白炽灯,—⫽— 表示有两根导线。

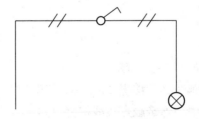

图 7—8　白炽灯电路电气平面图

四、塑槽布线安装白炽灯电路的步骤

（1）根据电气平面图确定电器的安装位置和线路路径，用弹线盒弹基准线，然后固定塑槽底板。

（2）敷线：按线路长度裁剪导线，并将零线、火线以及灯控制线的两端头打好记号，以便接线时不会接错，然后将导线放进槽内并盖面板。

（3）固定底盒，按图接线，并固定墙边开关面板和插口灯座，最后将灯泡插入灯座。

（4）通电试验。

五、安装要求及注意事项

（1）安装要求。

① 能选择适宜的木螺丝固定各种电器、塑槽、底盒等；

② 电器安装时要做到整齐美观、不松动；

③ 线头接到电器上时，要接触良好，接头紧密可靠；

④ 塑槽配线安装白炽灯电路要符合有关规定，配线做到横平竖直，电路接线正确，能正确开断白炽灯。

（2）注意事项。

① 接线时，火线一定要先进开关，然后才接到灯头，顺序不能接错；零线直接接到灯头。

② 导线接入平压式接线桩时，一定要顺时针连接。

③ 如电路发生故障，应先切断电源，然后进行检修。

任务二　管道布线安装双联开关电路

一、实训目的

掌握塑管布线两个双联开关控制一盏螺口白炽灯的电路安装技能和通电试验技术。

二、实训器材

（1）单股绝缘铜芯线 BVV-1.5 若干。

（2）双联开关面板 2 个、螺口白炽灯座和 15W 灯泡各 1 个。

（3）20 塑管及管码若干、底盒 3 个。

（4）绝缘胶带 1 卷、木螺钉若干。

（5）电工实训台 1 张。

（6）电工常用工具 1 套。

三、实训图

（1）双联电路原理图，如图 7—9 所示。

螺口灯座（头）接线时，零线必须接螺口座（头）的螺纹接线桩，相线必须经过两个双联开关后接到螺口灯座（头）的中心弹簧触点接线桩上。

（2）双联电路电气平面图，如图 7—10 所示。

图中 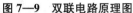 表示三根导线，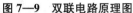 表示双联开关明装。

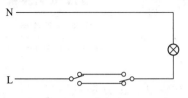

图7—9 双联电路原理图

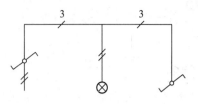

图7—10 双联电路电气平面图

四、塑管明配线安装双联电路的步骤

（1）敷设明线管。

① 确定电器与设备的位置；

② 画出管路走向的中心线和管路交叉位置；

③ 埋设木榫或其他预埋件和紧固件；

④ 量测管线的实际长度（包括弯曲部位）；

⑤ 将线管按照建筑物的结构形状进行弯曲；

⑥ 根据实测长度进行切断；

⑦ 在需要螺纹连接的部位绞制螺纹；

⑧ 将管子、接线盒等连接成整体或部分整体进行安装，并穿入引线钢丝；

⑨ 固定线管；

⑩ 线管接地。

（2）穿线。

（3）安装底盒，按图接线，并固定双联开关面板和螺口灯座，最后将灯泡拧入灯座。

（4）通电试验。

五、安装要求及注意事项

（1）安装要求。

① 管道布线要求横平竖直，固定间距均匀，转弯符合要求，电路接线正确；

② 能选择适宜的木螺丝固定各种电器和管道，而且整齐美观，不会松动；

③ 线头接到电器上时，线芯不能露出接线端子外，导线在底盒内的长度不能太长或太短，一般约为100mm。

（2）注意事项。

① 除直流回路导线和接地线外，不得在钢管内穿单根导线；

② 线管转弯时应采用弯曲线管的方法，不宜采用制成品的弯管接头，以免造成管口连接处过多，影响穿线工作；

③ 导线进出金属管口时，要加保护套，以防管口刮伤导线；

④ 穿线前，所有导线均应打记号，以便于接线；

⑤ 接线时，相线必须接到双联开关的公共接线桩上，螺口灯座（头）的中心弹簧触点接线桩必须接另一个双联开关的公共接线桩上，接错则无法实现两地控一灯；

⑥ 导线接入平压式接线桩时，一定要顺时针连接；

⑦ 如电路发生故障，应先切断电源，再进行检修。

任务三 塑槽布线安装插座、日光灯电路

一、实训目的

掌握塑槽布线安装插座、日光灯电路的实操技能和通电试验技术。

二、实训器材

(1) 单股绝缘铜芯线 BVV-1.5 若干。

(2) 开关面板、三孔扁插座各 1 个，20W 日光灯支架 1 套，20W 灯管 1 支。

(3) 24 塑槽若干、底盒 2 个。

(4) 绝缘胶带 1 卷、木螺钉若干。

(5) 电工实训台 1 张。

(6) 电工常用工具 1 套。

三、实训图

(1) 插座电路图，如图 7—11 所示。

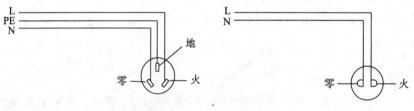

图 7—11　插座电路图

(2) 日光灯电路原理图，如图 7—12 所示。

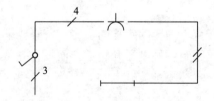

图 7—12　日光灯插座电气平面图

(3) 日光灯插座电气平面图，如图 7—12 所示，其中 ⊢—⊣ 表示日光灯，⋏ 表示三孔扁插座。

四、塑槽布线安装插座、日光灯电路的步骤

(1) 根据电气平面图确定电器的安装位置和线路路径，用弹线盒弹基准线，然后固定塑槽底板。

(2) 敷线：按线路长度裁剪导线，并将零线、火线以及灯控制线的两端头打好记号，以便接线时不会接错线，然后将导线放进槽内盖面板。

（3）固定底盒，按图接线，并固定墙边开关面板和插口灯座，最后将灯泡插入灯座。

（4）通电试验。

五、安装要求及注意事项

（1）安装要求。

①能选择适宜的木螺丝固定各种电器、塑槽、底盒等。

②电器安装时要做到整齐美观、不松动。

③线头接到电器上时，要接触良好，接头紧密可靠。

④塑槽配线安装插座、日光灯电路要符合有关规定，配线做到横平竖直，电路接线正确，能正确开断日光灯。

（2）注意事项。

①接线时，火线一定要先进开关，然后接到灯头，顺序不能接错，而零线则直接接入灯头；如果零线进开关，火线直接进灯头，关灯后灯管会出现荧光现象。

②插座的火线必须从日光灯开关前面借电，否则会受日光灯开关控制；接插座导线时，必须按左零右火上为地的规定接线，不可接错。

③镇流器一定要与灯管配套，而且镇流器应串接在相线，否则会烧坏灯管。

④启辉器的两个端子分别接灯管两端的管脚上，如果启辉器接在镇流器与管脚之间的连线上或者接在零线上，灯管就会连续闪烁，不能起动。

⑤导线接入平压式接线桩时，一定要顺时针连接。

⑥如电路发生故障，应先切断电源，然后再进行检修。

测试题

一、填空题

1. 照明线路有_____、_____和_____三种供电方式。

2. 对以防止触电为目的的漏电保护开关，宜选择动作时间为_____秒以内，动作电流在_____及以下的高灵敏度漏电保护装置。

3. 采用塑槽、管道布线时，导线的最小截面积，铜芯线不得小于_____，铜芯地线不得小于_____，铝线不得小于_____。

4. 选择线管管径应遵循"穿管的导线总截面（包括外皮）不应超过管内截面的_____"的原则进行。

5. 拉线开关的安装高度宜为_____，且拉线出口应垂直向下；墙边开关的安装高度宜为_____，照明分路总开关距离地面的高度为_____。

6. 明敷管路的弯曲半径，不得小于管子直径的_____倍，暗敷管路以及穿管铅皮线的明敷管路，其弯曲半径不得小于管子直径的_____倍。

7. 塑槽配线适用于办公室、_____等室内正常干燥场所，_____、潮湿及较危险场所不允许用塑槽配线。

8. 广州地区规程规定：插座的安装高度一般为_____，特殊场所不得小于_____，且低于_____时，其导线应改用槽板或管道布线，居民住宅和儿童活动场所不得低于是_____米。

二、判断题

（　　）1. 为了节约成本，当导线长度不够时，允许在塑槽或管道内连接。

（　　）2. 为了工作安全，照明灯应采用36V或24V安全电压，其电源可由自耦变压器提供。

（　　）3. 选择导线时，只要导线的允许持续电流大于计算电流即可取用。

（　　）4. 金属管布线适用于所有场所。

三、简述题

1. 塑槽板配线适用于什么场所？

2. 塑槽板配线时，哪些导线不能用？

3. 塑槽板配线有什么要求？固定距离是多少？

4. 照明灯具的安装高度是多少？

5. 开关接线、螺口灯头接线时应注意什么？

6. 镇流器、电容器和启辉器在日光灯电路中的作用是什么？

7. 选择照明光源时要遵守哪些原则？

8. 简述照明线路断路、短路及漏电的主要原因及故障查找方法。

9. 一般照明场所的电压损失不能超过多少？

10. 某电子组装车间距总配电箱100米，现装90盏40W的日光灯，如在这段导线上的允许电压损失是2.5%，则请选择支线路导线的截面积。

<table>
<tr><td>模块八</td><td>低压电器的认识</td></tr>
</table>

 学习目标

1. 保护电器的作用、结构、符号及选用；
2. 主令电器的作用、结构、符号及选用；
3. 接触器的作用、结构、符号及选用；
4. 继电器的作用、结构、符号及选用。

项目一 保护电器

电力线路、电器设备的电气保护方式基本上有两种：一种是短路及过载保护，另一种是漏电保护。

短路及过载保护电器主要有胶壳刀开关、铁壳开关、熔断器、断路器及热继电器等。

漏电保护电器主要有电压动作型漏电保护装置、剩余(零序)电流型漏电保护装置、漏电断路器等。

一、胶壳刀开关

胶壳刀开关俗称闸刀开关，也称为开启式负荷开关，是一种结构简单、应用广泛的手动电器。

1. 胶壳刀开关的作用

胶壳刀开关主要用作电源隔离开关和小容量电动机不频繁起动与停止的控制电器。同时，胶壳刀开关中的熔丝还可以对电路起保护作用：用于照明电路时，作过负荷保护用；用于动力线路时，则作短路保护用。

隔离开关是指不承担接通和断开电流任务，将电路与电源隔开，以保证检修人员检修时安全的开关。

隔离开关的特点：断开时有明显的断开点。

2. 胶壳闸刀开关的结构

胶壳刀开关由瓷柄、熔丝、静触点(触点座)、动触点(触刀片)、瓷底座和胶盖组成，如图 8—1 所示。也就是说，胶壳刀开关一般由刀开关 QS 和熔断器 FU 组成，没有专门的灭弧装置，是利用胶木盖来防止电弧烧伤的。闸刀开关的图形与文字符号，如图 8—2 所示，QS 为闸刀开关的文字符号。

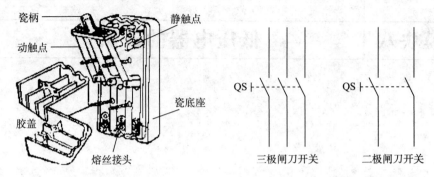

图 8—1　闸刀开关的结构　　　图 8—2　闸刀开关的图形及文字符号

3. 胶壳刀开关的型号规格

常用胶壳刀开关的型号有 HK1、HK2、HK4 和 HK8 等系列，规格有两极 10、15、30A，三极 15、30、60A 等级别，表 8—1 为 HK2 系列胶壳刀开关的主要技术参数。

表 8—1　　　　　　　　　　HK2 系列胶壳刀开关的主要技术参数

型　　号	额定电压(V)	额定电流(A)	分断电流能力(A)	熔断器极限分断能力(A)	控制电动机的功率(kW)
HK2—10/2	220	10	$4I_N$	500	1.1
HK2—15/2		15		500	1.5
HK2—30/2		30		1 000	3.0
HK2—15/3	380	15	$2I_N$	500	2.2
HK2—30/3		30		1 000	4.0
HK2—60/3		60	$1.5I_N$	1 000	5.5

(1) 胶壳刀开关的型号及含义，如图 8—3 所示。

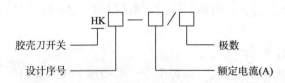

图 8—3　胶壳刀开关的型号及含义

(2) 胶壳刀开关的主要技术参数。

① 额定电压。额定电压是指闸刀开关长期工作时能承受的最大电压，单位是 V。

② 额定电流。额定电流是指闸刀开关在合闸位置时允许长期通过的最大电流，单位是 A。

③ 分断电流能力。分断电流能力是指闸刀开关在额定电压下能可靠分断最大电流的能力。

此外，还有熔断器极限分断能力、寿命以及电动稳定性电流与热稳定电流等参数。

4. 闸刀开关的选用

（1）额定电压的选择。在选择胶壳刀开关时，其额定电压要大于或等于线路实际的最高电压。

（2）额定电流的选择。

① 如果闸刀开关作为隔离开关使用，其额定电流要稍大于或等于线路实际的最高电压。

② 如果闸刀开关作为直接控制小容量(小于 5.5kW)电动机起动和停止的控制开关使用，需要选择电流容量比电动机额定值大的闸刀开关。胶壳刀开关不适合用来直接控制 5.5kW 以上的交流电动机。

广州市的电气技术安装规程规定："开关的额定电流应按电动机额定负荷和起动电流选择，一般不小于电动机额定电流的 1.3 倍，但直接起动的闸刀开关不应小于 3 倍；""在正常干燥场所，电动机容量在 3kW 及以下时，允许采用胶壳刀开关作为操作开关。"

5. 闸刀开关的安装及操作注意事项

（1）安装闸刀开关时，手柄要向上，不得倒装或平装。安装正确，作用在电弧上的电动力和热空气的上升方向一致，就能使电弧迅速拉长而熄灭。反之，两者方向相反，电弧将不易熄灭，严重时会使触头及刀片烧伤，甚至造成相间短路。如果倒装，手柄可能因自动下落而引起误动作合闸，将可能造成人身和设备安全事故，另外分闸时还可能出现电弧灼手事故。

（2）闸刀开关接线时，应将电源线接在上端(静触点)，负载接在下端(动触点)，这样，拉闸后刀片与电源隔离，便于更换熔丝。两极闸刀开关接线时应按"左零右火"的规定接线。

（3）在拉闸与合闸操作时，动作要迅速，一次拉合到位。

二、铁壳开关

铁壳开关也称为半封闭式负荷开关，也属刀开关。

1. 铁壳开关的作用

铁壳开关主要用于配电线路，作电源开关、隔离开关和应急开关之用。在控制电路中，也可用于不频繁起动的 28kW 以下三相电动机。

2. 铁壳开关的结构

铁壳开关由钢板外壳、动触点、闸刀、静触点(夹座)、储能操作机构、熔断器及灭弧罩等组成，如图 8—4 所示。铁壳开关的图形符号和文字符号与胶壳开关相同。铁壳开关的操作机构有以下特点：

（1）采用储能合、分闸操作机构，当扳动操作手柄时通过弹簧储存能量。操作时，当操作手柄扳动到一定位置时，弹簧储存的能量就会瞬间爆发出来，推动触点迅速合闸或分闸，因此触点动作的速度很快，并且与操作的速度无关。

（2）能机械联锁。当铁盖打开时，不能进行合闸操作，而当闸刀合闸后，箱盖也不能打开。

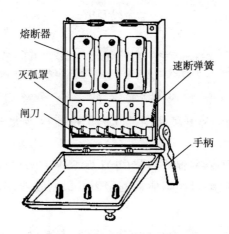

图 8—4　铁壳开关的结构图

3. 铁壳开关的型号及技术参数

常用的铁壳开关型号有 HH3、HH4、HH10 和 HH1 等系列，其技术参数与胶壳刀开关相同。铁壳开关的型号及含义，如图 8—5 所示。

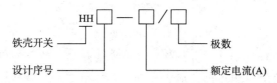

图 8—5　铁壳开关的型号及含义

4. 铁壳开关的选用

虽然铁壳开关的技术参数与胶壳刀开关相同，但由于其结构上的特点，使铁壳开关的断流能力比相同电流容量的胶壳刀开关要大得多，因此在电流容量的选用上与胶壳刀开关有所区别。

（1）作为隔离开关或控制电热、照明等电阻性负载时，其额定电流等于或稍大于负载的额定电流，一般按 1.3 倍选择。

（2）用于控制电动机起动和停止时，其额定电流可按大于或等于两倍电动机的额定电流选取。广州市的电气技术安装规程规定："在正常干燥场所，电动机容量在 4.5kW 及以下时，允许采用铁壳开关作操作开关"。

三、熔断器

1. 熔断器的作用

熔断器是一种最简单有效的保护电器。使用时，熔断器串接在所保护的电路中，作为电路及用电设备的短路和严重过载保护，当电路发生短路或严重过载时，熔断器中的熔体将自动熔断，从而切断电路，起到保护作用。

熔断器主要用作短路保护，有时也用于过载保护。通常在动力线路中用作短路保护，在照明线路中用作过载保护。熔断器还有隔离作用，这时它应装在负荷开关的前面，只要将熔体拔出就有明显的断开点，可起隔离作用。

熔断器结构简单、体积小巧、价格低廉、工作可靠、维护方便，因此，广泛用于低压供配电系统和控制系统中，是电气线路或设备的重要保护元件之一。

2. 低压熔断器的种类及型号

(1) 低压熔断器的种类。熔断器的种类很多，按其结构可分为半封闭插入式熔断器、有填料螺旋式熔断器、有填料封闭式熔断器、无填料封闭管式熔断器、有填料管式快速熔断器等。

熔断器的种类不同，其特性和使用场合也有所不同，在工厂电器设备自动控制中，半封闭插入式熔断器、螺旋式熔断器使用最为广泛。

(2) 低压熔断器的型号及含义。低压熔断器的文字符号用 FU 表示，低压熔断器的型号及意义，如图 8—6 所示。

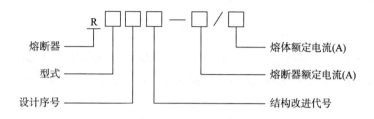

图 8—6　低压熔断器的型号及含义

熔断器的形式：C——瓷插式切熔断器；L——螺旋式熔断器；M——无填料封闭管式熔断器；T——有填料封闭管式熔断器；S——快速熔断器；Z——自复式熔断器。

3. 熔断器的基本结构及工作原理

(1) 熔断器的基本结构。熔断器的种类尽管很多，使用场合也不尽相同，但它们的基本结构大体相同，均由熔体(俗称保险丝)和安装熔体的熔管(或熔座)两大部分组成。熔管是装熔体的外壳，用于安装和固定熔体，它由陶瓷、绝缘纸或玻璃纤维制成，在熔体熔断时兼有灭弧作用。熔体串联在被保护电路中，它由易熔金属材料铅、锌、锡、银、铜及其合金制成，通常制成丝状或片状，熔体的熔点温度一般在 $200\sim300℃$ 之间。

(2) 熔断器的工作原理。当被保护电路发生短路或严重过载时，过大的电流通过熔体，使其自身产生的热量增加，熔体温度升高。当熔体温度升高到其熔点温度时，熔体熔断，从而切断电路，起到保护作用。

4. 熔断器的保护特性及主要参数

(1) 熔断器的保护特性又称为安秒特性，它表示熔体熔断时间与流过熔体的电流大小之间的关系特性。熔断器的安秒特性，如图 8—7 所示。

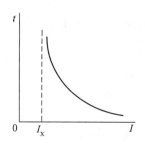

图 8—7　熔断器的安秒特性

熔断器的安秒特性为反时限特性，即通过熔体的电流值越大，熔体熔断的时间越短，具有这种特性的元件就具备短路保护和过载保护的能力。熔断器的熔断电流与熔断时间的数值关系，如表 8—2 所示。

表 8—2　　　　　　　　　　　　熔断器的熔断电流与熔断时间的数值关系

熔断电流倍数	1.25～1.3	1.6	2	2.5	3	4
熔断时间	∞	1h	40s	8s	4.5s	2.5s

（2）熔断器的主要参数。

① 额定电压 U_N。这是从灭弧角度出发，规定熔断器所在电路工作电压的最高限额。如果线路的实际电压超过熔断器的额定电压，一旦熔体熔断时，有可能发生电弧不能及时熄灭的现象。

② 额定电流 I_N。熔断器的额定电流实际上是指熔座的额定电流，这是由熔断器长期工作所允许的温升决定的电流值。它所配用的熔体的额定电流应小于或等于熔断器的额定电流。

③ 熔体的额定电流 I_{RN}。熔体的额定电流是指熔体长期通过此电流而不熔断的最大电流。

④ 极限分断能力。熔断器的极限分断能力是指熔断器所能分断的最大的短路电流值。分断能力的大小与熔断器的灭弧能力有关，而与熔体的额定电流值无关。熔断器的极限分断能力必须大于线路中可能出现的最大短路电流值。

5. 常用熔断器简介

（1）半封闭插入式熔断器（RC）。半封闭插入式熔断器也称为瓷插式熔断器，由瓷盖、瓷底座、动触头、静触头及熔体等五部分组成。常用的 RC1A 系列瓷插式熔断器的外形及结构，如图 8—8 所示。

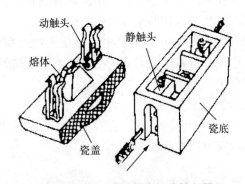

动触头　静触头　熔体　瓷底　瓷盖

图 8—8　RC1A 系列瓷插式熔断器

瓷插式熔断器结构简单、价格低廉、体积小、带电更换熔丝方便，而且具有较好的保护特性。主要用于中、小容量的控制电路和小容量低压分支电路中。

常用的瓷插式熔断器型号有 RC1A 系列，其额定电压为 380V，额定电流有 5、10、15、30、60、100、200A 七个级别。熔体通常用铅锡合金或铅锑合金等制成，也有用铜丝作为熔体，部分常用的熔体规格，如表 8—3 所示。

种 类	铅锑合金(铅≥98%，锑 0.3~1.5%)					铅锡合金(铅 95%，锡 5%)				铜丝			
直径(mm)	0.15	0.25	1.25	2.95	5.24	0.61	1.22	2.34	3.26	0.23	0.56	1.22	2.03
额定电流(A)	0.5	0.9	7.5	27.5	70	2.6	7.0	18	30	4.3	15	49	115

（2）螺旋式熔断器(RL)。螺旋式熔断器是一种有填料的封闭管式熔断器，结构较瓷插式熔断器复杂。它主要由瓷底座、瓷帽、熔断管、瓷套、上接线端、下接线端等部分组成，如图 8—9 所示。

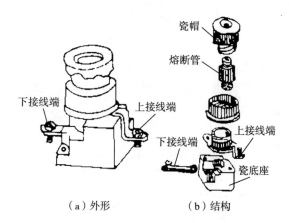

（a）外形   （b）结构

图 8—9   螺旋式熔断器

螺旋式熔断器的熔断管内，除了安装熔丝外，还在熔体周围填满了石英砂，作为熄灭电弧用。熔断管的上端有一小红点，熔体熔断后红点自动脱落，显示熔体熔断。使用时将熔断管有红点的一端插入瓷帽，将瓷帽连同熔断管一起拧进瓷底座，熔体便接通电路。

螺旋式熔断器接线时要注意，电源进线必须接到瓷底座的下接线端上，用电设备的连接线必须接到与金属螺纹壳相连的上接线端上（即低进高出），这样在更换熔体时，旋出瓷帽后，金属螺纹壳上就不会带电，带电更换熔芯时比较安全。

螺旋式熔断器具有较好的抗震性能，灭弧效果与断流能力均优于瓷插式熔断器，被广泛用于机床电气控制设备上，作短路保护用。常用螺旋式熔断器的型号有 RL6、RL7（取代 RL1、RL2）、RLS2（取代 RLS1）等系列。表 8—4 为 RL1 系列熔断器的技术数据。

表 8—4   **RL1 系列熔断器的技术数据**

型号	RL1—15	RL1—60	RL1—100	RL1—200
熔断器额定电流(A)	15	60	100	200
熔体额定电流(A)	2，4，10，15	20，25，30，35，40，50，60	60，80，100	100，125，150，200

(3) 有填料封闭管式熔断器（RT）。有填料封闭管式熔断器主要由瓷底座、熔断体（俗称熔芯）两部分组成。熔体安装在瓷质熔管体内，熔管体内充满石英砂作灭弧用，也就说熔断体是由熔管体、熔体和石英砂组成的，如图 8—10 所示。

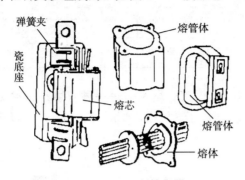

图 8—10　RT 型熔断器

有填料封闭管式熔断器具有熔断迅速、分断能力强、无声光现象等良好性能，但其结构复杂，价格昂贵。主要用于供电线路及要求分断能力较高的配电设备中。常用有填料封闭管式熔断器的型号有 RT12、RT14、RT15、RT17 等系列，其中 RT12 系列的技术数据见表 8—5。

表 8—5　　　　　　　　　　　　RT12 系列熔断器的技术数据

额定电压(V)	415			
熔断器额定电流代号	A1	A2	A3	A4
熔断器额定电流(A)	20	32	63	100
熔体额定电流(A)	4，6，10，16，20	20，25，32	32，40，50，63	63，80，100
额定分断能力(kA)	$80(\cos\phi=0.1\sim0.2)$			

(4) 无填料封闭管式熔断器（RM）。无填料封闭管式熔断器由一个熔断管（即纤维管），两个插座和一片或两片熔片（即熔体）组成，如图 8—11 所示。无填料封闭管式熔断器的主要型号有 RM10 系列，为可拆卸熔断器，熔体熔断后可更换。这种熔断器主要用于低压电力网以及成套配电设备中。

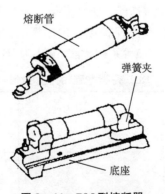

图 8—11　RM 型熔断器

（5）快速熔断器。快速熔断器主要用于半导体元件或整流装置的短路保护。由于半导体元件的过载能力很低，只能在极短的时间内承受较大的过载电流，因此要求短路保护器件具有快速熔断能力。快速熔断器的结构与有填料封闭式熔断器基本相同，但熔体材料和形状不同，一般熔体用银片冲成有 V 形深槽的变截面形状。快速熔断器的主要型号有 RS0、RS3、RLS1 和 RLS2 等系列。

6. 熔断器的选用

熔断器和熔体只有经过正确的选择，才能起到应有的保护作用。熔断器的选择包括熔断器种类选择和额定参数选择。

（1）熔断器种类的选择。熔断器的种类应根据使用场合、线路的要求以及安装条件作出选择。

在工厂电器设备自动控制系统中，半封闭插入式熔断器、有填料螺旋式熔断器的使用极为广泛；在供配电系统中，有填料封闭管式熔断器和无填料封闭管式熔断器使用较多；而在半导体电路中，则主要选用快速熔断器做短路保护。

（2）熔断器额定参数的选择。在确定熔断器的种类后，就必须对熔断器的额定参数作出正确的选择。

① 熔断器额定电压 U_N 的选择。熔断器额定电压应大于或等于线路的工作电压 U_L，即：$U_N \geqslant U_L$。

② 熔体额定电流 I_{RN} 的选择。按熔断器保护对象的不同，熔体额定电流的选择方法也有所不同。主要有：

● 当熔断器保护电阻性负载时，熔体额定电流应等于或稍大于电路的工作电流，即：$I_{RN} \geqslant I_L$。

● 当熔断器保护一台电动机时，考虑到电动机受起动电流的冲击，必须要保证熔断器不会因为电动机起动而熔断。熔断器的熔体额定电流可按下式计算：

$$I_{RN} \geqslant (1.5 \sim 2.5) I_N$$

其中，I_N 为电动机额定电流，轻载起动或起动时间短时，系数可取得小些，相反若重载起动或起动时间较长时，系数可取得大些。若系数取 2.5 后仍不能满足起动要求时，可适当放大至 3 倍。

● 当熔断器保护多台电动机时，熔体额定可按下式计算：

$$I_{RN} \geqslant (1.5 \sim 2.5) I_{MN} + \sum I_N$$

其中，I_{MN} 为容量最大的电动机额定电流；$\sum I_N$ 为其余电动机额定电流之和；系数的选取方法同上。

● 当熔断器用于配电电路中时，通常采用多级熔断器保护，发生短路事故时，远离电源端的前级熔断器应先断。所以一般后一级熔体的额定电流比前一级熔体的额定电流至少大一个等级，以防止熔断器越级熔断而扩大停电范围。同时必须要校核熔断器的断流能力。

● 当熔断器保护小容量可控硅时，快速熔断器的熔体额定电流应等于或大于可控硅额定电流（I_{KN}）的 1.75 倍，即：$I_{RN} \geqslant 1.75 I_{KN}$。

③ 熔断器额定电流（I_{FUN}）的选择。选择熔断器额定电流，实际上就是选择支持件的额定电流，其额定电流必须大于或等于所装熔体的额定电流，即：$I_{FUN} \geqslant I_{RN}$。

四、低压断路器

低压断路器又称为自动空气开关、自动空气断路器或自动开关，它是一种半自动开关电器。它主要用在交直流低压电网中，可手动或电动分合电路，可对电路或用电设备实现过载、短路和欠电压等保护，能自动切断故障电路，还可以用于不频繁起动的电动机电路，是一种重要的控制和保护电器。其保护参数可以人为整定，使用安全、可靠、方便，是目前使用最广泛的低压保护电器之一。

1. 断路器的分类

断路器的种类很多，有多种分类方法，这里仅按结构形式和用途进行分类。

（1）按结构形式来分。断路器可分为框架式（也称为万能式）和塑料外壳式（也称为装置式）。

（2）按用途来分。断路器可分为配电用、电动机保护用、照明用、漏电保护用断路器等。

断路器的结构形式很多，在自动控制系统中，塑料外壳式和漏电保护用断路器由于结构紧凑、体积小、重量轻、价格低、安装方便，并且使用较为安全等特点，应用极为广泛。

2. 断路器的基本结构

低压断路器一般由触点系统、灭弧系统、操作机构、脱扣器及外壳或框架等组成。漏电保护断路器还需有漏电检测机构和动作装置等。图8—12为常用塑料外壳式低压断路器的外形及内部结构图。各组成部分的作用如下：

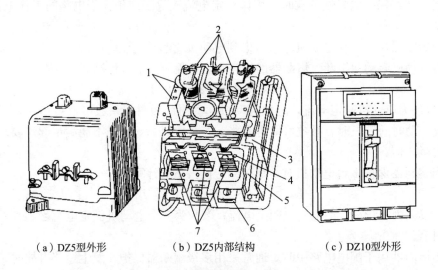

（a）DZ5型外形　　　（b）DZ5内部结构　　　（c）DZ10型外形

图8—12　常用塑料外壳式低压断路器的外形及内部结构图

1—按钮　2—电磁脱扣器　3—自由脱扣器　4—动触点　5—静触点　6—接线柱　7—热脱扣器

（1）触点系统。触点系统用于接通和断开电路，是自动开关的执行元件。触点的结构形式有：对接式、桥式和插入式三种，一般采用银合金材料和铜合金材料制成。

（2）灭弧系统。灭弧系统的作用是熄灭触头断开时产生的电弧。灭弧系统有多种结构形式，常用的灭弧方式有：窄缝灭弧和金属栅灭弧。

（3）操作机构。操作机构用于实现断路器的闭合与断开。操作机构有手动操作机构、电动机操作机构、电磁铁操作机构等。

（4）脱扣器。脱扣器是断路器的感测元件，用来感测电路特定的信号（如过电压、过电流等），电路一出现非正常信号，相应的脱扣器就会动作，通过联动装置使断路器自动跳闸切断电路。

脱扣器的种类很多，有电磁脱扣、热脱扣、自由脱扣、漏电脱扣等。电磁脱扣又分为过电流脱扣、欠电流脱扣、过电压脱扣、欠电压脱扣、分励脱扣等。

（5）外壳或框架：外壳或框架是断路器的支持件，用来安装断路器各部件。

3. 断路器的基本工作原理

通过手动或电动等操作机构可使断路器合闸或断开，从而使电路接通或断开。当电路发生故障（短路、过载或欠电压等）时，通过脱扣装置使断路器自动跳闸，达到故障保护的目的。图8—13为断路器工作原理示意图，断路器工作原理分析如下：

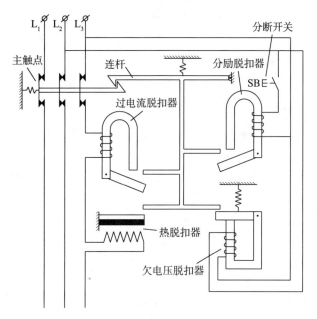

图8—13　断路器的工作原理示意图

（1）短路保护。以L_3相为例，主触点闭合后，电路接通。如果电路发生短路时，短路电流远远超过过电流脱扣器动作值，或者发生电路过电流事故，过电流达到或超过过电流脱扣器动作值时，过电流脱扣器的衔铁就会马上吸合，驱动自由脱扣器动作，自由脱扣器与主触头的互锁解除，主触点在弹簧的作用下断开，从而切断电路，实现了短路保护的目的。

（2）过载保护。主触点闭合后，电路接通。如果电路发生过载，过载电流由于小于过电流脱扣器动作值，不能驱使过电流脱扣器动作，但它可以使热脱扣器发热元件的发热量增加，使双金属片温度升高，双金属片弯曲加快，当双金属片产生足够的弯曲时，推动自由脱扣器动作，从而使主触点切断电路，实现过载保护。

（3）欠电压保护。主触点闭合后，电路接通。如果电路发生故障，电源电压迅速下降，或者电源突然停电，线路工作电压小于欠电压脱扣器释放值时，欠电压脱扣器线圈产生的磁力小于衔铁弹簧拉力，欠电压脱扣器的衔铁就会释放，推动自由脱扣器动作，从而使主触点切断电路，实现欠电压保护。

（4）远程控制。有些断路器装有分励脱扣器，可以实现远距离切断电路。当需要分断电路时，按下分断按钮，分励脱扣器的线圈通电，其衔铁被吸合，推动自由脱扣器动作，使主触点切断电路。

4. 断路器的型号及意义

常用的框架式低压断路器有 DW10、DW15 两个系列；塑料外壳式断路器有 DZ5、DZ10、DZ20 等系列。断路器的型号和图形符号，如图 8—14 所示。

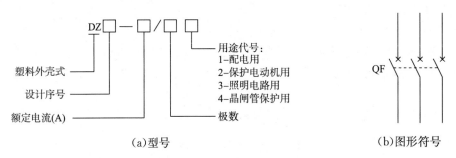

图 8—14　断路器的型号和图形符号

5. 低压断路器的选用

在选用断路器时，应首先确定断路器的类型，然后进行具体参数的确定。断路器的选择大致可按以下步骤进行：

（1）应根据使用条件、被保护对象的要求选择合适的类型。塑料外壳式低压断路器的断流能力较小，框架式低压断路器的断流能力较大。因此，一般在电气设备控制系统中，常选用塑料外壳式或漏电保护断路器；在电力网主干线路中主要选用框架式断路器；而在建筑物的配电系统中则一般采用漏电保护断路器。

（2）确定断路器的类型后，再进行具体参数的选择，选用的一般通则如下：

① 断路器的额定电压和额定电流应大于或等于被保护线路的额定电压。

② 低压断路器的额定电流应大于或等于被保护线路的计算负载电流。

③ 断路器的额定通断能力（kA）应大于或等于被保护线路中可能出现的最大短路电流（kA），一般按有效值计算。

④ 线路末端单相对地短路电流应大于或等于 1.25 倍断路器瞬时（或短延时）脱扣器的整定电流。

⑤ 断路器欠电压脱扣器额定电压应等于被保护线路的额定电压。

⑥ 断路器分励脱扣器额定电压应等于控制电源的额定电压。

⑦ 若断路器用于电动机保护，则电流整定值的选用还应遵循以下原则：

● 断路器的长延时电流整定值应等于电动机的额定电流。

● 保护笼形异步电动机时，瞬时值整定电流应等于 $k_f \times$ 电动机的额定电流。系数 k_f 与电动机的型号、容量和起动方法有关，保护笼形异步电动机时，k_f 的大小在 8～15 之间；保护绕线转子异步电动机时，k_f 的大小在 3～65 之间。

若断路器用于保护和控制不频繁起动的电动机时，则还应考虑断路器的操作条件和电动机寿命。

五、漏电保护装置

1. 漏电保护装置的作用及工作原理

（1）漏电保护装置的作用。漏电保护装置又叫做漏电保护器或漏电保安器。它的主要保护作用如下：

① 漏电保护装置主要用于防止由于直接接触和由于间接接触而引起的单相电击。

② 漏电保护装置也用于防止漏电引起的火灾事故。

③ 漏电保护装置用于监测或切除各种一相接地故障。

有的漏电保护装置还带有过载保护、过电压和欠电压保护、缺相保护等保护功能。

（2）漏电保护原理。电气设备或电气线路漏电时，会出现两种异常现象，一是三相电流的平衡遭到破坏，出现零序电流，即 $i_0 = i_a + i_b + i_c \neq 0$；二是某些正常时不带电的金属部分出现对地电压，即 $U_d = I_0 R_d$。

漏电保护装置就是通过检测机构取得这两种异常信号，经过中间机构的转换和放大，促使执行机构动作，最后通过开关设备迅速断开电源。对于高灵敏度的漏电保护装置，异常信号很微弱，中间还需增设放大环节。

2. 漏电保护装置的基本结构及分类

（1）漏电保护装置的基本结构。漏电保护装置主要由检测机构、判断机构、执行机构和放大机构等组成。

① 检测机构。检测机构的任务是将漏电电流或漏电电压的信号检测出来，然后送给判断机构。检测机构一般采用零序电流互感器或灵敏继电器。

② 判断机构。判断机构的任务是判断检测机构送来的信号大小，看其是否达到动作电流或动作电压，如果达到动作电流或动作电压，它就会把信号传给执行机构。判断机构一般采用自动开关的欠压线圈、接触器线圈或漏电脱扣器。

③ 执行机构。执行机构的任务就是按判断机构传来的信号迅速动作，实现断电。执行机构一般采用自动开关或接触器的开关装置。

④ 放大机构。在检测机构和判断机构之间，一般有放大机构，这是因为检测机构检测到的信号都非常微弱，有时必须借助放大机构放大后，判断机构才能实现判断动作。漏电保护装置的放大机构大多采用电子元件，有的也采用机构元件。

此外，为了增加漏电保护装置的可靠性，漏电保护装置一般都会设有检查机构。即人为输入一个漏电信号，检查漏电保护装置是否动作，如果动作，证明漏电保护器工作正常，如果不动作，应及时检查。检查机构一般由按钮开关和限流电阻组成。

（2）漏电保护装置的分类。漏电保护装置的种类很多，可以按照不同的方式分类。

① 按相数分为：单相漏电保护开关和三相漏电保护开关。

② 按保护功能分为：带过流保护的漏电开关和不带过流保护的漏电开关，前者多用于三相电路，后者多用于单相电路。

③ 按接线方式分为：单相漏电保护开关、三相三线漏电保护开关及三相四线漏电保护开关。

④ 按检测信号分为：电压动作型漏电保护开关和电流动作型漏电保护开关。前者反映漏电设备金属外壳上的故障对地电压，后者反映漏电或触电时产生的剩余电流。

3. 电压动作型漏电保护装置

(1) 电压动作型漏电保护装置的工作原理。通常所说的电压型漏电保护装置是以反映漏电设备外壳对地电压为基础的，其基本原理如图 8—15 所示。作为检测机构的电压继电器(中间继电器)KA 零电位端接地或接辅助中性点，另一端在使用时直接接于电动机等金属设备的外壳。当设备漏电，其外壳对地电压达到危险数值时，继电器迅速动作，切断作为执行机构的接触器 KM 的控制回路，从而切断电动机的电源。图中，R_x 是检验支路中的电阻。中间继电器的零电位端应与设备的接地体、接地线或接零线分开，以保证漏电保护的有效性。为了灵敏可靠，继电器应有很高的阻抗。

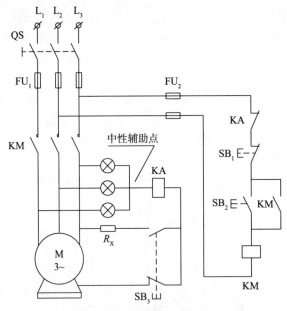

图 8—15　电压型漏电保护装置的工作原理

(2) 电压动作型漏电保护装置的特点：电压型漏电保护装置结构简单，但只能防止间接接触电击，不能防止直接接触电击。

(3) 适用范围：电压动作型漏电保护装置适用于用电设备的漏电保护，可以用于接地系统，也可以用于不接地系统。

4. 剩余(零序)电流型漏电保护装置

电流动作型漏电保护装置分为剩余电流型和泄漏电流型两类。现在使用的大多数都是剩余电流型保护装置。剩余电流是零序电流的一部分，这部分零序电流是故障时流经人体，或经故障接地点流入地下，或经保护导体返回电源的电流。这种漏电保护装置都采用零序电流互感器作为取得触电或漏电信号的检测元件。剩余电流型漏电保护装置又可分为电磁式漏电保护装置和电子式漏电保护装置两种，前者没有电子放大环节。

(1) 电磁式漏电保护装置。

① 电磁式漏电保护装置的结构，如图 8—16 所示，主要由零序电流互感器、漏电脱扣器和开关装置三部分组成。

② 电磁式漏电保护装置的原理。如图 8—16 所示，这种保护装置以极化电磁铁 YA 作为中间机构。极化电磁铁由于带有永久电磁铁所具有的极性，在正常情况下，永久(极化)

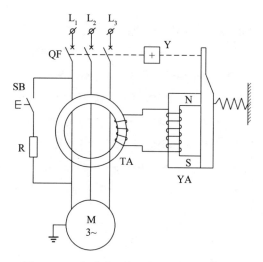

图 8—16　电磁式漏电保护装置的工作原理

磁铁的吸力克服弹簧的拉力使衔铁保持在闭合位置。图中，三相电源线穿过环形的零序电流互感器 TA 构成互感器的原边，与极化磁铁 YA 连接的线圈构成互感器的副边。设备正常运行时，互感器原边的三相电流在其铁芯中产生的磁通相互抵消，互感器副边不产生感应电动势，电磁铁不动作；当设备发生漏电或有人触电时，出现零序电流，互感器副边产生感应电动势，电磁铁线圈中有电流流过，并产生交变磁通。这个磁通与永久磁铁的磁通叠加，产生去磁作用，使吸力减小，衔铁被反作用弹簧拉开，机械式脱扣机构 Y 动作，并通过开关设备断开电源。图中 SB 与 R 串联构成检查支路，SB 是检查按钮，R 是限流电阻。如果在零序电流互感器后装上电子放大环节或开关电路，则构成电子式电流型漏电保护装置。

(2) 漏电保护断路器。

① 漏电保护断路器的用途。漏电保护断路器通常被称为漏电保护开关，是为了防止低压电网中人身触电或漏电造成火灾等事故而研制的一种新型电器，除了起断路器作用外，还能在设备漏电或人身触电时迅速断开电源，保护人身和设备的安全。

② 漏电保护断路器的基本原理。漏电保护断路器的基本原理与结构，如图 8—17 所示，它由主回路断路器(含跳闸脱扣器)、零序电流互感器和放大器三个主要部件组成。当设备正常工作时，主电路电流的相量和为零，零序电流互感器的铁芯无磁通，其二次绕组没有感应电压输出，开关保持闭合状态。当被保护的电路中有漏电或有人触电时，漏电电流通过大地回到变压器中性点，从而促使三相电流的相量和不等于零，零序电流互感器的二次绕组中就产生了感应电流，当该电流达到一定值并经放大器放大后就可以使脱扣器动作，驱使断路器在很短的时间内动作而切断电源。

漏电保护断路器的常用型号有 DZ5—20L、DZ15L、DZ—16、DZL18—20 等，其中 DZL18—20 型由于放大器采用了集成电器，体积更小、动作更灵敏、工作更可靠。

(3) 电流型漏电保护装置的特点。与电压型漏电保护装置相比，电流型漏电保护装置比较复杂，但它既能防止间接接触电击，也能防止直接接触电击。

(4) 额定漏电动作电流。额定漏电动作电流是指能使漏电保护器动作的最小电流，是

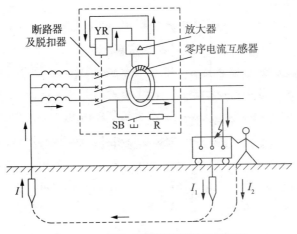

图 8—17　漏电保护断路器的工作原理

电流型漏电保护装置的主要参数。

我国规定电流型漏电保护装置的额定漏电动作电流可分为高灵敏度、中灵敏度和低灵敏度三种。

① 高灵敏度：漏电动作电流为 6~30mA，用于保护人。

高灵敏度电流型漏电保护装置的等级有：6、10、（15）和 30mA 四个级别，其中带括号者不推荐优先使用。

② 中灵敏度：漏电动作电流为 50~1 000mA，主要用于防漏电火灾。

中灵敏度电流型漏电保护装置的等级有：（75）、100、（200）、300、500mA 和 1 000mA 六个级别，其中带括号者不推荐优先使用。

③ 低灵敏度：漏电动作电流大于 1A，主要用于监测故障接地。

低灵敏度电流型漏电保护装置的等级有：2、3、5、10 和 20A 五个级别。

（5）漏电动作时间。

漏电保护装置的动作时间是指最大分断时间，也是电流型漏电保护装置的主要参数。漏电保护装置的动作时间应根据保护要求确定，有快速限型、定时限型和反时限型三种。

① 快速限型：动作时间小于 0.1s；

② 定时限型：动作时间在 0.1~2s 之间；

③ 反时限型：在达到额定漏电动作电流值时，漏电动作时间不超过 1s；在达到 2 倍额定漏电动作电流值时，漏电动作时间不超过 0.2s；在达到 5 倍额定漏电动作电流值时，漏电动作时间不超过 0.03s。

5. 漏电保护装置的选用

（1）漏电保护装置应根据所保护线路的电压等级、工作电流及动作电流的大小来选择。

（2）灵敏度（动作电流）的选择：要视线路的实际泄漏电流而定，不能盲目追求高的灵敏度。漏电保护器的动作电流选择得越低，当然可以提供越安全的保护。但不能盲目追求低的动作电流，因为任何供电回路设备都有一定泄漏电流存在，当漏电保护装置的动作电流低于电器设备的正常泄漏电流时，漏电保护装置就不能投入运行，或者由于经常动作而破坏供电的可靠性。因此，为了保证供电的可靠性，我们不能盲目追求过高的灵敏度。

（3）对以防止触电为目的的漏电保护开关，宜选择动作时间为 0.1s 以内，动作电流在 30mA 及以下的高灵敏度漏电保护装置。

（4）浴室、游泳池、隧道等触电危险性很大的场所，医院和儿童活动场所，应选用高灵敏度、快速型漏电保护装置，动作电流不宜超过 10mA。

（5）触电时得不到其他人的帮助及时脱离电源的作业场所，漏电保护装置的动作电流不应超过摆脱电流。

（6）触电后可能导致严重二次事故的场合，应选用动作电流小于 6mA 的快速型漏电保护装置。

项目二　主令电器

主令电器主要用来切换控制电路，即用它来控制接触器、继电器等电器的线圈，达到控制电力拖动系统（电动机及其他控制对象）的起动与停止，以及改变系统的工作状态，如正转与反转等的目的。由于它是一种专门发号施令的电器，故称为主令电器。主令电器应用广泛，种类繁多，常用的主令电器有控制按钮、行程开关、万能转换开关和主令控制器等。

一、控制按钮

1. 控制按钮的作用

控制按钮也称为按钮开关，是一种结构简单，应用广泛的主令电器，一般情况下它不直接控制主电路的通断，而是在控制电路中发出手动"指令"去控制接触器、继电器等电器的线圈，再用它们去控制主电路。也就是说：控制按钮可用作远距离控制之用。同时，控制按钮也可用来转换各种信号线路与电气联锁线路等。

2. 控制按钮的基本结构

按钮一般由按钮帽（操作头）、复位弹簧、桥式触点（动断触点、动合触点）、外壳及支持连接部件等组成。控制按钮的外形和结构如图 8—18 所示。

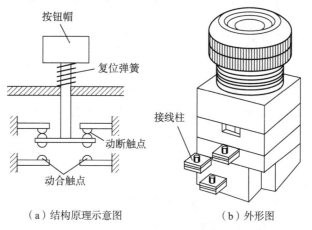

（a）结构原理示意图　　　　（b）外形图

图 8—18　按钮开关结构

按钮帽的结构形式有按钮式、旋钮式和钥匙式等。同时，为了便于识别各个按钮的作用，避免误操作，通常在按钮帽上绘出不同的标志或涂以不同的颜色，红色表示停止按钮，绿色或黑色表示起动按钮，而红色蘑菇形按钮表示"急停"按钮，急停按钮不能自动复位。

控制按钮通常做成复合式，即最少有一对常闭触点和一对常开触点。对于操作头为按钮式的按钮开关，在正常情况下（即没有按下按钮帽时），常闭触点接通，常开触点断开；当将按钮帽按到最低位置时，常闭触点断开，常开触点接通；当将按钮帽按到行程的中间时，常闭触点和常开触点都断开。注意：按钮的触点允许通过的电流较小，一般不超过5A。因此，按钮开关一般情况下不直接控制主电路。

3. 控制按钮的型号及意义

常用的控制按钮型号有 LA4、LA10、LA18、LA19、LA20 和 LA25 等系列。按钮开关的文字符号为 SB，其图形符号，如图 8—19 所示。

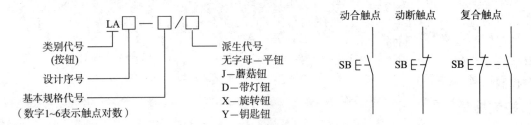

图 8—19　按钮开关的型号及图形符号

4. 按钮开关的选用

（1）根据使用场合，选择按钮开关的种类，如开启式、保护式、防水式和防腐式等。

（2）根据用途，选用合适的形式，如按钮式、手把旋钮式、钥匙式、紧急式和带灯式等。

（3）按控制回路的需要，确定不同按钮数，如单钮、双钮、三钮和多钮等。

（4）按工作状态指示和工作情况要求，选择按钮和指示灯的颜色（参照国家有关标准）。

（5）核对按钮电压、电流等指标是否满足要求。

二、位置开关

位置开关又称为限制开关（旧名行程开关或限位开关），它的作用是将机械位移转变为触点的运作信号，以控制机械设备的运动，在机电设备的行程控制中起很重要的作用。位置开关的工作原理与控制按钮相同，不同之处在于位置开关是利用机械运动部分的碰撞来使其动作的，而按钮开关则是通过人力使其动作。

1. 位置开关的基本结构

位置开关的种类很多，但它们的基本结构相同，主要由触点部分、操作部分和反力系统三部分组成。根据操作部分运动特点的不同，位置开关可分为直动式、微动式、滚轮式以及能自动复位和不能自动复位等。如图 8—20 所示，几种常见位置开关的结构示意图。

（1）直动式位置开关。直动式位置开关如图 8—20(a)所示，其特点是结构简单、成本较低，但触点的运行速度取决于挡铁的移动速度。若挡铁移动速度太慢，则触点就不能瞬时切断电路，使电弧或电火花在触点上滞留的时间过长，易使触点损坏。这种开关不宜用于挡铁移动速度小于 0.4m/min 的场合。

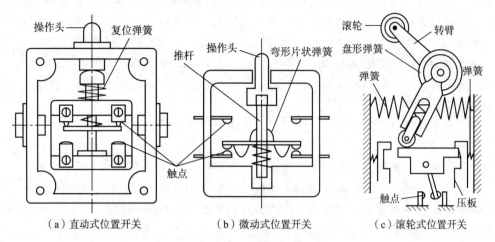

图 8—20　几种常见位置开关的结构示意图

（2）微动式位置开关。微动式位置开关，如图 8—20(b)所示，其特点是有储能动作机构，触点动作灵敏、速度快并与挡铁的运行速度无关。缺点是触点电流容量小、操作头的行程短，使用时操作部分容易损坏。

（3）滚轮式位置开关。滚轮式位置开关，如图 8—20(c)所示，其特点是触点电流容量大、动作迅速，操作头动作行程大，主要用于低速运行的机械。

2. 位置开关的型号

常用位置开关有 LX5、LX10、LX19、LX31、LX33、LXW—11 和 JLXK1 等系列。位置开关的文字符号为 SQ，图形符号，如图 8—21 所示，其型号及含义，如图 8—22 所示。

图 8—21　位置开关的图形及文字符号

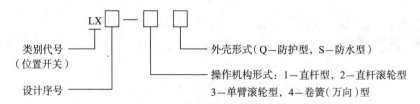

图 8—22　位置开关的型号及含义

三、万能转换开关

1. 万能转换开关的作用

万能转换开关是一种多挡式、控制多回路的主令电器，主要用作控制电路的转换或功能切换、电气测量仪表的转换以及配电设备(高压油断路器、低压空气断路器等)的远距离控制，亦可用于控制伺服电机和其他小容量电机的起动、换向以及变速等。由于这种开关触点数量多，因而可同时控制多条控制电路，用途较广，故称万能转换开关。

2. 万能转换开关的基本结构

万能转换开关由触点系统、操作机构、转轴、手柄、定位机构等主要部件组成，用螺栓组装成整体。

（1）触点系统。万能转换开关的触点系统由许多层接触单元组成，最多可达到20层。每一接触单元有2～3对双断点触点安装在塑料压制的触点底座上，触点由凸轮通过支架驱动，每一断点设置隔弧罩以限制电弧，增加其工作可靠性。

（2）定位机构。万能转换开关的定位机构一般采用滚轮卡棘轮辐射型结构，其优点是操作轻便、定位可靠并有一定的速动作用，有利于提高触点的分断能力。定位角度按具体的系列确定，一般有30°、45°、60°、90°等几种。

（3）操作手柄形式。万能转换开关的手柄形式有：旋钮式、普通式、带定位钥匙式和带信号灯式等。

3. 万能转换开关的型号及意义

常用万能转换开关的型号有 LW1、LW4、LW5、LW6 和 LW8 等系列。万能转换开关的型号及含义，如图 8—23 所示。

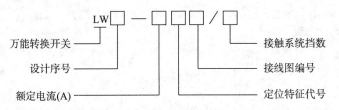

图 8—23　万能转换开关的型号及含义

4. 万能转换开关的选用

（1）按额定电压和工作电流等选择合适的系列。

（2）按防护形式选择开启式或防护式。

（3）按控制要求确定触点数量和接线图编号。

（4）按手柄类型选择旋钮、普通、机床或枪形。

项目三　接触器

接触器是一种用途广泛的开关电器。接触器的分类方法较多，可以按驱动触点系统动力来源的不同分为电磁式接触器、气动式接触器和液动式接触器；也可以按灭弧介质的性质分为空气式接触器、油浸式接触器和真空式接触器等；按电源性质分为交流式接触器和直流式接触器。在电力控制系统中使用最为广泛的是电磁式交流接触器。

一、接触器的作用

接触器是一种用来频繁接通和断开交流主电路及大容量控制电路的自动切换电器。它利用电磁、气动或液动原理，通过控制电路来实现主电路的通断。接触器具有断电能力强、动作迅速、操作安全、能频繁操作和远距离控制等优点，但不能切断短路电流，因此，接触器通常须与熔断器配合使用。接触器的主要控制对象是电动机，也可用来控制其他电力负载，如电焊机、电炉等。

交流接触器主要用于接通和分断电压1 140V、电流630A以下的交流电路。在设备自动控制系统中，可实现对电动机和其他电气设备的频繁操作和远距离控制。

二、交流接触器的基本结构及工作原理

1. 交流接触器的基本结构

交流接触器主要由电磁机构、触点系统和灭弧系统三大部分组成，除此之外，还有反作用弹簧、缓冲弹簧、触点弹簧、传动机构及外壳等其他部件，如图8—24所示。

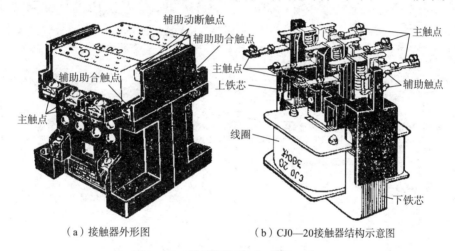

（a）接触器外形图   （b）CJ0—20接触器结构示意图

图8—24 接触器的外形、结构示意图

（1）电磁机构。电磁机构由线圈、动铁芯(衔铁)和静铁芯组成。电磁机构一般为交流电磁机构，也可采用直流电磁机构。对于CJ0、CJ10系列交流接触器，大都采用衔铁直线运动的双E型直动式电磁机构，而C12、CJ12B系列交流接触器则采用衔铁绕轴转的拍合式电磁机构。

吸引线圈为电压线圈，其额定电压有多种级别。使用时，吸引线圈的额定电压应与所接控制电路的电压相一致，如果电压级别不同，线圈就会烧毁，或无法吸合衔铁，造成误动作。

（2）触点系统。包括主触点和辅助触点。主触点的电流通断能力较大，主要用于通断主电路，通常为三对(三极)常开触点。10A及以下的交流接触器，主触点在1、3、5位置，辅助触点在2、4位置；而20A及以上的交流接触器，则中间三对为主触点，两边的为辅助触点。辅助触点用于控制电路，起电器自锁或联锁作用，故又称联锁触点，一般有常开、常闭各两对。

（3）灭弧装置。容量在10A以上的接触器主触点都有灭弧装置，对于小容量的接触

器，常采用双断口触点灭弧、电动力灭弧、相间弧板隔弧及陶土灭弧等。对于大容量的接触器，常采用纵缝灭弧罩及栅片灭弧。而辅助触点的电流容量小，不专门设置灭弧机构。

2. 交流接触器的工作原理

当线圈通电后，线圈电流产生磁场，使静铁芯产生电磁吸力将衔铁吸合。衔铁带动动触点动作，使常闭触点断开，常开触点闭合。当线圈断电时，电磁吸力消失，衔铁在反作用弹簧力的作用下释放，各触点随之复位。

三、交流接触器的型号及主要技术参数

1. 交流接触器的型号及意义

常用的交流接触器 CJ10 系列，全国统一设计产品，可取代 CJ0、CJ8 等系列老产品；CJ12、CJ2B 系列，可取代 CJ1、CJ2、CJ3 等系列老产品。交流接触器的文字符号为 KM，图形符号，如图 8—25 所示。交流接触器的型号及含义，如图 8—26 所示。

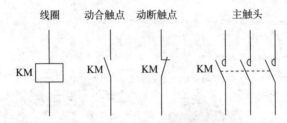

图 8—25　接触器的图形及文字符号

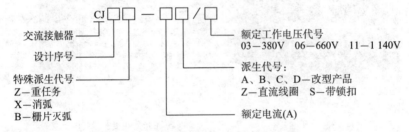

图 8—26　交换接触器的型号及含义

2. 交流接触器的主要技术参数

交流接触器的主要技术参数有额定电压、额定电流、通断能力、机械寿命与电寿命等。

（1）额定电压。接触器铭牌上的额定电压是指主触头的额定电压，它与接触器的灭弧能力有关，是指在规定条件下，能保证电器正常工作的电压值。根据我国电压标准，接触器额定工作电压常见的有交流 110、127、220、380、660 和 1 140V 等。

（2）额定电流。接触器铭牌上的额定电流是指主触头的额定电流，是接触器在额定的工作条件（额定电压、操作频率、使用类别、触点寿命等）下所决定的电流值。目前我国生产的接触器额定电流一般小于或等于 630A，有 5、10、20、40、60、100、150、250、400 和 630A 等规格。

（3）吸引线圈的额定电压。交流接触器吸引线圈的额定电压不等于交流接触器的额定电压，这一点要在接触器安装接线时特别注意。交流接触器吸引线圈的额定电压有 36、110、127、220 和 380V 五挡。

（4）通断能力。接触器的通断能力以电流的大小来衡量。接通能力是指开关闭合接通电流时不会造成触点熔焊的能力。断开能力是指开关断开电流能可靠熄灭电弧的能力。通断能力与接触器的结构及灭弧方式有关。

（5）机械寿命和电寿命。机械寿命是指无需修理的情况下所能承受的不带负载的操作次数。一般接触器的机械寿命达 600～1 000 万次。

电寿命是指在规定使用类别和正常操作条件下不需修理或更换零件的负载操作次数。一般电寿命约为机械寿命的 1/20。

四、接触器的选择

（1）接触器的类型选择。根据接触器所控制的负载性质来选择接触器的类型。

（2）额定电压的选择。接触器的额定电压应大于或等于负载回路的电压。

（3）额定电流的选择。接触器的额定电流应大于或等于被控回路的额定电流。对于电动机负载可按下列经验公式计算：

$$I_C = P_N \times 10^3 / (KU_N)$$

其中，I_C 为接触器触头电流，单位为 A；P_N 为电动机的额定功率，单位为 kW；U_N 为电动机的额定电压，单位 V；K 为经验系数，一般取 1～1.4。

选择接触器的额定电流应大于 I_C，也可查手册根据其技术数据确定。接触器如使用在频繁起动、制动和正反转的场合时，一般其额定电流降一个等级来选用。

（4）吸引线圈的额定电压的选择。吸引线圈的额定电压应与所接控制电路的电压相一致。

（5）接触器的触点数量、种类选择。接触器的触点数量、种类应满足主电路和控制线路的要求。

项目四 继电器

继电器是一种根据某种输入信号（电信号或非电信号）的变化，接通或断开控制电路，从而实现自动控制和保护电力装置的自动控制电器，其输入量可以是电流、电压等电量，也可以是温度、时间、速度、压力等非电量，而输出则是触点的动作，或者是电参数的变化。继电器主要用于控制、线路保护或信号转换。

继电器的种类很多，分类方法也较多，按输入信号的性质分为电压继电器、电流继电器、时间继电器、温度继电器、速度继电器、压力继电器等；按工作原理分为电磁式继电器、感应式继电器、电动式继电器、热继电器和电子式继电器等；按用途分有控制继电器和保护继电器等。

一、电磁式继电器

电磁式继电器主要有电压继电器、电流继电器和中间继电器等。它们的基本结构与工作原理与交流接触器相似，都是由电磁系统、触点系统和反力系统三部分组成，其中电磁系统为感测机构。由于其触点主要用于小电流电路中（电流一般不超过 10A），因此不专门设置灭弧装置。

电磁式继电器的工作原理与接触器相同，当吸引线圈通电(或电流、电压达到一定值)时，衔铁运动驱动触点动作。电磁式继电器可以通过调节反力弹簧的弹力、止动螺钉的位置或非磁性垫片的厚度，来改变该电器的动作值和释放值。

1. 电压继电器

电压继电器根据电路中电压的大小控制电路的"接通"或"断开"。主要用于电路的过电压或欠电压保护，使用时其吸引线圈直接(或通过电压互感器)并联在被控电路中。电压继电器的图形和文字符号，如图 8—27 所示。

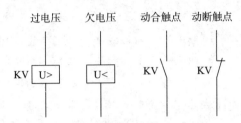

图 8—27　电压继电器的图形及文字符号

电压继电器有直流电压继电器和交流电压继电器之分，同一类型又可以分为过电压继电器、欠电压继电器和零序电压继电器。交流电压继电器用于交流电路，而直流电压继电器则用于直流电路中，它们的工作原理相同。

(1) 过电压继电器用于电路过电压保护，当电路电压正常时不动作；当电路电压超过某一整定值(一般为额定电压的 105%～120%)时，过电压继电器动作。

(2) 欠(零)电压继电器用于电路欠(零)电压保护，其电路电压正常时欠(零)电压继电器电磁机构不动作；当电路电压下降到某一整定值(一般为额定电压的 30%～50%)以下或消失时，欠(零)电压继电器电磁机构释放，将电路断开，实现欠(零)电压保护。

2. 电流继电器

电流继电器根据电路中电流的大小动作或释放，用于电路的过电流或欠电流保护，使用时其吸引线圈直接(或通过电流互感器)串联在被控电路中。电流继电器的图形和文字符号，如图 8—28 所示。

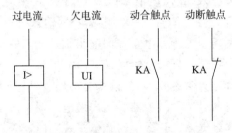

图 8—28　电流继电器的图形及文字符号

电流继电器有直流电流继电器和交流电流继电器之分，同一类型的又可以分为过电流继电器和欠电流继电器两种。其工作原理与接触器相同。

(1) 过电流继电器主要用于频繁、重载起动场合，作为电动机或主电路的短路和过载保护。电路或电动机正常工作时不动作，当电路出现故障，电流超过某一整定值时，过电流继电器动作，切断电路。

（2）欠电流继电器用于电路欠电流保护，电路工作正常时不动作，当电路中电流减小到某一整定值以下时，欠电流继电器释放，切断电路。

3. 中间继电器

中间继电器有通用型继电器、电子式小型通用继电器、电磁式中间继电器、采用集成电路构成的无触点静态中间继电器等。

电磁式中间继电器实际上是一种动作值与释放值都不能调节的电压继电器，它主要用于传递控制过程中的中间信号。它的输入信号为线圈的通电或断电，输出的是触点的动作，将信号同时传给几个控制原件或回路。其结构与小型交流接触器相似，当电路电流小于 5A 时，可用中间继电器代替接触器起动电动机。中间继电器的图形和文字符号，如图 8—29 所示。

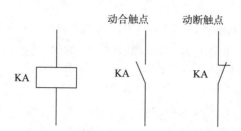

图 8—29　中间继电器的图形及文字符号

二、时间继电器

感测机构接受到外界动作信号、经过一段时间延时后触点才动作的继电器称为时间继电器。时间继电器是一种利用电磁原理或机构动作原理实现触点延时接通或断开的自动控制电器。

时间继电器按动作原理可分为电磁式、空气阻尼式、电子式和电动式；按延时方式可分为通电延时和断电延时两种。如图 8—30 所示，时间继电器的图形和文字符号。

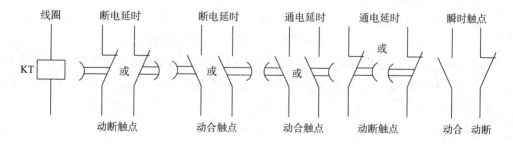

图 8—30　时间继电器的图形及文字符号

1. 空气阻尼式时间继电器

空气阻尼式时间继电器是利用空气阻尼原理来获得延时的，它由电磁机构、延时机构、触点三部分组成。电磁机构为直动式双 E 型，触点系统为 LX5 微动开关，而延时机构则采用气囊式阻尼器，如图 8—31 所示。

空气阻尼式时间继电器可以做成通电延时型或断电延时型两种。方法是将空气阻尼时间继电器的电磁机构翻转 180°安装，即可实现通电延时型和断电延时型的互换。

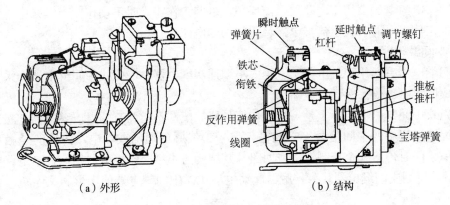

图 8—31 空气阻尼式时间继电器

（a）外形   （b）结构

空气阻尼式时间继电器的优点是延时范围大、结构简单、寿命长、价格低廉，其缺点是延时误差大、无调节刻度指示，难以精确地整定延时值。因此，在对延时精度要求比较高的场合不宜使用。

2. 电子式时间继电器

电子式时间继电器是利用电的阻尼及电容对电压变化的阻尼作用作为延时环节而构成的。因此，它具有体积小、延时范围大、精度高、寿命长以及调节方便等特点，目前在自动控制系统中的使用十分广泛。下面简单介绍常用的 JS20 电子式时间继电器。

JS20 系列时间继电器采用插座式结构，所有元件装在印制电路板上，用螺钉使之与插座紧固，再装上塑料罩壳组成本体部分，在罩壳顶面装有铭牌和速度电位器旋钮。JS20系列时间继电器采用的延时电路分为两类：一类为场效应晶体管电路，另一类为单结晶体管电路。

常用电子式时间继电器的型号有 JS20、JS13、JS14、JS14P 和 JS15 等系列。国外引进生产的产品有 ST、HH、AR 等系列。

3. 电动式时间继电器

电动式时间继电器由同步电机、传动机构、离合器、凸轮、调节旋钮和触点等组成。常用的电动式时间继电器型号有 JS11 系列和 JS—10、JS—17 等。

电动式时间继电器的延时时间不受电源电压波动及环境温度变化的影响、调整方便、重复精度高、延时范围大(可达到数十小时)，但结构复杂、寿命低、受电源频率影响较大，不适合频繁工作。

三、热继电器

我们知道，电动机在实际运行中，常遇到过载情况，若过载不太大，时间较短，只要电动机绕组不超过允许温升，这种过载是允许的。但过载时间过长，绕组温升超过了允许值时，将会加剧绕组绝缘的老化，缩短电动机的使用年限，严重时甚至会使电动机绕组烧毁。因此，凡是长期运行的电动机，都需要对其过载提供保护装置，通常是采用热继电器或空气开关的长延时脱扣器对电动机进行过载保护。

热继电器是利用电流的热效应原理，即利用电流通过发热元件时所产生的热量使双金属片受热弯曲而推动触点动作的一种保护电器。其主要用于电动机的过载保护、断相保护以及电流不平衡运行保护，也可用于其他电气设备发热状态的控制。

1. 热继电器的保护特性

作为对电动机过载保护的热继电器,应能保证电动机不因过载而烧毁,同时又要能最大限度地发挥电动机的过载能力,因此,热继电器必须具备以下一些条件:

(1) 具备一条与电动机过载特性相似的反时限保护特性,其位置应在电动机过载特性的下方。为充分发挥电动机的过载能力,保护特性应尽可能地与电动机的过载特性贴近。如图8—32所示,电动机过载特性与热继电器保护特性之间理想的匹配情况。图中虚线区域为电动机极限工作区,热继电器应在电动机进入极限工作状态之前动作以切断电源。

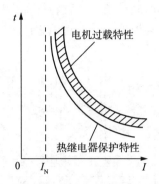

图8—32　电机过载特性与热继电器保护特性的匹配

(2) 具有一定的温度补偿性。当周围环境温度发生变化引起双金属片弯曲而带来动作误差时,应具有自动调节补偿功能。

(3) 热继电器的动作值应能在一定范围内调节,以适应生产和使用要求。

2. 热继电器的结构

热继电器主要由发热元件、双金属片、触点三部分组成,另外还有传动机构、调节机构和复位机构等附件。热继电器的图形及文字符号,如图8—33所示。

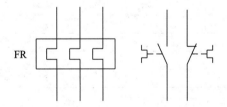

图8—33　热继电器的图形及文字符号

发热元件由电阻丝制成,使用时与主电路串联(或通过电流互感器),当电流通过发热元件时,发热元件对双金属片进行加热,使双金属片弯曲。发热元件对双金属片加热方式有三种:直接加热、间接加热和复合加热,如图8—34所示。

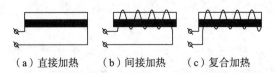

（a）直接加热　　（b）间接加热　　（c）复合加热

图8—34　热继电器双金属片的加热方式示意图

双金属片是热继电器的感测元件，是热继电器的核心部件，它由两种不同线膨胀系数的金属通过机械辗压而成。当它受热膨胀时，会向膨胀系数小的一侧弯曲。

3. 热继电器的工作原理

如图 8—35 所示，热元件串接在电动机定子绕组中，电动机绕组电流即为流过热元件的电流。当电动机正常运行时，热元件产生的热量虽能使双金属片弯曲，但还不足以使继电器动作。当电动机过载时，流过热元件的电流增大，热元件产生的热量增加，使双金属片弯曲位移增大。经过一定时间后，双金属片推动导板使继电器触头动作，切断电动机控制电路。由于双金属片弯曲的速度与电流大小有关，电流越大时，金属弯曲速度也越快，于是动作时间越短；反之，动作时间越长。这种特性称为反时限特性。只要热继电器的整定值调整恰当，就可以使电动机在温度超过允许值之前停止运转，避免因高温造成损坏。

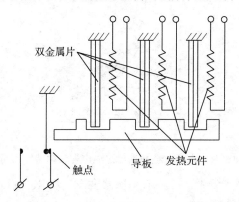

图 8—35　热继电器工作原理示意图

当电动机起动时，电流往往很大，但时间很短，热继电器不会影响电动机的正常起动。如表 8—6 所示，热继电器动作时间和电流之间的关系。

表 8—6　　　　　　　　　　　热继电器动作时间和电流之间的关系

电流(A)	动作时间	试验条件
$1.05I_N$	$>1{\sim}2h$	冷态
$1.2I_N$	$<20min$	热态
$1.5I_N$	$<2min$	热态
$6.0I_N$	$>5s$	冷态

4. 热继电器的型号及意义

热继电器有两相结构和三相结构之分，而三相结构热继电器又可分为带断相保护和不带断相保护两种。常用的产品有 JR0、JR2、JR9、JR10、JR15 和 JR16 等系列，其中JR16 系列具有断相保护。近年来的新品种有 UA、T、LR1、KTD 等系列。

热继电器的型号及含义，如图 8—36 所示。

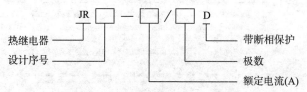

图 8—36　热继电器的型号及含义

四、速度继电器

速度继电器主要用于电动机反接制动，所以也称为反接制动继电器。电动机反接制动时，为防止电机反转，必须在反接制动结束时或结束前及时切断电源。

1. 速度继电器的结构

速度继电器的结构示意图，如图8—37（a）所示，主要由定子、转子和触点三部分组成。定子的结构与笼形异步电动机相似，是一个笼形空心圆环，由硅钢片叠压而成，并装有笼形绕组，转子是一个永久磁铁。

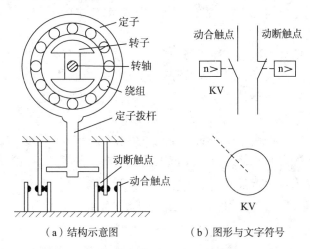

（a）结构示意图　　　（b）图形与文字符号

图8—37　速度继电器的结构示意图及图形与文字符号

2. 速度继电器的工作原理

速度继电器使用时，其轴与电动机轴相连，外壳固定在电动机的端盖上。当电动机转动时带动继电器的转子(磁极)转动，于是气隙中形成一个旋转磁场，定子绕组切割该磁场而产生感应电流，进而产生力矩，定子受到的磁场力的方向与电动机的旋转方向相同，从而使定子向轴的转动方向偏摆，通过定子拨杆拨动触点，使触点动作。如图8—37（b）所示，为速度继电器的图形与文字符号。速度继电器的主要型号有JY1、JFZ0等。

技能训练

任务一　带电更换三相RT0熔断器的熔芯

一、实训目的

掌握带电作业的安全技术措施和带电更换熔断器的操作方法。

二、实训器材

（1）三相配电开关箱1个。

（2）RT0手柄1个、RT0熔芯若干。

（3）防护眼镜 1 副、绝缘手套 1 副、绝缘鞋 1 双。

三、带电更换三相 RT0 熔断器熔芯的步骤

（1）检查绝缘手套、绝缘鞋以及 RT0 专用绝缘手柄，合格方能使用。

（2）选择与被更换相同规格的熔芯。

（3）戴防护眼镜、绝缘手套，穿绝缘鞋。

（4）将需要更换熔芯的支路负荷开关打开，切断该回路的所有负荷。

（5）用 RT0 专用绝缘手柄将熔芯拔出。

①拔熔芯时，先拔出熔芯插在电源进线侧（上方）弹簧夹的一端，然后拔出熔芯插在负荷侧（下方）弹簧夹的另一端。

②若三相熔芯均需要更换时，应先拔中间的熔芯，后拔两侧的熔芯。

（6）用 RT0 专用绝缘手柄安装新的熔芯，步骤与拔出熔芯刚好相反，即：

①将熔芯的一端插入负荷侧（下方）的弹簧夹上，再将熔芯的另一端插入电源进线侧（上方）的弹簧夹上。

②若三相熔芯均需要插入，应先插入两侧的熔芯，后插入中间的熔芯。

（7）清点工具，检查开关箱内有无遗留工具、材料，并将开关箱清理干净。

（8）送电交将开关箱门关好。

四、带更换熔断器的注意事项

（1）带电作业必须经上级领导批准，并设专人监护。

（2）必须戴防护眼镜，使用合格的绝缘工具（钳、夹、卡子等），戴绝缘手套、穿绝缘鞋或站在绝缘垫上，才能进行工作。

（3）必须断开负荷才能更换熔芯，不得带负荷更换。

（4）熔芯更换完毕，应清理现场，并与有关工作人员共同检查，确认无误后方可送电。

（5）拔熔芯时，应先拔电源侧，后拔负荷侧；安装熔芯则相反。

（6）更换三相熔芯时，应先拔中间相，后拔两侧；安装则相反。

五、熔断器的安装使用注意事项

熔断器是常用的电器，为了保证工作可靠，在安装和使用时，必须注意以下事项：

（1）低压熔断器的额定电压应与线路的电压相吻合，不得低于线路电压。

（2）正确选择熔丝（熔体）：各种电气设备应装多大的熔丝都有一定的标准，使用时应按规定正确地选择熔丝。

（3）熔断器内所装的熔丝的额定电流，必须小于或等于熔座（支持件）的额定电流。

（4）熔断器的极限分断能力应高于被保护线路的最大短路电流。

（5）当熔丝已熔断或已严重氧化，需更换熔丝时，应使用和原来同样材料、同样规格的熔丝，以保证动作的可靠性。千万不要随便加粗熔丝，或用不易熔断的其他金属丝去更换。

（6）安装熔丝时，必须注意压接熔丝的螺丝不要拧得太紧，以防受到机械损伤，特别是较柔软的铅锡合金丝，更要小心；也不能太松，以保证熔丝的两端接触良好，紧密连接，以免因接触电阻过大而使温度过高发生误动作。

（7）安装熔丝时，熔丝应沿螺栓顺时针方向弯入，压在垫圈下，这样当螺栓拧紧时，

才不会被挤出，保证接触良好。

（8）更换熔丝或熔芯时，一定要切断电源，将闸刀拉开，不要带电工作，以免触电。在一般情况下，不应带电拔出熔芯，如因工作需要带电更换熔芯时，也应先将负荷侧的所有负荷切断，然后用专门的绝缘手柄将熔芯更换。特别注意，千万不要带负荷拔出熔芯，因为熔断器的触点和夹座不能用来切断电流，它们不能灭电弧，如果带负荷拔出熔芯，在断开电路产生电弧时，电弧不能熄灭，很容易引起事故。

任务二 交流接触器的测试与拆装

一、实训目的

（1）进一步了解交流接触器的结构及工作原理。

（2）掌握交流接触器的拆装技能及维护维修技能。

二、实训器材

（1）CJT1—10交流接触器1个，CJX1—12交流接触器1个，交流接触器各种零部件若干，砂纸若干。

（2）电源配电板1块，15A三相插头1个，10A三相插头1个，1.5×2橡皮电缆1.5米。

（3）万用表1个，常用电工工具1套。

三、交流接触器的测试

（1）观察接触器外观有无破损、裂痕，并检查接触器模块部件和螺丝是否完整，记录接触器的型号规格、线圈额定电压。

（2）手动检查接触器的衔铁带动动触头是否运动自如，有无卡阻。

（3）将万用表转换开关打到电阻最小量程挡位，检查接触器线圈、触头是否正常。

①万用表红黑表笔分别接线圈两引出线端子，有阻值示数表示正常，反之则坏了。

② 测量接触器各组辅助常闭触点是否接触良好，在不通电的情况下，辅助常闭触点的进线端和出线端应导通。

③测量接触器各组辅助常开触点和主触点是否分断良好。在不通电的情况下，辅助常开触点和主触点的进线端和出线端应开路。

（4）通电试验交流接触器是否工作正常。根据接触器线圈的额定电压，线圈的引入、引出端接入开关和相应的50Hz的交流电源，合上开关：

①接触器吸合动作，说明接触器线圈良好。

②用万用表测量接触器各组辅助常闭、常开触点以及主触点是否闭合良好、分断良好。

③观察交流接触器电磁振动声是否正常，如电磁振动声很响，说明铁芯接触面有油泥，或生有铁锈，或者有机械磨损，也可能因为静铁芯上的短路环断裂而引起。对于铁芯表面不干净或有磨损的，只要将两铁芯接触面打磨干净或打磨平整使之接触良好就可以解决问题。短路环断裂的重新接回或重做一个短路环可以恢复完好如初。

四、交流接触器的拆装步骤

1. JCT1—10 交流接触器的内部结构图(如图 8—38 所示)

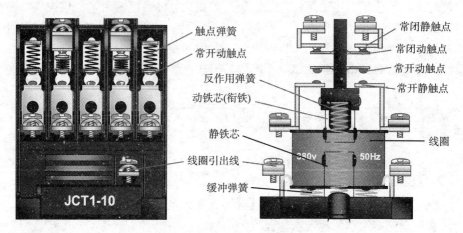

图 8—38　接触器内部结构图

2. 交流接触器(JCT1—10)的拆装

（1）将 JCT1—10 交流接触器倒立放置，用螺丝刀旋出底盖固定螺栓，取下交流接触器底盖。

（2）取出静铁芯、反作用弹簧、缓冲弹簧及其压铁片。

（3）拆下线圈引出线端子螺栓及压片，取出线圈。

（4）用尖嘴钳将交流接触各组辅助常开、常闭触点以及主触点的动触片取出，并从交流接触器内部取出动铁芯(衔铁)。

（5）用螺丝刀拆下所有静触点上的螺栓及其压片，拆下所有静触点。

交流接触器的组装步骤与其拆装步骤相反。

五、交流接触器拆装的注意事项

（1）拆装交流接触器时，螺栓、底盖、弹簧、垫片、铁芯、线圈等所有零部件必须用塑料盒或铁盘子存放，以免掉失。

（2）拆各组辅助常开、常闭以及主触点的动触片时，必须小心用力，以免一起拉出触点弹簧。

（3）拆静触点上的螺栓时，要小心拧，不能损伤交流接触器外壳。

（4）交流接触器重新组装完毕，应再一次检查其工作状态是否良好。

测试题

一、填空题

1. 隔离开关是指不承担_____和_____电流任务，将电路与电源_____，以保证检修人员检修时安全的开关。

2. 熔断器的安秒特性为反时限特性，即通过熔断体的电流值_____，熔断体熔断的时间_____。

3. 低压断路器一般由_____、_____、_____、脱扣器及外壳或框架等组成。

4. 熔断器额定电压应_____线路的工作电压。

5. 熔断器通常在动力线路中作_____保护，在照明线路中作_____保护。

6. 低压断路器可对电路或用电设备实现_____、_____和_____等保护。

7. 对以防止触电为目的的漏电保护开关，宜选择动作时间为_____以内，动作电流在_____及以下的高灵敏度漏电保护装置。

8. 按钮的触点允许通过的电流较小，一般不超过_____。

9. 电磁式漏电保护装置主要由_____、_____和开关装置三部分组成。

10. 交流接触器吸引线圈的额定电压有_____、_____、_____、_____和380V 五挡。

二、判断题

（　　）1. 组合开关属刀开关，因此可作隔离开关用。

（　　）2. 闸刀开关可作 3kW 电动机的操作开关。

（　　）3. 为了保护人身安全，防止触电伤亡事故发生，线路上的漏电保护装置漏电动作电流越小越好。

（　　）4. 线路安装漏电保护装置后，其他防止触电的保护措施可以取消。

三、简述题

1. 隔离开关有何特点？哪些低压电器可作隔离开关用？

2. 铁壳开关有何特点？

3. 常用的熔断器有哪些种类？

4. 在电动机控制线路中，熔断体的额定电流如何选择？

5. 断路器在电路中有何作用？

6. 漏电保护装置工作原理是什么？

7. 停止按钮是什么颜色的？"急停"按钮有何特点？

8. 热继电器由哪几部分组成？

学习目标

1. 三相异步电动机的结构和工作原理；
2. 三相异步电动机的选择、使用及维护保养。

项目一 三相异步电动机的结构

三相异步电动机种类繁多，根据其外壳防护方式的不同可分为开启式、防护式、封闭式三大类，根据电动机转子结构的不同又可分为笼形异步电动机和绕线式异步电动机。三相异步电动机虽然种类繁多，但基本结构均由定子和转子两大部分组成，定子和转子之间有空气隙，如图9—1所示，目前广泛使用的封闭式三相笼形异步电动机的结构图。

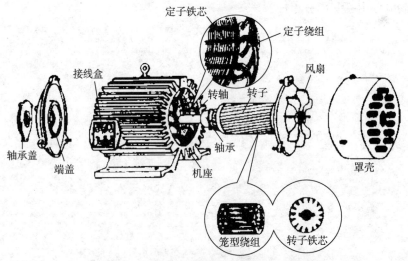

图9—1 封闭式三相笼形异步电动机结构图

一、定子

定子是指电动机中静止不动的部分，它主要包括定子铁芯、定子绕组、机座、端盖、罩壳等部件。

1. 定子铁芯

定子铁芯的主要作用是导磁，是电动机磁路的一部分。由于定子铁芯是磁路，因此要求铁芯材料既要有良好的导磁性能、剩磁小，又要有尽量降的涡流损耗和磁滞损耗，为此，铁芯一般采用 0.5mm 厚，而且表面涂有绝缘层的硅钢片叠压而成。同时在定子铁芯的内圆中有沿圆周均匀分布的槽，用于嵌放三相定子绕组。

2. 定子绕组

三相异步电动机定子绕组的主要作用是将电能转换为磁能，产生旋转磁场，是电动机的电路部分。它是由嵌入在定子铁芯槽中的线圈按一定规则连接而成的。三相异步电动机定子绕组的主要绝缘项目有以下三种：

（1）对地绝缘：是指定子绕组整体与定子铁芯之间的绝缘。

（2）相间绝缘：是指各相定子绕组之间的绝缘。

（3）匝间绝缘：是指每相定子绕组各线匝之间的绝缘。

定子三相绕组的结构完全对称，有 6 个出线端 U_1、U_2、V_1、V_2、W_1、W_2，分别置于机座外部的接线盒内，根据需要可接成星形（Y）或三角形（△）连结，如图 9—2 所示。也可将 6 个出线端接入控制电路中实现星形与三角形的换接。

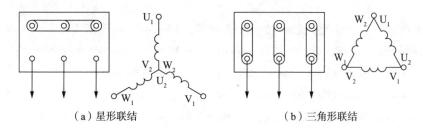

（a）星形联结   （b）三角形联结

图 9—2　三相笼形异步电动机三相绕组出线端的联结

3. 机座

机座的作用是固定定子铁芯和定子绕组，并通过两侧的端盖和轴承来支承电动机转子，同时起保护整台电动机的电磁部分和发散电动机运行中产生的热量的作用。

机座通常为铸铁件，大型异步电动机的机座一般用钢板焊成，而有些微型电动机的机座则采用铸铝件以减轻电动机的重量。封闭式电动机的机座外面有散热筋以增加散热面积；防护式电动机的机座两端端盖有通风孔，使电动机内外的空气可以直接对流，以利于散热。

4. 端盖

端盖除对内部起保护作用外，还借助于滚动轴承将电动机转子和机座联成一个整体。端盖一般为铸钢件，微型电动机则用铸铝件。

二、转子

转子指电动机的旋转部分，它包括转子铁芯、转子绕组、风扇和转轴等。

1. 转子铁芯

转子铁芯为电动机磁路的一部分，并且放置转子绕组。转子铁芯一般采用 0.5mm 厚，而且表面涂有绝缘层的硅钢片叠压而成，硅钢片的外圆冲有均匀分布的孔，用来安置转子绕组。定子及转子铁芯冲片，如图 9—3 所示。

为了改善电动机的起动及运行性能，笼形异步电动机转子铁芯一般采用斜槽结构（即转子槽并不与电动机转轴的轴线在同一平面上，而是扭斜了一个角度），如图9—4所示。

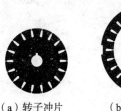

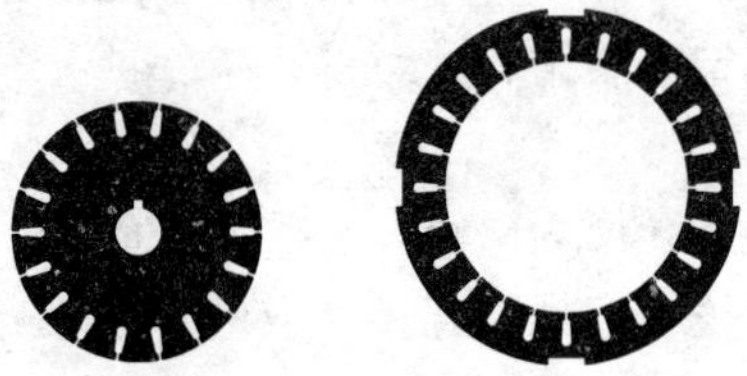

（a）转子冲片　　　（b）定子冲片

图9—3　定子转子冲片

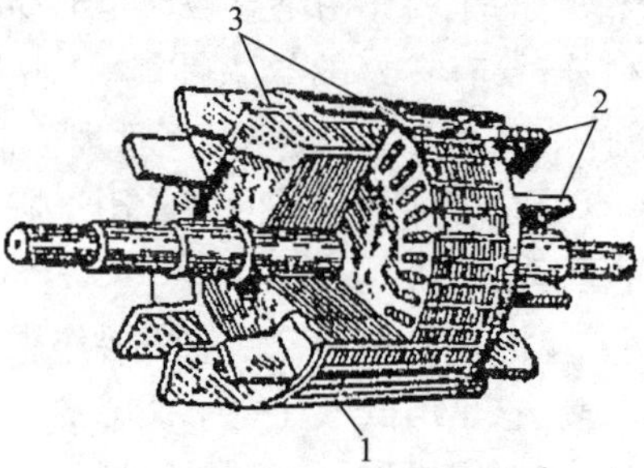

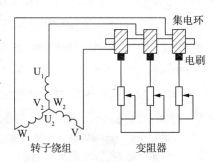

图9—4　笼形异步电动机转子
1—转子铁芯　2—风叶　3—铸铝条

2. 转子绕组

转子绕组用来切割定子旋转磁场，产生感应电动势和电流，并在旋转磁场的作用下受力而使转子转动，也就是说转子绕组的作用是将磁能转换为电能，再将电能转换为机械能。转子绕组分为笼形转子和绕线形转子两类，笼形和绕线形异步电动机即由此得名。

（1）笼形转子。中小型三相异步电动机的笼形转子一般为铸铝式转子。它是将熔化了的铝浇铸在转子铁芯槽内，连同两端的短路环和风扇叶片一起铸成的完整体。与绕线形相比，笼形转子结构简单、便于制造、工作可靠性强，但其起动转矩小。

（2）绕线转子。绕线转子的绕组结构形式与定子绕组相似，也还将绝缘导线绕制的三相绕组或成形的三相绕组嵌入转子铁芯槽内，并作星形联结，三个引出端分别接到压在转子轴一端并且相互绝缘的铜制滑环（称为集电环）上，再通过压在集电环上的三个电刷与外电路相接。外电路与变阻器的连接也采用星形联结，如图9—5所示。调节该变阻器的电阻值就可达到调节电动机转速的目的。在某些对起动性能及调速有特殊要求的设备，如起重设备、卷扬机械、鼓风机、压缩机和泵类等，较多采用绕线转子异步电动机。

图9—5　绕线形转子绕组与外加变阻器的连接

三、其他附件

1. 轴承

轴承用来连接转动部分与固定部分，目前都采用滚动轴承以减小摩擦力。

2. 轴承端盖

轴承端盖用来保护轴承，使轴承内的润滑脂不致溢出，并防止灰、砂、脏物等浸入润滑脂内。

3. 风扇

风扇用于冷却电动机。

四、电动机铭牌

在三相异步电动机的机座上均装有一块铭牌，如表 9—1 所示。铭牌上标出了该电动机的型号及主要技术数据，供正确使用电动机时参考。电动机的型号及含义，如图 9—6 所示。

表 9—1　　　　　　　　　　　　三相异步电动机铭牌数据

三相异步电动机			
	型号 Y2 — 132S — 4	功率 5.5kW	电流 11.7A
频率 50Hz	电压 380V	接法△	转速 1 440 r/min
防护等级 IP44	重量 68kg	工作制 S1	F 级绝缘
	××电机厂	××年×月×日出厂	

1. 型号

我国三相笼形异步电动机的生产进行了多次更新换代，其中 J、JO 系列为 20 世纪 50 年代生产的产品；J2、JO2 系列为 60 年代的产品，采用 E 级绝缘；Y 系列为 80 年代的产品，采用 B 级绝缘；90 年代又设计了 Y2 系列三相异步电动机，机座中心高 80～355mm，功率为 0.55～315kW。Y2 系列电动机起动转矩大、噪声低、结构合理、体积小、重量轻、外形新颖美观，采用 F 级绝缘，完全符合国际电工委员会的标准。

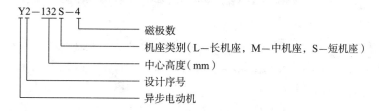

图 9—6　电动机的型号及含义

2. 额定功率(kW)

额定功率又称为额定容量，是指电动机在额定工作状态下运行时，转轴允许输出的机械功率。特别说明：铭牌上标明的功率、电流、电压和转速数值，虽然没有注明是额定值，但它们都是指该电动机的额定值。

3. 额定电流(A)

额定电流是指电动机在额定工作状态下运行时，定子电路输入的线电流。

4. 额定电压(V)

额定电压是指电动机在额定工作状态下运行时，定子电路所加的线电压。

5. 额定转速(r/min)

额定转速是指电动机在额定工作状态下运行时的转速。

6. 接法

接法是指电动机定子三相绕组与交流电源的连接方法。△是指电动机定子三相绕组与交流电源的连接采用三角形联结法接线；Y 是指电动机定子三相绕组与交流电源的连接采用星形联结法接线。对于 J0、Y 及 Y2 系列电动机而言，国家标准规定凡 3kW 及以下者均采用星形联结；4kW 及以上者均采用三角形连结。

7. 防护等级

防护等级是指电动机外壳防护的方式。IP11 是表示开启式；IP22、IP23 是表示防护式；IP44 是表示封闭式。

8. 频率(Hz)

表示电动机使用交流电源的频率。

9. 绝缘等级

绝缘等级是指电动机各绕组及其他绝缘部件所用绝缘材料的耐热等级。当温度很高时，绝缘材料的性能恶化，绝缘电阻降低，耐热及机械强度降低，介质损耗、应力变形增大。为保证绝缘材料安全、长久、可靠地工作，规定了各种材料的最高允许温度。绝缘材料按耐热性可分为 Y、A、E、B、F、H、C 七个等级，各级的最高允许温度分别为 90、105、120、130、155、180、180℃以上。耐热等级所属的绝缘材料见表 9—2。

目前国产电机使用的绝缘材料等级为 B、F、H、C 四个等级。

表 9—2　　　　　　　　　　　　　绝缘材料的耐热等级

耐热等级	最高允许工作温度(℃)	相当于该耐热等级的绝缘材料简述
Y	90	用未浸渍过的棉纱、丝及纸等材料或其组合物所组成的绝缘结构
A	105	用浸渍过的或浸在液体电介质(如变压器油中)的棉纱、丝及纸等材料或其组合物质所组成的绝缘结构
E	120	用合成有机薄膜、合成有机瓷漆等材料其组合物所组成的绝缘结构
B	130	用合适的树脂黏合或浸渍、涂覆后的云母、玻璃纤维、石棉等，以及其他无机材料、合适的有机材料或其组合物所组成的绝缘结构
F	155	用合适的树脂黏合或浸渍、涂覆后的云母、玻璃纤维、石棉等，以及其他无机材料、合适的有机材料或其组合物所组成的绝缘结构
H	180	用合适的树脂(如有机硅树脂)黏合或浸渍、涂覆后的云母、玻璃纤维、石棉等材料或其组合物所组成的绝缘结构
C	180 以上	用合适的树脂黏合或浸渍、涂覆后的云母、玻璃纤维，以及未经浸渍处理的云母、陶瓷、石英等材料或其组合物所组成的绝缘结构

10. 额定工作制

额定工作制是指电动机按铭牌工作时，可以持续运行的时间和顺序。电动机额定工作制分为连续定额、短时定额和断续定额三种。

(1) 连续定额：符号 S1 表示电动机按铭牌值工作时可以长期连续运行。

(2) 短时定额：符号 S2 表示电动机按铭牌值工作时只能在规定的时间内短时运行。我国规定的短时运行时间为 10、30、60 及 90min 四种。

(3) 断续定额：符号 S3 表示电动机按铭牌值工作时，运行一段时间就要停止一段时间，周而复始地按一定周期重复运行。每一周期为 10min，我国规定的负载持续率为

15％、25％、40％及60％四种(如标明40％则表示电动机工作4min就需休息6min)。

项目二　三相异步电动机的工作原理

一、旋转磁场的产生

如图9—7所示,三相异步电动机定子绕组最简单的结构示意图。在定子空间各相差120°电角度的位置上,布置有三相绕组 U_1U_2、V_1V_2 和 W_1W_2,三相绕组接成星形联结。向定子三相绕组分别通入三相交流电 i_U、i_V、i_W,各相电流将在定子绕组中分别产生相应的磁场,如图9—8所示,对该图做如下分析。

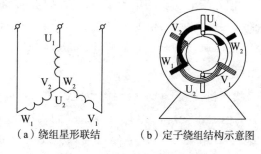

（a）绕组星形联结　　　（b）定子绕组结构示意图

图9—7　定子绕组结构示意图

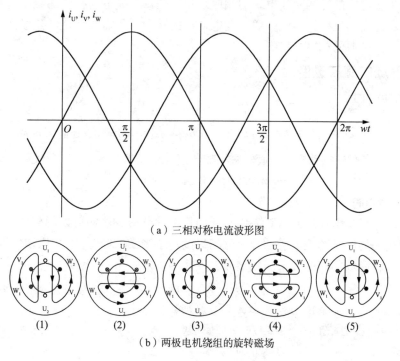

（a）三相对称电流波形图

（1）　　　（2）　　　（3）　　　（4）　　　（5）

（b）两极电机绕组的旋转磁场

图9—8　两极定子绕组的旋转磁场

1. $\omega t = 0$ 瞬间

$i_U = 0$,故 U_1U_2 绕组中无电流通过;i_V 为负,我们假定电流从绕组末端 V_2 流入,从

首端 V_1 流出；i_W 为正，电流从绕组首端 W_1 流入，从末端 W_2 流出。绕组中电流产生的合成磁场，如图 9—8(b)中(1)所示。

2. $\omega t = \pi/2$ 瞬间

i_U 为正，电流从首端 U_1 流入，从末端 U_2 流出；i_V 为负，电流从绕组末端 V_2 流入，从首端 V_1 流出；i_W 为负，电流从绕组末端 W_2 流入，从首端 W_1 流出。绕组中电流产生的合成磁场如图 9—8(b)中(2)所示。

3. $\omega t = \pi$、$3\pi/2$、2π 的不同瞬间

三相交流在三相定子绕组中产生的合成磁场，分别如图 9—8(b)中(3)、(4)、(5)所示，观察这些图中合成磁场的分布规律可见：合成磁场的方向按顺时针方向旋转，并旋转了一周。

由此可得出结论：在三相异步电动机的定子上，布置结构完全相同的、空间各相相差 120°电角度的三相定子绕组，当分别向三相定子绕组通入三相交流电时，则在定子、转子与空气隙中产生一个沿定子内圆旋转的磁场，该磁场称为旋转磁场。

二、旋转磁场的旋转方向

如图 9—8 所示，如果我们将接入 U_1U_2 绕组的电流改为 i_V，而接入 V_1V_2 绕组的电流改为 i_U，接入 W_1W_2 绕组的电流不变，仍为 i_W，那么我们仍用上述方法分析三相电流所产生的合成磁场，同样可以得出在定子、转子与空气隙中产生一个沿定子内圆旋转的磁场，但这时的旋转磁场的旋转方向是逆时针的。从上面分析可知，旋转磁场的旋转方向取决于通入定子绕组中的三相交流电源的相序，只要任意调换电动机两相绕组所接交流电源的相序，旋转磁场即反转。因此，要改变电动机的转向，只需改变旋转磁场的转向，即只要改变输入交流电源的相序即可。

三、旋转磁场的旋转速度

1. 当 $2p = 2$ 时

以上讨论的是两极三相异步电动机(即 $2p = 2$，p 代表极对数)定子绕组产生的旋转磁场，由分析可见，当三相交流电变化一周后(即每相经过 360°电角度)，其所产生的旋转磁场也正好旋转一周。故在两极电动机中，旋转磁场的转速等于三相交流电的变化速度，即：

$$n_1 = 60f = 3\ 000\text{r/min}.$$

2. 当 $2p = 4$ 时

对四极三相异步电动机而言，采用与前面相似的分析方法，可以得到如下结论：当三相交流电变化一周时，四极电机的合成磁场只旋转了半圈(即转过 180°机械角度)，故在四极电机中，旋转磁场的转速等于三相交流电变化速度的一半，即：

$$n_1 = 60f/2 = 1\ 500\text{r/min}$$

故当磁极对数增加一倍，旋转磁场的转速则减少一半。

3. 当三相异步电动机定子绕组为 p 对磁极时

同上分析可得，旋转磁场的转速为

$$n_1 = 60f/p$$

式中：n_1——旋转磁场的转速（r/min），又称为同步转速；

f——交流电的频率（Hz）；

p——电动机的磁极对数。

四、三相异步电动机的旋转原理

如图9—9所示，一台三相鼠笼式异步感应电动机的定子与转子剖面图。转子上的6个小圆圈表示自成闭合回路的转子导体。当向三相定子绕组 U_1U_2、V_1V_2 和 W_1W_2 中通入三相交流电后，根据前面的分析可知将在定子、转子及其空气隙内产生一个同步转速为 n_1，在空间顺时针方向旋转的磁场。该旋转磁场将切割转子导体，从而在转子导体中产生感应电动势，由于转子导体自成闭合回路，因此，该电动势将在转子导体中形成电流，其电流方向可用右手定则判定。可以判定在该瞬间转子导体中的电流方向如图中所示，即电流从转子上半部的导体流出，流入转子下半部导体中。

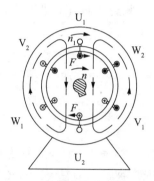

图9—9 三相异步电动机的工作原理

有电流流过的转子导体将在旋转磁场中受电磁力 F 的作用，其方向可用左手定则判定，如图9—9中箭头所示，该电磁力 F 在转子轴上形成电磁转矩，使异步电动机的转子以转速 n 旋转。由图可见，电动机转子的旋转方向与旋转磁场的旋转方向一致。因此，要改变三相异步电动机的旋转方向，只需改变旋转磁场的转向即可。

由上述的分析还可看出，转子的转速 n 一定要小于旋转磁场的转速 n_1，如果转子转速与旋转磁场转速相等，则转子导体不再切割旋转磁场，转子导体中就不再产生感应电动势和电流，电磁力 F 将为零，转子就将减速。因此，异步电动机的"异步"就是指电动机转速 n 与旋转磁场转速 n_1 之间存在差异，两者的步调不一致。又由于异步电动机的转子绕组并不直接与电源相接，而是依据电磁感应来产生电动势和电流，获得电磁转矩而旋转，因此又称为感应电动机。

把异步电动机旋转磁场的转速 n_1 与电动机转速 n 之差与旋转磁场转速之比称为异步电动机的转差率 s，即：$s=(n_1-n)/n_1$。

下面对转差率要做进一步分析：

（1）异步电动机在静止状态或刚接上电源的一瞬间，转子转速 $n=0$，则对应的转差率 $s=1$。

（2）如转子转速 $n=n_1$，则转差率 $s=0$。

（3）异步电动机在正常状态下运行时，转差率 s 在 $0\sim1$ 之间变化。

（4）三相异步电动机在额定状态（即加在电动机定子三相绕组上的电压为额定电压，电动机输出的转矩为额定转矩）下运行时，额定转差率 s_N 在 $0.01\sim0.05$ 之间，由此可以看出三相异步电动机的额定转速 n_N 与同步转速 n_1 较为接近。

（5）当三相异步电动机空载时（即轴上没有拖动机械负载，电动机空转），由于电动机只需要克服空气阻力及摩擦阻力，故转速 n 与同步转速 n_1 相差甚微，转差率 s 很小，为 0.04～0.07。

项目三　三相异步电动机的选择、使用及维护保养

一、三相异步电动机的选择

合理选择电动机是正确使用电动机的前提。电动机品种繁多，结构各异，分别适用于不同的场合，选择电动机时，首先应根据配套机械的负载特性、安装位置、运行方式和使用环境等因素来选择，从技术和经济两方面进行综合考虑后确定选择什么类型的电动机。

电动机的选择是一个很重要的工作，合理选择电动机关系到生产机械的安全运行和投资效益，选择合适的电动机可以延长电动机的使用寿命，减少电动机维修次数，提高生产效率。选择电动机时应满足以下条件：

（1）电动机的额定电压与配电电压相适应。

（2）电动机的额定功率应满足生产的需要，但应防止"大马拉小车"。

（3）电动机的防护及冷却方式必须适应安装地点环境特征。

（4）电动机的机械特性应满足生产工艺的要求。

1. 根据电动机铭牌选择电动机的电源

在三相异步电动机中，中小功率的电动机大多采用三相 380V 电压，但也有使用三相 220V 电压的。在电源频率方面，我国自行生产的三相电动机均采用 50Hz 的频率，而世界上有些国家采用 60Hz 的交流电源。虽然频率不同不至于烧毁电动机，但其工作性能将大不一样，因此，在选择电动机时，应根据电源的情况和电动机的铭牌正确选用。

2. 根据生产机械所需功率选择电动机的容量

电动机的功率应根据生产机械所需要的功率来选择，尽量使电动机在额定负载下运行。选择时应注意以下两点：

（1）如果电动机功率选得过小，就会出现"小马拉大车"现象，造成电动机长期过载，使其绝缘因发热而损坏，甚至导致电动机被烧毁。

（2）如果电动机功率选得过大，就会出现"大马拉小车"现象，其输出机械功率不能得到充分利用，功率因数和效率都不高，不但对用户和电网不利，而且还会造成电能浪费。

要正确选择电动机的功率，必须经过以下计算或比较：

（1）恒定负载连续工作方式：如果知道负载的功率（即生产机械轴上的功率）P_1(kW)。可按下式计算所需电动机的功率 P(kW)：

$$P = P_1/(\eta_1\eta_2)$$

其中，η_1 为生产机械的效率；η_2 为电动机的效率，即传动效率。

上式求出的功率，不一定与产品功率相同。因此，所选电动机的额定功率应等于或稍大于计算所得的功率。

［例 9—1］某生产机械的功率为 3.95kW，机械效率 η_1 为 70%，如果选用效率 η_2 为 0.8 的电动机，试求该电动机的功率应为多少 kW？

解： $P = P_1/(\eta_1 \eta_2) = 3.95/(0.7 \times 0.8) = 7.1\text{kW}$

由于没有 7.1kW 这一规格，所以选用 7.5kW 的电动机。

（2）短时工作定额的电动机：与功率相同的连续工作定额的电动机相比，最大转矩大、重量小、价格低。因此，在条件许可时，应尽量选用短时工作定额的电动机。对于短时运行的工作场合，如果选用连续工作型电动机，由于电动机允许短时过载，因此所选择电动机的额定功率可以略小些，一般可以是生产机械要求功率的 $1/\lambda$，其中 λ 为电动机的过载系数。

（3）断续工作定额的电动机：其功率的选择要根据负载持续率的大小，选用专门用于断续运行方式的电动机。负载持续率 $F_s\%$ 的计算公式为

$$F_s\% = t_g/(t_g + t_o) \times 100\%$$

其中，t_g 为工作时间(min)；t_o 为停止时间(min)；$t_g + t_o$ 为工作周期时间(min)。

此外，也可用类比法来选择电动机的功率。所谓类比法，就是与类似生产机械所用电动机的功率进行对比。具体做法是：

了解本单位或附近其他单位的类似生产机械使用多大功率的电动机，然后选用相近功率的电动机进行试车。试车的目的是验证所选电动机与生产机械是否匹配。验证的方法是：

使电动机带动生产机械运转，用钳形电流表测量电动机的工作电流，将测得的电流与该电动机铭牌上标出的额定电流进行对比。

（1）如果电功机的实际工作电流与铭牌上标出的额定电流上下相差不大，则表明所选电动机的功率合适。

（2）如果电动机的实际工作电流比铭牌上标出的额定电流低 70% 左右，则表明电动机的功率选得过大（即"大马拉小车"），应调换功率较小的电动机。

（3）如果测得的电动机工作电流比铭牌上标出的额定电流大 40% 以上，则表明电动机的功率选得过小（即"小马拉大车"），应调换功率较大的电动机。

3. 根据工作环境选择电动机的结构形式

由于工作环境不尽相同，有的生产场所温度较高，有的生产场所有大量的粉尘，有的生产场所空气中含有爆炸性气体或腐蚀性气体等。这些环境都会使电动机的绝缘状况恶化，从而缩短电动机的使用寿命，甚至危及生命和财产的安全。因此，使用时有必要选择各种不同结构形式的电动机，以保证在各种不同的工作环境中能安全可靠地运行。选择电动机的外形结构，主要根据安装方式选择立式或卧式等；根据工作环境选择开启式、防户式、封闭式和防爆式等。

（1）开启式。外壳有通风孔，借助和转轴连成一体的通风风扇使周围的空气与电动机内部的空气流通，此类型电动机冷却效果好，适用于干燥无尘的场所。

（2）防护式。机壳内部的转动部分及带电部分有必要的机械保护，以防止意外的接触。若电动机通风口用带网孔的遮盖物盖起来，则叫做网罩式；通风口可防止垂直下落的液体或固体直接进入电动机内部的叫做防漏式；通风口可防止与垂直成 100° 范围内任何方向的液体或固体进入电动机内部的叫做防溅式。

（3）封闭式。机壳结构严密密封，靠自身或外部风扇冷却，外壳带有散热片，适用于潮湿、多尘或含酸性气体的场所。

(4) 防水式。外壳结构能阻止一定压力的水进入电动机内部。

(5) 水密式。当电动机浸没在水中时，外壳结构能防止水进入电动机内部。

(6) 潜水式。电动机能长期在规定的水压下进行工作。

(7) 防爆式。电动机外壳能阻止电动机内部的气体爆炸传递到电动机外部，从而引起外部燃烧气体的爆炸。

4. 根据生产机械对调速、起动的要求选择电动机的类型

一般采用三相交流异步电动机，三相交流异步电动机又分鼠笼式和绕线式电动机两种类型。对于无特殊变速调速要求、所需功率小于 100kW 的一般机械设备，可以选用机械特性较硬的笼形异步电动机。对于要求起动特性好，在不大范围内平滑调速的机械设备，一般选用绕线式异步电动机。对于有特殊要求的机械设备，则选用特殊结构的电动机，如小型卷扬机、升降设备等，可选用锥形转子制动电动机。

5. 根据生产机械的转速选择电动机的转速

电动机的额定转速应根据生产机械的转速要求来选择，选择时应使电动机的转速尽可能与生产机械的转速相一致或接近，但转速不宜选择过低(一般不低于 500r/min)，否则会提高设备成本。如果电动机转速和机械转速不一样，可以用皮带轮或齿轮等变速装置变速，在负载转速要求不严格的情况下，应尽量选用四极电动机。因为，功率相同的电动机转速越高，极对数越小，体积越小，价格越便宜，但高速电动机的转矩小，起动电流大，而且机械磨损大。而且多极电动机体积大、造价高、空载损耗大，所以都不尽相宜。

二、三相异步电动机的使用

(1) 加到电动机上的电源电压与额定电压的偏差不能超过 ±5%，这样电动机的输出功率能维持额定值。

(2) 三角形接法的电动机，在轻载运行时应改成星形接法。因为轻载运行，功率因数较低。如果改成星形接法，电机绕组相电压降低到原来的 $1/\sqrt{3}$，铁芯中的磁通也降低到原来的 $1/\sqrt{3}$，则无功电流明显减少，可以提高功率因数。

(3) 当电动机额定电压为 220/380V，电动机接成星形在 380V 电源上使用时，决不可将星形的中性点接到电动机外壳上。因为正常运行时，中点电位为 0，如果出现一相熔丝熔断，中点电位将上升，如果中点接到外壳上，外壳对地电位将不等于零，会带来触电的危险。

(4) 大型笼形电动机在起动后，定、转子绕组已发热，不可在热态时再起动，要间隔适当时间再进行第二次起动，如果要连续或频繁起动，定要设法减小起动电流。

(5) 在吊车上的电动机不可反接制动，只能用电磁机械制动。这是因为吊车上电动机起动、停止频繁，且要频繁制动，反接制动电流大，易烧坏电动机。

三、电动机的定期检查和保养

为了预防电动机发生故障，保证电动机的正常运行，除了按操作规程正常使用外，还必须对电动机进行定期的检查和保养。

1. 日常检查

电动机在日常运行中的监视和维护很重要，主要的日常检查有：

(1) 外观检查。主要检查集电环或换向器表面是否产生不正常的火花，通风、室温、湿度是否正常，轴承的油量是否适当等。

（2）监督电动机的发热情况。电动机在运行中温度过高，不仅加速电动机的绕组绝缘老化，缩短电动机的使用寿命，过高的温度也会使润滑脂变质，最终烧毁电动机。因此，在电动机运行过程中，要经常用测温枪测量前外油盖轴承的温度，一般不得超过 95℃；一般中小型电动机也可用手背触摸轴承、机壳等部位，注意电动机是否过热。如果手背放在电动机上 1~2s 就觉得受不了，则应该注意电动机可能烧毁。

（3）监督电动机的额定电流。电动机长时间超过额定电流运行，绕组将过热而损坏。我们在运行中可以参考现场电流表，结合电动机的规格型号判断运行电动机的负载情况。

（4）注意电动机的声音。电动机正常运行时声音应均匀，无杂声和特殊声，如声音不正常，可能有下述几种情况：

①特大嗡嗡声：说明电动机严重过流，可能是因超负荷或三相电流不平衡引起的，特别是电动机缺相运行时，声音更大。

②咕噜咕噜声：可能是轴承滚珠损坏而产生的声音。

③不均匀的碰擦声：往往是由于转子与定子相摩擦（扫膛）造成的。

（5）注意电动机的气味。电动机在运行中，有时因为超负荷时间过久，有时因为通风不畅或其他故障导致电动机温度过高，以至于绝缘损坏，发出绝缘漆烧焦的臭味。当发现有异常焦味时，应立即停机检查。

2. 月度检查

每月应定期进行下列检查与维护：

（1）清除电机外壳表面尘垢。

（2）检查绝缘电阻。

（3）检查接线盒接线螺丝是否松动、烧伤，并拧紧螺母。

（4）检查轴承：拆下轴承外盖，检查润滑脂是否变脏、干涸，如缺少时，要适量补充。检查轴承是否有不正常杂音。

（5）检查传动装置：皮带轮或联轴器有无破损，安装是否牢固。皮带及其连接扣是否完好。联轴器是否有螺栓松动、磨损、变形。

（6）检查各紧固件和接地线：端盖、轴承盖、风罩及地脚等各处螺丝是否拧紧牢固，接地螺丝是否连接可靠。

（7）检查和清扫起动装置：擦去外部尘垢检查触头有无烧损，如有应以砂布砂光，必要时更换触头，检查所有接线端子是否牢固，金属外壳是否可靠接地，并检测绝缘电阻。

3. 年度检查

电动机最好每年进行一次大修。大修的目的在于对电动机进行一次全面、彻底的检查与维护，发现问题及时处理。年度检查项目除了月度检查所列的七项内容外，还要包括下面的项目及内容：

（1）检查和清理内部：将电机拆卸，检查定子绕组污染和损伤情况，先用干布擦去油污，再用干布蘸少许汽油擦净绕组表面。如绝缘出现老化痕迹（深棕色）或漆皮脱落，应补刷绝缘漆。检查转子端环是否有裂纹；检查定转子铁芯是否有损坏变形，并修整。

（2）绕组检查：检查定子绕组是否有相间短路、匝间短路、断路、错接等现象；检查笼形转子是否断条；检查绝缘电阻应大于 1 兆欧。针对发现的问题予以处理。

（3）清洗轴承，检查轴承磨损情况。先用洗油将滚珠轴承洗净，如尚未磨损，则填入清洁的润滑脂。

（4）电机重新装配及试车。如果绕组并未重新绕制，装配后只进行一般性试验，即：检测绝缘电阻，转子旋转是否灵活，通电空转半小时，是否有不正常的杂音，然后带负载运转。

技能训练

任务一　三相异步电动机的拆装

一、实训目的
（1）进一步了解三相异步电动机的构造，从感性认识到实践认知。
（2）熟练掌握三相异步电动机的拆装工艺。

二、实训器材
（1）三相鼠笼式感应异步电动机（3kW）1台，2米长、截面为1.5mm² 的橡皮电缆1根，三相插头1个。
（2）250活动扳手1把，10—12梅花扳手1把，14—17梅花扳手1把，圆头铁锤1把，木槌（或橡胶锤）1把，300直钢尺1把，300铜棒1根，250二爪拉码1副，铁条1根，40×40×400方木1根，厚木板1块。
（3）万用表1个，摇表1台，电工常用工具1套。

三、三相异步电动机的拆卸
1. 拆卸前的准备
（1）备齐拆卸工具：如拉码、扳手等。
（2）熟悉被拆电动机结构特点、拆装要领以及它所存在的缺陷。
（3）选择合适拆装地点，事先清洁和整理好现场环境。
（4）做好标记（以便装配时恢复原位）：
① 切断电源，拆开电机与电源连接线和保护接地线，并做好与电源线相对应的标记，以免恢复时搞错相序，并把电源线的线头做绝缘处理。
② 标出联轴器或皮带轮与轴台的距离。
③ 标出端盖、轴承、轴承盖的负荷端与非负荷端，并在前后端盖与机座的贴合处做标记。
④ 标出机座在基础上的详细位置。
⑤ 标出绕组引出线在机座上的出口方向。
（5）用摇表测量绕组的绝缘电阻，并做好记录。
（6）拧下地脚螺母，将电动机拆离基础并搬至解体现场。

2. 拆卸步骤
如图9—10所示，拆卸步骤如下：

（1）卸皮带轮或联轴器，拆下电机尾部风扇罩。

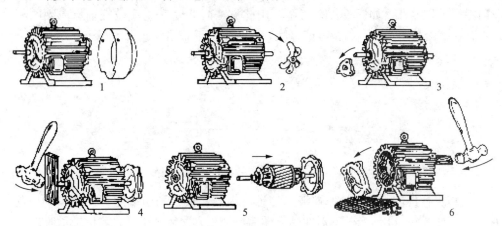

图 9—10　电动机拆卸步骤

（2）卸下定位键或螺丝，并拆下风扇。

（3）旋下前后端盖紧固螺钉，并拆下前轴承外盖。

（4）用木板垫在转轴前端，将转子连同后端盖一起用锤子从止口中敲出。

（5）抽出转子。

（6）将木方伸进定子铁芯顶住前端盖，再用锤子敲击木方卸下前端盖，最后拆卸前后轴承及轴承内盖。

3. 主要部件的拆卸方法

（1）皮带轮（或联轴器）的拆卸。

① 在皮带轮（或联轴器）的轴伸端（联轴端）做好尺寸标记。如图 9—11(a)所示。

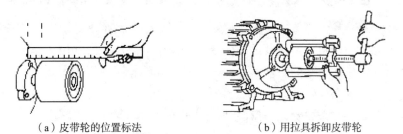

（a）皮带轮的位置标法　　　　　　　（b）用拉具拆卸皮带轮

图 9—11　拆卸皮带轮

② 旋松皮带轮上的固定螺丝或敲去定位销，在皮带轮（或联轴器）的内孔和转轴结合处加入煤油，稍等渗透后，使锈蚀的部分松动。

③ 再用拉具将皮带轮（或联轴器）缓慢拉出，如图 9—11(b)所示。若拉不出，可用喷灯急火在皮带轮外侧轴套四周加热，加热时需用石棉或湿布把轴包好，并向轴上不断浇冷水，以免使其随同外套膨胀，影响皮带轮地拉出。

注意：加热温度不能过高，时间不能过长，以防变形。

（2）转轴上轴承的拆卸：轴承的拆卸可采取以下三种方法。

① 拉具拆卸：拆卸时，拉具钩爪一定要抓牢轴承内圈，以免损坏轴承，如图 9—12所示。

② 铜棒拆卸：在没有拉具的情况下，用端部呈楔形的铜棒，在倾斜方向顶住轴承内圈，用锤子敲打铜棒，如图 9—13 所示。用此方法时要注意轮流敲打轴承内圈的相对两侧，不可一直敲打一边，用力也不能过猛，直到把轴承敲出为止。

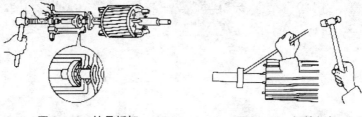

图 9—12　拉具拆卸　　　　　　　图 9—13　铜棒拆卸

③ 铁板夹住拆卸：用两块厚铁板夹住轴承内圈，铁板的两端用可靠支撑物架起，使转子悬空，如图 9—14 所示，然后在轴上端面垫上木方并用锤子敲打，使轴承脱出。

（3）端盖内轴承的拆卸。有时电动机端盖内孔与轴承外圈的配合比轴承内圈与转轴的配合更紧，在拆卸端盖时，轴承留在端盖内孔中。这时可采用如图 9—15 所示的方法，将端盖止口面向上平稳放置，在轴承外圈的下面垫上木板，但不能顶住轴承，然后用一根直径略小于轴承外沿的铜棒或其他金属管抵住轴承外圈，从上往下用锤子敲打，使轴承从下方脱出。

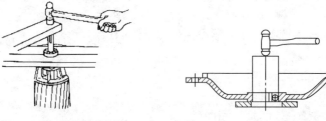

图 9—14　铁板夹住拆卸　　　　图 9—15　端盖内轴承的拆卸

（4）抽出转子。在抽出转子之前，应在转子下面气隙和绕组端部垫上厚纸板，以免抽出转子时碰伤铁芯和绕组。小型电机的转子可直接用手取出，一手握住转轴，把转子拉出一些，随后另一手托住转子铁芯渐渐往外移，如图 9—16 所示。在拆卸较大的电机时，可两人一起操作，每人抬住转轴的一端，渐渐地把转子往外移，若铁芯较长，有一端不好出力时，可在轴上套一节金属管，当做假轴，方便出力，如图 9—17 所示。

1　　　　　　　　　　　　2

图 9—16　小型电动机转子抽出

1　　　　　　　　　　　　2

图 9—17　较大电动机抽出转子

四、三相异步电动机的装配

1. 装配前的准备

（1）装配前应认真检查装配工具、场地是否齐备清洁。

（2）装配前将可洗的各零部件用汽油冲洗，彻底清扫电动机定、转子内部表面的污垢，最后用汽油沾湿的棉布擦拭(汽油不能太多，以免浸入绕组内部破坏绝缘)。

（3）用灯光检查气隙、通风沟、止口处和其他空隙有无杂物和漆瘤，如有必须清除干净。

（4）检查槽楔、绑扎带、绝缘材料是否松动脱落，有无高出定子铁芯内表面的地方，如有应清除掉。

（5）检查各相绕组冷态直流电阻是否基本相同，各相绕组对地绝缘电阻和相间绝缘电阻是否符合要求。

2. 装配步骤

按拆卸时的逆顺序进行，并注意将各部件按拆卸时所做的标记复位。

3. 主要部件的装配方法

（1）轴承的装配。装配前应先检查轴承滚动件是否转动灵活又不松旷，然后检查轴承内圈与轴、外圈与端盖轴承孔之间的公差和光洁度是否符合要求，最后在轴承中按其容量的 1/3～2/3 加足润滑油，转速高的按小值加注，转速低的按大值加注。注意：润滑油加得过多，会导致运转中轴承发热等弊病。轴承的装配方法分冷套法和热套法两种。

① 冷套法：先将轴颈部分揩擦干净，把经过清洗好的轴承套在轴上，用一段钢管（其内径略大于轴颈直径，外径又略小于轴承内圈的外径）套入轴颈，再用手锤敲打钢管端头，将轴承敲进，如图 9—18(a)所示。也可用硬质木棒或金属棒顶住轴承内圈敲打，为避免轴承歪扭，应在轴承内圈的圆周上均匀敲打，使轴承平衡地行进，如图 9—18(b)所示。

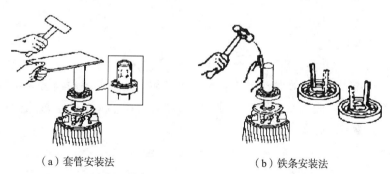

（a）套管安装法　　　　　　　　（b）铁条安装法

图 9—18　轴承安装示意图

② 热套法：将轴承放入 80～100℃变压器油中 30～40min 后，趁热取出迅速套入轴颈中，如图 9—19 所示。

注意：安装轴承时，标号必须向外，以便下次更换时查对轴承型号。

（2）后端盖的装配。按拆卸前所作的记号，转轴短的一端是后端，后端盖的突耳外沿有风叶外罩的螺丝孔。后端盖装配方法如下：

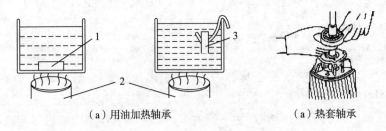

（a）用油加热轴承　　　　　　　　　（a）热套轴承

图 9—19　热套法安装轴承

1—轴承不能放在槽底　2—火炉　3—轴承应吊在槽中

① 装配时将转子竖起放置。

② 将后端盖轴承座孔对准轴承外圈套上。

③ 一边使端盖沿轴转运，一边用木槌（或橡胶锤）敲打端盖的中央，如果用铁锤敲打，被敲打面必须垫上木板，直到端盖到位为止，如图 9—20 所示。

④ 按拆卸时所作的标记，将转子放入定子内腔中，合上后端盖。

⑤ 按对角交替的顺序拧紧后端盖紧固螺钉。注意：拧螺钉时不能先拧紧一个，再拧紧另一个，而是要边拧螺钉，边用木槌（或橡胶锤）在端盖靠近中央部分均匀敲打，直至到位。

（3）前端盖的装配。

① 给前轴承内盖与前轴承按规定加够润滑油后，一起套入转轴。

② 在前轴承内盖的螺孔与前端盖对应的两个对称孔中穿入铜丝拉住内盖，以便于固定前外轴承盖。

③ 将前端盖轴承座孔对准轴承外圈套，并使拆卸时所作的标记对应。

④ 用木槌（橡胶锤）沿端盖的中央四周敲打，使前端盖进入机座止口，然后按对角交替的顺序拧紧前端盖紧固螺钉。

⑤ 待前端盖固定就位后，从铜丝上穿入前外轴承盖，拉紧对齐。

⑥ 在未穿铜丝的孔中先拧进螺栓，带上丝口后，抽出铜丝，最后在这两个螺孔拧入螺栓，依次对称逐步拧紧。

也可用一个比轴承盖螺栓更长的无头螺丝（吊紧螺丝），先拧进前内轴承盖，再将前端盖和前外轴承盖相应的孔套在这个无头长螺丝上，使内外轴承盖和端盖的对应孔始终拉紧对齐。待端盖到位后，先拧紧其余两个轴承盖螺栓，再用第三个轴承盖螺栓换下开始时用以定位的无头长螺丝，如图 9—21 所示。

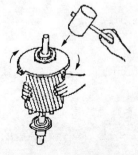

图 9—20　后端盖的装配

图 9—21　吊紧螺丝装配前轴承的内外盖

任务二 三相异步电动机的测试

一、实训目的

掌握三相异步电动机装配试验的方法、要求和步骤。

二、实训器材

(1) 三相鼠笼式感应异步电动机(3kW)1 台，长度 2m、截面为 1.5mm² 的橡皮电缆 1 根，三相插头 1 个。

(2) 万用表 1 个，钳形电流表 1 个，千分表一只，转速表 1 只，500V 摇表 1 台，双臂电桥(或单臂电桥)1 台，三相调压器 1 台，耐压试验设备 1 台(或 2 500V 摇表 1 台)。

(3) 电工常用工具 1 套。

三、三相异步电动机的测试项目

三相异步电动机在大修装配后或安装前都需要进行必要的检查和测试。对中小型三相异步电动机装配后的试验项目及要求如下:

1. 一般检查

(1) 检查装配后电动机的外观。

(2) 检查出线标记是否正确、所有紧固件是否拧紧、转子转动是否灵活。

(3) 检查电动机轴伸的径向偏摆是否符合规定。测量电动机轴伸偏摆时，把电动机和千分表座放在同一平板上，千分表的测针对准轴伸长度的一半处。测针靠住轴表面，慢慢转动电动机转子，记下千分表计数的变动量。其值不应超过表 9—3 中规定的允许偏摆值。

表 9—3 电动机轴伸的允许偏摆

轴伸直径(mm)	允许偏摆(mm)	轴伸直径(mm)	允许偏摆(mm)
6～10	0.025	>50～80	0.060
>10～18	0.030	>80～120	0.080
>18～35	0.040	>120～180	0.100
>35～50	0.050		

2. 测量绝缘电阻

测量电动机绝缘电阻时，应拆开接线盒内的连接片，使三相绕组的 6 个端头分开，然后用摇表测量电动机定子绕组每相之间的绝缘电阻和每相绕组对机壳的绝缘电阻，测得的绝缘电阻值一般应大于 1MΩ，绝缘电阻值最小不能小于 0.5MΩ。注意:对于不同额定电压的电动机，应选用不同额定电压的摇表，摇表的规格应按表 9—4 选用。

电动机绕组额定电压(V)	兆欧表规格(V)
500 以下	500
500~3 000	1 000
3 000 以上	2 500

3. 测量绕组电阻

测量绕组直流电阻时应注意以下两点:

(1) 运行中或刚停运的电动机,测量直流电阻前应静置一段时间,在绕组温度与环境温度大致相等时再测。静置时间长短与电动机容量有关,一般 10kW 以下的电动机,静置时间不应小于 5 小时,10~100kW 的电动机不应小于 8 小时。

(2) 测量直流电阻时应把各相绕组间的连线拆开,拆开后测得的才是各相绕组的实际阻值。若不便于拆开,则 Y 接时从两出线间测得的是 2 倍相电阻;△接时测得的是 2/3 倍相电阻。

直流电阻测量工具最好选用双臂电桥,在导线细、匝数多时,绕组电阻较大,也可以选用单臂电桥测量。测量得 U、V、W 三相直流电阻 R_U、R_V、R_W 后,各相平均电阻为 R_P 为

$$R_P = (R_U + R_V + R_W)/3$$

正常时,电动机任一相绕组的电阻与平均电阻之差不得大于 $\pm 5\%$。

4. 定子绕组交流耐压试验

定子绕组耐压试验的内容包括绕组一相对地和绕组间的耐压试验,其目的在于检查这些部位间的绝缘强度。电动机绕组的交流耐压试验应在绕组绝缘电阻达到规定数值后进行。

(1) 试验电压规定值。试验电压值是耐压试验的关键参数,耐压试验的目的、场合不同,试验电压的规定值也不同,可分为:

① 交接时耐压试验:其试验电压规定值见表 9—5。

表 9—5   交接时耐压试验电压标准

电动机额定电压(kV)	0.4 及以下	0.5	2	3	6
试验电压(kV)	1	1.5	4	5	10

② 大修时耐压试验:小型电动机更换绕组后需进行两次耐压试验,第一次是在绕组包扎后,浸漆前;第二次在电动机装配好后。

第一次耐压试验的电压标准规定为:容量 1kW 以下的电动机为 2 倍额定电压加 1 000V;容量为 1kW 以上的电动机为 2 倍额定电压加 1 500V。

第二次耐压试验电压比第一次降低 500V。

部分更换绕组的电动机,若需进行耐压试验,则试验电压不应超过上述第二次耐压试验值的 75%,但不应低于 1 000V。

(2) 耐压试验方法。

① 按图接线。电动机耐压试验接线原理图,如图 9—22 所示。电源由调压变压器 T1

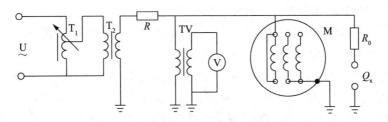

图 9—22　热套法安装轴承

T_1—调压变压器；T_2—高压试验变压器；R—限流电阻，每伏 0.2～1 欧；V—电压表；

TV—电压互感器；M—被测电机；R_0—球隙保护电阻；Q_x—球隙（低压电机不设）

调压，经 T_2 升压后加在被试绕组与机壳之间。其余不参与试验的绕组与机壳连在一起并接地。

② 接通电源，调节 T_1 均匀升压。电压表 V 通过电压互感器 TV 指示试验电压值。升压时间规定为：从 1/2 电压升至全压时间不少于 10 秒。

③ 在电压表达全压后开始计时，耐压时间为 1 分钟。

④ 如试验正常，倒计时 1 分钟后均匀降压，电压降至全压值 1/3 以下时断开电源，并将被测验绕组接地放电。

注意：若在试验过程中发现电压表指针大幅度摆动，电动机绝缘冒烟或有异响（有的耐压试验装置在绝缘击穿时有指示灯亮或电铃响），则应立即降压，断开电源，接地放电后进行检查。

⑤ 对容量 40kW 以下不重要的异步电动机，其耐压试验可用 2 500V 摇表代替。试验时，以摇表额定转速（120r/min）摇动，指针稳定偏转 1 分钟，无因击穿而造成的示值突然下降，即为合格。

5. 通电观察

经上述检查合格后，根据铭牌规定的电流电压正确接通电源，安装好接地线，起动电动机空转。

(1) 在电动机空转期间，应注意定、转子是否相擦，电动机是否有过大噪声及异响。

(2) 检查铁芯是否过热，轴承温度是否稳定，检查结束时，滚动轴承温度不应超过 70℃。

(3) 用转速表测量电动机转子转速是否均匀并符合规定要求。

6. 测量电流

在检查电动机空载状态的同时，用普通电流表或钳形电流表测量电动机的三相空载电流，对测得的电流做以下比较：

(1) 三相电流的对称性。在三相电源实际对称时，测各相电流与三相平均电流之差应小于 10%。如果某相超过三相平均值的 20% 以上，则该相绕组有可能匝间短路或轻微接地。

(2) 空载电流稳定性。测量三相电流时，各相空载电流均不应有大的摆动。若电流表指针随转子转动而摆动，则可能是转子有断条等故障，应相应检查处理。

(3) 空载电流占额定电流的百分比。异步电动机空载电流的大小与电动机结构、电动机性能密切相关。不同的电动机，其空载电流的大小不相同。一般说，测得的空载电流占铭牌上所列额定电流的百分比应接近表9—6所列数值。

如表9—6所示，电动机极数越多、容量越小，则空载电流百分值越大。一般几千瓦的二极或四极电动机，其空载电流占额定电流的1/3以上。

根据空载电流的大小，可以间接判断定子绕组匝数是否合适。空载电流过大，说明电动机定子匝数偏少，功率因数偏低；空载电流过小，说明定子匝数偏多，这将使定子电抗过大，电机力矩特性变差(起动力矩下降，最大力矩减小)。

表9—6　　　　　　　　　异步电动机空载电流占额定电流的百分比(%)

极数	功率(kW)					
	0.125	0.5以下	2以下	10以下	50以下	100以下
2	70～95	45～70	40～55	30～45	23～35	18～30
4	80～96	65～85	45～60	35～55	25～40	20～30
6	85～98	70～90	50～60	35～65	30～45	22～33
8	90～98	75～90	50～70	37～70	35～50	25～35

测试题

一、填空题

1. 电动机按电动机转子结构的不同可分为_____异步电动机和_____异步电动机。

2. 加到电动机上的电源电压与额定电压的偏差不能超过_____。

3. 为了改善电动机的起动及运行性能，笼形三相异步电动机的转子铁芯一般采用_____结构。

4. 定子是指电动机中_____的部分，它主要包括_____、定子绕组、_____、端盖、罩壳等部件。

5. 对于无特殊变速调速要求、所需功率小于_____的一般机械设备，可以选用机械特性较硬的_____异步电动机。

6. 对于要求_____特性好，在不大范围内平滑调速的机械设备，一般应选用_____异步电动机。

二、判断题

(　　) 1. 电动机的转速与电动机的极数有关，极数越小，速度越慢。

(　　) 2. 电动机做耐压试验时，全压通电只要达到1分钟，应立即停电。

(　　) 3. 所有电动机的绕组，均可以Y接或△接。

(　　) 4. 电动机转子的转速稍小于电动机旋转磁场的转速。

三、简述题

1. 三相笼形异步电动机主要由哪些部件组成？

2. 电动机的定子铁芯、定子绕组各有何作用？

3. 某台三相笼形异步电动机铭牌上标示额定电压为220V，那么这台电机在正常情况下，其绕组应怎样连接？

4. 三相异步电动机接线盒引出线的端子是如何排列的？接线盒的短接片如何连接可以使电动机绕组接成 Y 接或△接？

5. 选择电动机时应满足哪些条件？

6. 三相异步电动机日常检查包括哪些项目？

7. 选择电动机容量时要注意什么？

8. 试述三相异步电动机是如何实现旋转的？

模块十　三相异步电动机基本电气控制线路的装接

学习目标

1. 了解电气原理图、平面布置图、安装接线图的工艺规范及要求；
2. 熟练掌握相关低压控制器件的选取与应用；
3. 掌握三相异步电动机的如下运行控制原理：手动器件控制、点动控制、连续控制、电机的正反转、行程控制等；
4. 掌握控制线路的保护功能和检测知识；
5. 能够识读和绘制电气控制原理图；
6. 能结合控制电路器件进行规范、合理的布局并能正确绘制、识读接线图；
7. 会结合控制对象选择相关控制器件并能正确使用与安装，会使用常用检测工具；
8. 能规范地进行电气控制线路的安装与检测维护，并能将所学典型控制环节运用于实际控制电路中。

项目一　电气控制识图基本知识

一、电工用图的分类及作用

在电气控制系统中，首先由配电器将电能分配给不同的用电设备，再由控制电器使电动机按设定的规律运转，实现由电能到机械能的转换，满足不同生产机械的要求。在电工领域进行安装、维修都要依照电气控制原理图和施工图，施工图又包括电气元件布置图和电气接线图。电工用图的分类及作用如表 10—1 所示。

表 10—1　　　　　　　　　　　　　电工用图的分类及作用

电工用图		概　念	作　用	图中内容
电气控制图	原理图	是用国家统一规定的图形符号、文字符号和线条连接来表明各个电器的连接关系和电路工作原理的示意图，如图 10—1 所示。	是分析电气控制原理、绘制及识读电气控制接线图和电器元件位置图的主要依据。	电气控制线路中所包含的电器元件、设备、线路的组成及连接关系。

电工用图		概　念	作　用	图中内容
施工图	平面布置图	是根据电器元件在控制板上的实际安装位置，采用简化的外形符号（如方形等）而绘制的一种简图，如图10—2所示。	主要用于电器元件的布置和安装。	项目代号、端子号、导线号、导线类型、导线截面等。
	接线图	是用来表明电器设备或线路连接关系的简图，如图10—3所示。	是安装接线、线路检查和线路维修的主要依据。	电气线路中所含元器件及其排列位置，各元器件之间的接线关系。

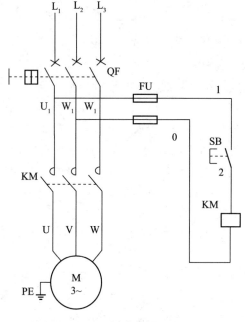

图 10—1　电气原理图

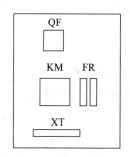

图 10—2　平面布置图

　　电气控制图是电气工程技术的通用语言。为了便于信息交流与沟通，在电气控制线路中，各种电器元件的图形符号和文字符号必须统一，即符合国家标准。我国颁布了 GB/T 24340—2009《电气图用图形符号》、GB/T 50786—2012《电气制图》及 GB/T 6988.1—2008《电气技术用文件的编制　第一部分规则》等。

二、读图的方法和步骤

　　电气控制线路的设计、安装、调试与维修都要有相应的电气线路图作为依据或参考。电气线路图是根据国家标准规定的图形符号和文字符号，按照规定的画法绘制出的图纸。

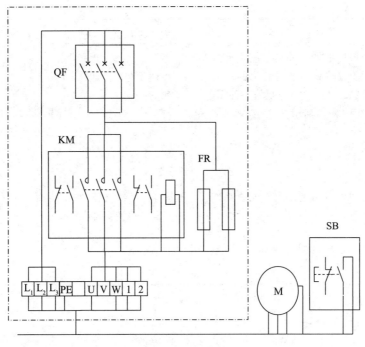

图 10—3　接线图

1. 电气线路图中常用的图形符号和文字符号

要识读电气线路图，必须首先明确电气线路图中常用的图形符号和文字符号所代表的含义，这是看懂电气线路图的前提和基础。

（1）基本文字符号。基本文字符号又分单字母符号和双字母符号两种。单字母符号是指按拉丁字母顺序将各种电气设备、装置和元器件划分为 23 类，每一大类电器用一个专用单字母符号表示，如"K"表示继电器、接触器类，"R"表示电阻器类。当单字母符号不能满足要求而需要将大类进一步划分、以便更为详尽地表述某一种电气设备、装置和元器件时采用双字母符号。双字母符号由一个表示种类的单字母符号与另一个字母组成，组合形式为单字母符号在前、另一个字母在后，如"F"表示保护器件类，"FU"表示熔断器，"FR"表示热继电器。

（2）辅助文字符号。辅助文字符号用来表示电气设备、装置、元器件及线路的功能、状态和特征，如"DC"表示直流，"AC"表示交流。辅助文字符号也可以放在表示类别的单字母符号后面组成双字母符号，如"KT"表示时间继电器等。辅助文字符号也可以单独使用，如"ON"表示接通，"N"表示中性线等。

2. 电气原理图的绘制和阅读方法

电气原理图是用于描述电气控制线路的工作原理，以及各电器元件的作用和相互关系，而不考虑各电路元件实际位置和实际连线情况的图纸。绘制和阅读电气原理图，一般应遵循下面的规则：

（1）原理图一般由主电路、控制电路和辅助电路三部分组成。主电路就是从电源到电动机绕组的大电流通过的路径；控制电路是指控制主电路工作状态的电路；辅助电路包括照明电路、信号电路及保护电路等。信号电路是指显示主电路工作状态的电路；照明电路是指实现机械设备局部照明的电路；保护电路用于实现对电动机的各种保护。控制电路和辅助电路一般由继电器的线圈和触点、接触器的线圈和触点、按钮、照明灯、信号灯、控制变压器等电器元件组成。这些电路通过的电流都较小。一般主电路用粗实线表示，画在左边（或上部），电源电路画成水平线，三相交流电源相序 L_1、L_2、L_3 由上而下依次排列画出，经电源开关后用 U、V、W 或 U、V、W 后加数字标志。中线 N 和保护地线 PE 画在相线之下，直流电源则正端在上、负端在下画出；辅助电路用细实线表示，画在右边（或下部）。

（2）原理图中，所有的电器元件都采用国家标准规定的图形符号和文字符号来表示。属于同一电器的线圈和触点，都要用同一文字符号表示。当使用相同类型电器时，可在文字符号后加注阿拉伯数字序号来区分，例如，两个接触器可用 KM_1、KM_2 表示，或用 KMF、KMR 表示。

（3）原理图中，同一电器的不同部件，常常不绘在一起，而是绘在它们各自完成作用的地方。例如，接触器的主触点通常绘在主电路中，而吸引线圈和辅助触点则绘在控制电路中，但它们都用 KM 表示。

（4）原理图中，所有电器触点都按没有通电或没有外力作用时的常态绘出。如继电器、接触器的触点，按线圈未通电时的状态绘出；按钮、行程开关的触点按不受外力作用时的状态绘出等。

（5）原理图中，在表达清楚的前提下，应尽量减少线条，尽量避免交叉线的出现。两线需要交叉连接时需用黑色实心圆点表示，两线交叉不连接时需用空心圆圈表示。

（6）原理图中，无论是主电路还是辅助电路，各电气元件一般应按动作顺序从上到下，从左到右依次排列，可水平或垂直布置。

（7）为了查线方便。在原理图中两条以上导线的电气连接处要打一圆点，且每个接点要标一个编号，编号的原则是：靠近左边电源线的用单数标注，靠近右边电源线的用双数标注，通常以电器的线圈或电阻作为单、双数的分界线，故电器的线圈或电阻应尽量放在各行的一边（左边或右边）。

在阅读电气原理图以前，必须对控制对象有所了解，尤其对于机、液（或气）、电配合得比较密切的生产机械，单凭电气线路图往往不能完全看懂其控制原理，只有了解了有关的机械传动和液（气）压传动后，才能搞清全部控制过程。

阅读电气原理图的步骤：一般先看主电路，再看控制电路，最后看信号及照明等辅助电路。先看主电路有几台电动机，各有什么特点，例如是否有正反转，采用什么方法起动，有无制动等；看控制电路时，一般从主电路的接触器入手，按动作的先后次序（通常自上而下）一个一个分析，搞清楚它们的动作条件和作用。控制电路一般都由一些基本环节组成，阅读时可把它们分解出来，便于分析。

项目二 基本控制线路的装接步骤和工艺要求

一、电气控制线路的安装工艺及要求

（1）安装前应检查各元件是否良好。

（2）安装元件不能超出规定范围。

（3）导线连接可用单股线（硬线）或多股线（软线）连接。用单股线连接时，要求连线横平竖直，沿安装板走线，尽量少出现交叉线，拐角处应为直角。布线要美观、整洁、便于检查。用多股线连接时，安装板上应搭配有线槽，所有连线沿线槽走线。

（4）导线线头裸露部分不能超过 2mm。

（5）每个接线柱不允许超过两根导线，导线与元件连接要接触良好，以减小接触电阻。

（6）导线与元件连接处是螺丝的，导线线头要沿顺时针方向绕线。

二、电气控制线路的安装方法和步骤

安装电动机控制线路时，必须按照有关技术文件执行。电动机控制线路的安装步骤和方法如下：

（1）阅读原理图。明确原理图中的各种元器件的名称、符号、作用，理清电路图的工作原理及其控制过程。

（2）选择元器件。根据电路原理图选择组件并进行检验。包括组件的型号、容量、尺寸、规格、数量等。

（3）配齐需要的工具、仪表和合适的导线。按控制电路的要求配齐工具、仪表，按照控制对象选择合适的导线，包括类型、颜色、截面积等。电路 U、V、W 三相分别用黄色、绿色、红色导线，中性线（N）用黑色导线，保护接地线（PE）必须采用黄绿双色导线。

（4）安装电气控制线路。根据电路原理图、接线图和平面布置图，对所选组件（包括接线端子）进行安装接线。要注意组件上的相关触点的选择，区分常开、常闭、主触点、辅助触点。控制板的尺寸应根据电器的安排情况决定。导线线号的标志应与原理图和接线图相符合。在每一根连接导线的线头上必须套上标有线号的套管，位置应接近端子处。线号编制方法如下：

① 主电路。三相电源按相序自上而下编号为 L_1、L_2、L_3；经过电源开关后，在出线端子上按相序依次编号为 U_{11}、V_{11}、W_{11}。主电路中的各支路，应从上至下、从左至右，每经过一个电器元件的线桩后，使编号递增，如 U_{11}、V_{11}、W_{11}，U_{12}、V_{12}、W_{12}……单台三相交流电动机（或设备）的三根引出线按相序依次编号为 U、V、W（或用 U_1、V_1、W_1 表示），多台电动机引出线的编号，为了不致引起误解和混淆，可在字母前冠以数字来区别，如 1U、1V、1W，2U、2V、2W……

② 控制电路与照明、指示电路。应从上至下、从左至右，逐行用数字来依次编号，每经过一个电器元件的接线端子，编号要依次递增。

（5）连接电动机及保护接地线、电源线及控制电路板外部连接线。

（6）线路静电检测。

（7）通电试车。

（8）结果评价。

三、电气控制线路安装时的注意事项

（1）不触摸带电部件，严格遵守"先接线后通电，先接电路部分后接电源部分；先接主电路，后接控制电路，再接其他电路；先断电源后拆线"的操作程序。

（2）接线时，必须先接负载端，后接电源端；先接接地端，后接三相电源相线。

（3）发现异常现象（如发响、发热、焦臭），应立即切断电源，查找原因，清除故障。

（4）注意仪器设备的规格、量程和操作程序，做到不了解性能和用法，不随意使用设备。

四、通电前检查

控制线路安装好后，在通电前应进行如下项目的检查：

（1）各个元件的代号、标记是否与原理图上的一致和齐全。

（2）各种安全保护措施是否可靠。

（3）控制电路是否满足原理图所要求的各种功能。

（4）各个电气元件安装是否正确和牢靠。

（5）各个接线端子是否连接牢固。

（6）布线是否符合要求、整齐。

（7）各个按钮、信号灯罩和各种电路绝缘导线的颜色是否符合要求。

（8）电动机的安装是否符合要求。

（9）保护电路导线连接是否正确、牢固可靠。

（10）电气线路的绝缘电阻是否符合要求。其检查方法是：短接主电路、控制电路和信号电路，用 500 伏兆欧表测量与保护电路导线之间的绝缘电阻不得小于 0.5 兆欧。当控制电路或信号电路不与主电路连接时，应分别测量主电路与保护电路、主电路与控制电路和信号电路、控制电路和信号电路与保护电路之间的绝缘电阻。

五、空载例行试验

通电前应检查所接电源是否符合要求。通电后应先点动，然后验证电气设备的各个部分的工作是否正常和操作顺序是否正确。特别要注意验证急停器件的动作是否正确。验证时，如有异常情况，必须立即切断电源查明原因。

项目三 三相异步电动机的启停控制

一、三相异步电动机点动控制线路

点动控制是指电动机做短时断续工作时，只要按下按钮电动机就转动，松开按钮电动机就停止动作的控制。实现点动控制可以将点动按钮直接与接触器的线圈串联，电动机的运行时间由按钮按下的时间决定。点动控制是用按钮、接触器来控制电动机运转的最简单的正转控制线路，生产机械在进行试车和调整时通常要求点动控制，如工厂中使用的电动葫芦和机床快速移动装置，龙门刨床横梁的上、下移动，摇臂钻床立柱的夹紧与放松，桥式起重机吊钩的操作控制等都需要点动控制。

1. 电气控制原理图

点动控制电路由电源开关 QS、熔断器 FU、按钮 SB、接触器 KM 和电动机 M 组成。如图 10—4 所示。

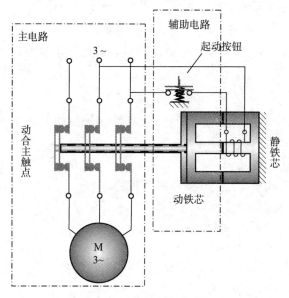

图 10—4　点动控制电路图

　　如图 10—5 所示，电气控制原理图，其主要原理是当按下按钮 SB 时，交流接触器的线圈 KM 得电，从而使接触器的主触点闭合，使三相电进入电动机的绕组，驱动电动机转动。松开 SB 时，交流接触器的线圈失电，使接触器的主触点断开，电动机的绕组断电而停止转动。实际上，这里的交流接触器代替了闸刀或组合开关使主电路闭合和断开的。

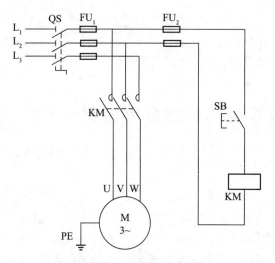

图 10—5　点动控制原理图

2. 电路控制过程

　　（1）起动：先合上电源开关 QS，按下按钮 SB→交流接触器 KM 线圈得电→KM 主触点闭合→电动机 M 转动。

　　（2）停止：松开按钮 SB→交流接触器 KM 线圈失电→KM 主触点断开→电动机 M 停止。

3. 电动机的转动特点

按下 SB，电动机转动；松开 SB，电动机停止转动。即点一下 SB，电动机转动一下，故称之为点动控制。

二、三相异步电动机单方向连续控制线路

生产机械连续运转是最常见的形式，要求拖动生产机械的电动机能够长时间运转。三相异步电动机自锁控制是指按下按钮 SB₂，电动机转动之后，再松开按钮 SB₂，电动机仍保持转动。其主要原因是交流接触器的辅助触点维持交流接触器的线圈长时间得电，从而使得交流接触器的主触点长时间闭合，电动机长时间转动。这种控制应用在长时间连续工作的机械中，如车床、砂轮机等。

1. 电气控制结构图和原理图

点动控制电路中加自锁（保）触点 KM，则可对电动机实行连续运行控制。电路工作原理：在电动机点动控制电路的基础上给起动按钮 SB₂ 并联一个交流接触器的常开辅助触点，使得交流接触器的线圈通过其辅助触点进行自锁。

当松开按钮 SB₂ 时，由于接在按钮 SB₂ 两端的 KM 常开辅助触头闭合自锁，控制回路仍保持通路，电动机 M 继续运转。

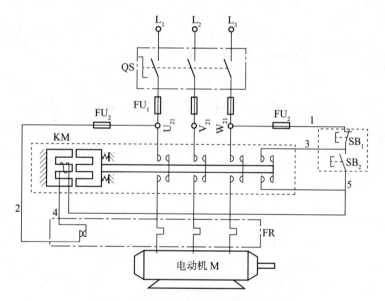

图 10—6　连续控制接触器控制结构图

2. 动作过程

（1）起动运行。先合上电源开关 QS，按下按钮 SB₂→KM 线圈得电→KM 主触点和自锁触点闭合→电动机 M 起动连续正转。

（2）停车。按停止按钮 SB₁→控制电路失电→KM 主触点和自锁触点分断→电动机 M 失电停转。

（3）过载保护。电动机在运行过程中，由于过载或其他原因，使负载电流超过额定值时，经过一定时间，串接在主回路中的热继电器 FR 的热元件双金属片受热弯曲，推动串接在控制回路中的常闭触头断开，切断控制回路，接触器 KM 的线圈断电，主触点断开，

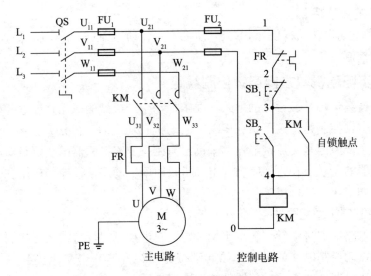

图 10—7　有过载保护连续控制接触器控制原理图

电动机 M 停转，达到了过载保护的目的。

想一想：点动＋连续运行怎么实现？

项目四　电气控制系统的保护环节

电动机在运行的过程中，除按生产机械的工艺要求完成各种正常运转外，还必须在线路出现短路、过载、欠压、失压等现象时，能自动切断电源停止转动，以防止和避免电气设备和机械设备的损坏事故，保证操作人员的人身安全。常用的电动机的保护有短路保护、过载保护、欠压保护、失压保护等。

一、短路保护

当电动机绕组和导线的绝缘损坏时，或者控制电器及线路损坏发生故障时，线路将出现短路现象，产生很大的短路电流，使电动机、电器、导线等电器设备严重损坏。因此，在发生短路故障时，保护电器必须立即动作，迅速将电源切断。

常用的短路保护电器是熔断器和断路器。熔断器的熔体与被保护的电路串联，当电路正常工作时，熔断器的熔体不起作用，相当于一根导线，其上面的压降很小，可忽略不计。当电路短路时，很大的短路电流流过熔体，使熔体立即熔断，切断电动机电源，电动机停转。同样若电路中接入断路器，当出现短路时，断路器会立即动作，切断电源使电动机停转。

二、过载保护

当电动机负载过大，起动操作频繁或缺相运行时，会使电动机的工作电流长时间超过其额定电流，电动机绕组过热，温升超过其允许值，导致电动机的绝缘材料变脆，寿命缩短，严重时会使电动机损坏。因此，当电动机过载时，保护电器应动作切断电源，使电动机停转，避免电动机在过载下运行。

常用过载保护电器是热继电器。当电动机的工作电流等于额定电流时，热继电器不动作，电动机正常工作；当电动机短时过载或过载电流较小时，热继电器不动作，或经过较长时间才动作；当电动机过载电流较大时，串接在主电路中的热元件会在较短时间内发热弯曲，使串接在控制电路中的常闭触点断开，先后切断控制电路和主电路的电源，使电动机停转。

三、欠压保护

当电网电压降低时，电动机便在欠压下运行。由于电动机负载没有改变，所以欠压下电动机转速下降，定子绕组中的电流增加。因此电流增加的幅度尚不足以使熔断器和热继电器动作，所以这两种电器起不到保护作用。如不采取保护措施，时间一长将会使电动机过热损坏。另外，欠压将引起一些电器释放，使电路不能正常工作，也可能导致人身伤害和设备损坏事故。因此，应避免电动机欠压运行。

实现欠压保护的电器是接触器和电磁式电压继电器。在机床电气控制线路中，只有少数线路专门装设的电磁式电压继电器起欠压保护作用；而大多数控制线路，由于接触器已兼有欠压保护功能，所以不必再加设欠压保护电器。一般当电网电压降低到额定电压的85%以下时，接触器（电压继电器）线圈产生的电磁吸力将减小到复位弹簧的拉力，动铁芯被释放，其主触点和自锁触点同时断开，切断主电路和控制电路电源，使电动机停转。

四、失压保护（零压保护）

生产机械在工作时，由于某种原因发生电网突然停电，这时电源电压下降为零，电动机停转，生产机械的运动部件随之停止转动。一般情况下，操作人员不可能及时拉开电源开关，如不采取措施，当电源恢复正常时，电动机会自行起动运转，很可能造成人身伤害和设备损坏事故，并引起电网过电流和瞬间网络电压下降。因此，必须采取失压保护措施。

在电气控制线路中，起失压保护作用的电器是接触器和中间继电器。当电网停电时，接触器和中间继电器线圈中的电流消失，电磁吸力减小为零，动铁芯释放，触点复位，切断了主电路和控制电路电源。当电网恢复供电时，若不重新按下起动按钮，则电动机就不会自行起动，实现了失压保护。

项目五 三相异步电动机的正反转控制

生产机械需要前进、后退，上升、下降等，这就要求拖动生产机械的电动机能够改变旋转方向，也就是要对电动机实现正反转控制。正反转控制线路是指采用某一方式使电动机实现正反转调换的线路。在工厂动力设备中，通常采用改变接入三相异步电动机绕组的电源相序来实现。

正反转控制最基本的要求是正转交流接触器和反转交流接触器线圈不能同时带电，正反转交流接触器主触点不能同时吸合，否则会发生电源相间短路问题。实现三相异步电动机正反转控制常用的控制线路有接触器联锁、按钮联锁和接触器按钮双重联锁三种形式。

一、接触器联锁正反转控制

1. 工作原理

控制原理如图 10—8 所示。根据电路的需要，在电路中采用按钮盒中的两个按钮来控制电动机的正反转，即正转按钮 SB_2 和反转按钮 SB_3。为了避免两个接触器同时动作，在两个电路中分别串入对方接触器的一个常闭辅助触点。这样，当正转接触器 KM_1 得电动作时，对应的反转接触器 KM_2 由于 KM_1 常闭触点联锁的原因，使 KM_2 不能得电动作；反之亦然。这样就保证了电动机的正反转能独立完成。这种接触器通过它的联锁触点控制另一个接触器工作状态的过程称为联锁。

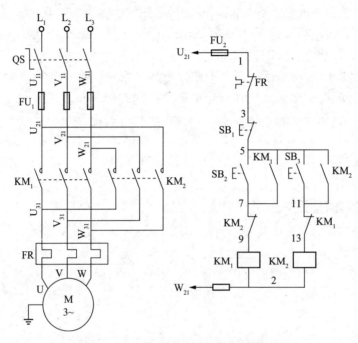

图 10—8　接触器联锁正反转控制原理图

2. 动作过程

先合上电源开关 QS，正转控制、反转控制和停止的控制过程如下：

（1）正转控制。按下正转起动按钮 SB_2→KM_1 线圈得电→KM_1 主触点和自锁触点闭合→电动机 M 起动连续正转。

（2）反转控制。先按下停车按钮 SB_1→KM_1 线圈失电→KM_1 主触点分断→电动机 M 失电停转→再按下反转起动按钮 SB_3→KM_2 线圈得电→KM_2 主触点和自锁触点闭合→电动机 M 起动连续反转。

（3）停车。按停止按钮 SB_1→控制电路失电→KM_1（或 KM_2）主触点分断→电动机 M 失电停转。

注意：电动机从正转变为反转时，必须先按下停止按钮后，才能按反转起动按钮，否则由于接触器的联锁作用，不能实现反转。

想一想：正在正转时若按下反转按钮会怎样，有哪些需要改进的地方？

二、双重联锁正反转控制

接触器、按钮双重联锁的正反转控制线路安全可靠、操作方便。常用接触器、按钮双重联锁的正反转控制线路，如图 10—9 所示。

线路要求接触器 KM_1 和 KM_2 不能同时通电，否则它们的主触点同时闭合，将造成 L_1、L_3 两相电源短路，为此在 KM_1 和 KM_2 线圈各自的支路中相互串接了对方的一副常闭辅助触点，以保证 KM_1 和 KM_2 不会同时通电。KM_1 和 KM_2 这两副常闭辅助触点在线路中所起的作用称为联锁(互锁)作用。另一个联锁是按钮联锁，SB_1 动作时 KM_2 线圈不

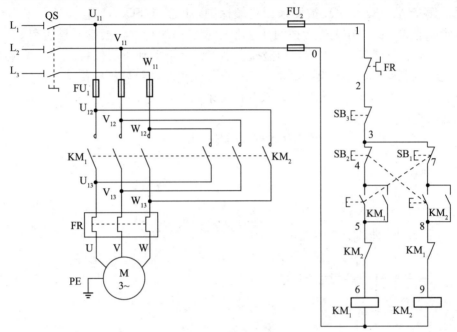

图 10—9　接触器、按钮双重联锁控制线路

能通电，SB_2 动作 KM_1 线圈不能通电。控制过程如下：

先合上电源开关 QS，正转控制、反转控制和停止的控制过程为：

（1）正转控制。按下按钮 SB_1→SB_1 常闭触点先分断对 KM_2 联锁(切断反转控制电路)→SB_1 常开触点闭合→KM_1 线圈得电→KM_1 主触点闭合→电动机 M 起动连续正转。KM_1 联锁触点分断对 KM_2 联锁(切断反转控制电路)。

（2）反转控制。按下按钮 SB_2→SB_2 常闭触点先分断→KM_1 线圈失电→KM_1 主触点分断→电动机 M 失电→SB_2 常开触点闭合→KM_2 线圈得电→KM_2 主触点闭合→电动机 M 起动连续反转。KM_2 联锁触点分断对 KM_1 联锁(切断正转控制电路)。

（3）停止。按停止按钮 SB_3→整个控制电路失电→KM_1(或 KM_2)主触点分断→电动机 M 失电停转。

项目六　三相异步电动机的行程控制

根据生产机械的运动部件的位置或行程进行的控制称为行程控制。生产机械的某个运

动部件，如机床的工作台，需要在一定的范围内往复循环运动，以便连续加工。这种情况要求拖动运动部件的电动机必须能自动地实现正反转控制。

一、电气原理图

行程开关控制的电动机正、反转自动往返控制线路，如图 10—10 所示。利用行程开关可以实现电动机正反转循环。为了使电动机的正反转控制与工作台的左右运动相配合，在控制线路中设置了四个位置开关 SQ_1、SQ_2、SQ_3 和 SQ_4，并把它们安装在工作台需要限位的地方。其中 SQ_1、SQ_2 被用来自动换接电动机正反转控制电路，实现工作台的自动往返行程控制；SQ_3、SQ_4 被用来做终端保护，以防止 SQ_1、SQ_2 失灵，工作台越过限定位置而造成事故。在工作台边的 T 形槽中装有两块挡铁，挡铁 1 只能和 SQ_1、SQ_3 相碰撞，挡铁 2 只能和 SQ_2、SQ_4 相碰撞。当工作台运动到所限位置时，挡铁碰撞位置开关，使其触点动作，自动换接电动机正反转控制电路，通过机械传动机构使工作台自动往返运动。工作台行程可通过移动挡铁位置来调节，拉开两块挡铁间的距离，行程就短，反之则长。

想一想：自动往返控制和正反转控制有何区别与联系？

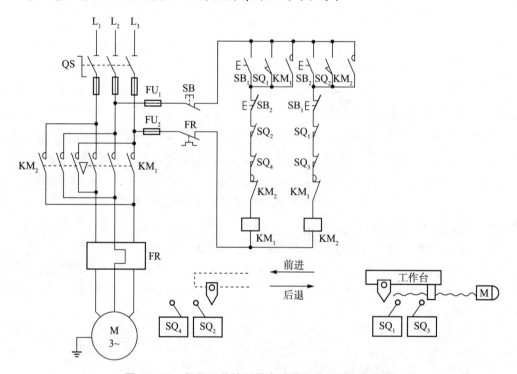

图 10—10　行程开关控制的电动机自动往返控制线路

二、工作过程

先合上电源开关 QS，按下前进起动按钮 SB_1→接触器 KM_1 线圈得电→KM_1 主触点和自锁触点闭合→电动机 M 正转→带动工作台前进→当工作台运行到 SQ_2 位置时→撞块压下 SQ_2→其常闭触点断开（常开触点闭合）→使 KM_1 线圈断电→KM_1 主触点和自锁触头断开，KM_1 动合触点闭合→KM_2 线圈得电→KM_2 主触点和自锁触点闭合→电动机 M 因电源相序改变而变为反转→拖动工作台后退→当撞块又压下 SQ_1 时→KM_2 断电→KM_1 又得电动作→电动机 M 正转→带动工作台前进，如此循环往复。按下停车按钮 SB，KM₁ 或 KM₂ 接触器断电释放，电动机停止转动，工作台停止。SQ₃、SQ₄ 为极限位置保护的限位开关，防止 SQ₁ 或 SQ₂ 失灵时，工作台超出运动的允许位置而产生事故。

任务一 三相异步电动机点动控制线路的装接

一、主要使用工具、仪表及器材

(1) 电器元件见表 10—2。

表 10—2 元件明细表

代号	名称	推荐型号	推荐规格	数量
M	三相异步电动机	Y112M—4	4kW、380V、△接法、8.8A、1 440r/min	1
QF	低压断路器	DZ10—100	三相、额定电流 15A	1
FU	螺旋式熔断器	RL1—15/2	380V、15A、配熔体额定电流 2A	2
KM	交流接触器	CJ10—20	20A、线圈电压 380V	1
SB	按钮	LA10—3H	保护式、按钮数 3	1
XT₁	端子排	JX2—1010	10A、10 节、380V	1
XT₂	端子排	JX2—1004	10A、4 节、380V	1

(2) 工具：测电笔、螺丝刀、尖嘴钳、斜口钳、剥线钳、电工刀等。

(3) 仪表：ZC7(500V)型兆欧表、DT - 9700 型钳形电流表，MF500 型万用表(或数字式万用表 DT980)。

(4) 器材。

① 控制板一块(600mm×500mm×20mm)。

② 导线规格：主电路采用 BV1.5mm²(红色、绿色、黄色)；控制电路采用 BV1mm²(黑色)；按钮线采用 BVR0.75mm²(红色)；接地线采用 BVR1.5mm²(黄绿双色)。导线数量由指导教师根据实际情况确定。

③ 紧固体和编码套管按实际需要发给，简单线路可不用编码套管。

(5) 场地要求：电工实训室、电工工作台。

二、训练步骤及工艺要求

(1) 读懂点动正转控制线路电路图，明确线路所用元件及作用。

(2) 按表 10—2 配置所用电器元件并检验型号及性能。

① 电器元件的技术数据应符合要求，外观无损伤。

② 电器元件的电磁机构动作灵活。

③ 对电动机进行常规检查。

（3）在控制板上按点动元器件平面布置图 10—11 安装电器元件，并标注上醒目的文字符号。工艺要求如下：

① 低压断路器、熔断器的受电端子应安装在控制板的外侧。

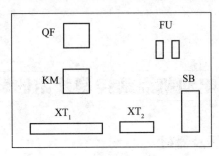

图 10—11　点动元器件平面布置图

② 各元件的安装位置应整齐、匀称，间距合理，便于元件的更换。

③ 紧固各元件时要用力均匀，紧固程度适当。在紧固熔断器、接触器等易碎裂元件时，应用手按住元件一边轻轻摇动，一边用螺丝刀轮换旋紧对角线上的螺钉，直到手摇不动后再适当旋紧即可。

（4）按控制原理图 10—5 进行板前明线布线和套编码套管。板前明线布线的工艺要求是：

① 布线通道尽可能少，同路并行导线按主、控电路分类集中，单层密排，紧贴安装面布线。

② 同一平面的导线应高低一致。

③ 布线应横平竖直，导线与接线螺栓连接时，应打羊眼圈，并按顺时针旋转，不允许反圈。对瓦片式接点，导线连接时，直线插入接点固定即可。

④ 布线时不得损伤线芯和导线绝缘。所有从一个接线端子到另一个接线端子的导线必须连续，中间无接头。

⑤ 导线与接线端子或接线桩连接时，不得压绝缘层及露铜过长。在每根剥去绝缘层导线的两端套上编码套管。

⑥ 电器元件接线端子上的连接导线不得多于两根。

⑦ 同一元件、同一回路不同接点的导线间距离应一致。

（5）安装电动机。

（6）连接电动机和按钮金属外壳的保护接地线。

（7）连接电源、电动机等控制板外部的导线。

（8）自检。

① 按电路原理图或电气接线图从电源端开始，逐段核对接线及接线端子处连接是否正确，有无漏接、错接之处。检查导线接点是否符合要求，压接是否牢固。接触应良好，以免接负载运行时产生闪弧现象。检查主电路时，可以以手动来代替受电线圈励磁吸合时的情况进行检查。

② 用万用表检查控制线路的通断情况：将万用表表笔分别搭在接线图 U_1、V_1 线端上（也可搭在 0 与 1 两点处），这时万用表读数应在无穷大；按下 SB 时表读数应为接触器线

圈的直流电阻阻值。

③ 用兆欧表检查线路的绝缘电阻，不得小于 $0.5M\Omega$。

（9）通电试车。

通电前必须征得指导教师同意，并由指导教师接通电源和现场监护。

① 学生合上电源开关 QS 后，允许用万用表或测电笔检查主、控电路的熔体是否完好，但不得对线路接线是否正确进行带电检查。

② 第一次按下按钮时，应短时点动，以观察线路和电动机有无异常现象。

③ 试车成功率以通电后第一次按下按钮时计算。

④ 出现故障后，学生应独立进行检修，若需要带电检查时，必须有指导教师在现场监护。检修完毕再次试车，也应有指导教师监护，并做好实习时间记录。

⑤ 实习课题应在规定时间内完成。

三、注意事项

（1）不触摸带电部件，严格遵守"先接线后通电，先接电路部分后接电源部分；先接主电路，后接控制电路，再接其他电路；先断电源后拆线"的操作程序。

（2）接线时，必须先接负载端，后接电源端；先接接地端，后接三相电源相线。

（3）发现异常现象（如发响、发热、焦臭），应立即切断电源，保持现场，报告指导教师。

（4）电动机必须安放平稳，电动机及按钮金属外壳必须可靠接地。接至电动机的导线必须穿在导线通道内加以保护，或采取坚韧的四芯橡皮护套线进行临时通电校验。

（5）电源进线应接在螺旋式熔断器底座的中心端上，出线应接在螺纹外壳上。

（6）按钮内接线时，用力不能过猛，以防止螺钉打滑。

四、工作质量评价（如表 10—3 所示）

表 10—3　　　　　　　　　　　任务完成质量评分

项目内容	配分	评分标准		得分
器材准备	5	（1）不清楚元器件的功能及作用	扣 2 分	
		（2）不能正确选用元器件	扣 3 分	
工具、仪表的使用	5	（1）不会正确使用工具	扣 2 分	
		（2）不能正确使用仪表	扣 3 分	
装前检查	10	（1）电动机质量检查	每漏一处扣 2 分	
		（2）电器元件漏检或错检	每处扣 2 分	
安装元件	15	（1）不按布置图安装	扣 5 分	
		（2）元件安装不紧固	每只扣 4 分	
		（3）安装元件时漏装木螺钉	每只扣 2 分	
		（4）元件安装不整齐、不匀称、不合理	每只扣 3 分	
		（5）损坏元件	扣 15 分	

续前表

项目内容	配分	评分标准		得分
布线	30	(1) 不按电路图接线	扣 10 分	
		(2) 布线不符合要求：主电路	每根扣 4 分	
		控制电路	每根扣 2 分	
		(3) 接点松动、露铜过长、压绝缘层、反圈等，每个接点	扣 1 分	
		(4) 损伤导线绝缘或线芯	每根扣 5 分	
		(5) 漏套或错套编码套管(教师要求)	每处扣 2 分	
		(6) 漏接接地线	扣 10 分	
通电试车	35	(1) 热继电器未整定或整定错	扣 5 分	
		(2) 熔体规格配错，主、控电路各	扣 5 分	
		(3) 第一次试车不成功	扣 10 分	
		第二次试车不成功	扣 20 分	
		第三次试车不成功	扣 30 分	
安全文明生产		违反安全文明生产规程、小组团队协作精神不强	扣 5~40 分	
定额时间 4h		每超时 5min 以内以扣 5 分计算		
备注		除定额时间外，各项目的最高扣分不应超过配分数		
开始时间		结束时间	实际时间	总成绩

注意：

(1) 安装控制板上的走线槽及电器元件时，必须根据电器元件位置图画线后进行安装，并做到安装牢固、排列整齐、均称、合理、便于走线及更换元件。

(2) 紧固各元件时，要受力均匀，紧固程度适当，以防止损坏元件。

(3) 各电器元件与走线槽之间的外露导线，要尽可能做到横平竖直、走线合理、美观整齐，变换走向要垂直。

任务二 三相异步电动机连续控制线路的装接

一、主要使用工具、仪表及器材

(1) 电器元件见表 10—4。

表 10—4　　　　　　　　　　　　　　　　　　元件明细表

代号	名称	推荐型号	推荐规格	数量
M	三相异步电动机	Y112M—4	4kW、380V、△接法、8.8A、1 440r/min	1
QS	组合开关	HZ10—25/3	三相、额定电流 25A	1
FU$_1$	螺旋式熔断器	RL1—60/25	380V、60A、配熔体额定电流 25A	3
FU$_2$	螺旋式熔断器	RL1—15/2	380V、1.5A、配熔体额定电流 2A	2
KM	交流接触器	CJ10—20	20A、线圈电压 380V	1
FR	热继电器	JR16—20/3	三极、20A、整定电流 8.8A	1
SB	按钮	LA10—3H	保护式、500V、5A、按钮数 3、复合按钮	1
XT$_1$	端子排	JX2—1015	10A、15 节、380V	1
XT$_2$	端子排	JX2—1010	10A、10 节、380V	1

（2）工具：测电笔、螺丝刀、尖嘴钳、斜口钳、剥线钳、电工刀等。

（3）仪表：ZC7(500V)型兆欧表、DT-9700 型钳形电流表，MF500 型万用表（或数字式万用表 DT980）。

（4）器材。

①控制板一块(600mm× 500mm× 20mm)。

②导线规格：主电路采用 BV1.5mm^2（红色、绿色、黄色）；控制电路采用 BV1mm^2（黑色）；按钮线采用 BVR0.75mm^2（红色）；接地线采用 BVR1.5mm^2（黄绿双色）。导线数量由指导教师根据实际情况确定。

③紧固体和编码套管按实际需要发放，简单线路可不用编码套管。

（5）场地要求：电工实训室、电工工作台。

二、训练步骤及工艺要求

（1）读懂过载保护连续正转控制线路电路原理图 10—12，明确线路所用元件及作用。

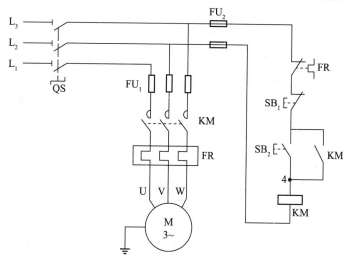

图 10—12　过载保护连续正转控制线路电路原理图

(2) 按表 10—4 配置所用电器元件并检验型号及性能。

(3) 在控制板上按布置图(图 10—13)安装电器元件,并标注上醒目的文字符号。

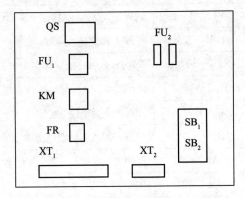

图 10—13　连续控制元器件平面布置图

(4) 按接线图(图 10—14 和图 10—12)进行板前明线布线和套编码套管。

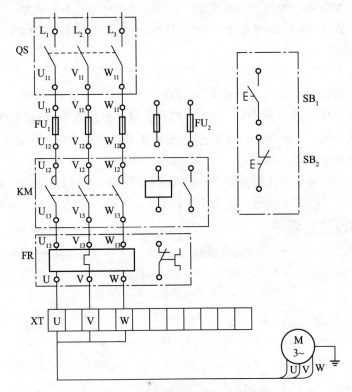

图 10—14　连续控制主电路接线图

(5) 根据控制电路原理图 10—12 检查控制板布线的正确性。

(6) 安装电动机。

(7) 连接电动机和按钮金属外壳的保护接地线。

(8) 连接电源、电动机等控制板外部的导线。

(9) 自检。

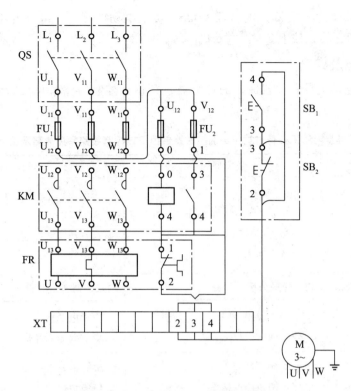

图 10—15 连续控制控制电路接线图

① 用查线号法分别对主电路和控制电路进行常规检查，按控制电路原理图和接线图（图 10—15）逐一查对线号有无错接、漏接。从电源端开始，逐段核对接线及接线端子处连接是否正确，有无漏接、错接之处；检查导线接点是否符合要求，压接是否牢固。

② 用万用表分别对主电路和控制电路进行通路、断路检查。

● 主电路检查。断开控制电路，分别测 U_{11}、V_{11}、W_{11} 任意两端电阻应为∞，按下交流接触器的触点架时，测得是电动机两相绕组的串联直流电阻值（万用表调至 R×1 挡调零）。检查主电路时，可以手动来代替受电线圈励磁吸合时的情况进行检查。

● 控制电路检查。将表笔跨接在控制电路两端，测得阻值为∞，说明起动、停止控制回路安装正确；按下 SB_2 或按下接触器 KM 触点架，测得接触器 KM 线圈电阻值，说明自锁控制安装正确。（将万用表调至 R×10 挡或 R×100 挡，调零。）

③ 检查电动机和按钮外壳的接地保护。

④ 检查过载保护。

检查热继电器的额定电流值是否与被保护的电动机额定电流相符，若不符，调整旋钮的刻度值，使热继电器的额定电流值与电动机额定电流相符；检查常闭触点是否动作，其机构是否正常可靠；复位按钮是否灵活。

（10）通电试车。接电前必须征得指导教师同意，并由指导教师接通电源和现场监护。

① 电源测试。合上电源开关 QS，用测电笔测 FU_1、三相电源。

② 控制电路试运行。断开电源开关 QS，确保电动机没有与端子排连接。合上开关 QS，按下按钮 SB_2，接触器主触点立即吸合，松开 SB_1，接触器主触点仍保持吸合。按下 SB_2，接触器触点立即复位。

③ 带电动机试运行。断开电源开关 QS，接上电动机接线。再合上开关 QS，按下按钮 SB₁，电动机运转；按下 SB₂，电动机停转。

三、常见故障及维修

三相异步电动机具有过载保护的接触器自锁正转控制线路常见故障及维修方法见表10—5。

表 10—5　　三相异步电动机具有过载保护的接触器自锁正转控制线路常见故障及维修方法

常见故障	故障原因	维修方法
电动机不起动	1. 熔断器熔体熔断 2. 自锁触点和起动按钮串联 3. 交流接触器不动作 4. 热继电器未复位	1. 查明原因排除后更换熔体 2. 改为并联 3. 检查线圈或控制回路 4. 手动复位
发出嗡嗡声，缺相	动、静触头接触不良	对动静触头进行修复
跳闸	1. 电动机绕阻烧毁 2. 线路或端子板绝缘击穿	1. 更换电动机 2. 查清故障点并排除
电动机不停车	1. 触头烧损粘连 2. 停止按钮接点粘连	1. 拆开修复 2. 更换按钮
电动机时通时断	1. 自锁触点错接成常闭触点 2. 触点接触不良	1. 改为常开 2. 检查触点接触情况
只能点动	1. 自锁触点未接上 2. 并接到停止按钮上	1. 检查自锁触点 2. 并接到起动按钮两侧

四、工作质量评价

工作质量评价参照表 10—3，定额时间由指导教师酌情增减。

注意：

（1）自锁触点和起动按钮并联。

（2）装接控制电路时交流接触器线圈是唯一负载，不能忘记，否则会导致控制电路短路。

任务三 三相异步电动机双重联锁控制线路的装接

一、主要使用工具、仪表及器材

（1）电器元件见表 10—6。

表 10—6   元件明细表

代号	名称	推荐型号	推荐规格	数量
M	三相异步电动机	Y112M—4	4kW、380V、△接法、8.8A、1 440r/min	1
QS	组合开关	HZ10—25/3	三相、额定电流 25A	1
FU₁	螺旋式熔断器	RL1—60/25	380V、60A、配熔体额定电流 25A	3
FU₂	螺旋式熔断器	RL1—15/2	380V、1.5A、配熔体额定电流 2A	2
KM₁	交流接触器	CJ10—20	20A、线圈电压 380V	2
FR	热继电器	JR16—20/3	三极、20A、整定电流 8.8A	1
SB	按钮	LA10—3H	保护式、500V、5A、按钮数 3、复合按钮	1
XT₁	端子排	JX2—1015	10A、15 节、380V	1
XT₂	端子排	JX2—1010	10A、10 节、380V	1

（2）工具：测电笔、螺丝刀、尖嘴钳、斜口钳、剥线钳、电工刀等。

（3）仪表：ZC7(500V)型兆欧表、DT－9700 型钳形电流表，MF500 型万用表(或数字式万用表 DT980)。

（4）器材。

① 控制板一块(600mm×500mm×20mm)。

② 导线规格：主电路采用 BV1.5mm² (红色、绿色、黄色)；控制电路采用 BV1mm² (黑色)；按钮线采用 BVR0.75mm² (红色)；接地线采用 BVR1.5mm² (黄绿双色)。导线数量由指导教师根据实际情况确定。

③ 紧固体和编码套管按实际需要发给，简单线路可不用编码套管。

（5）场地要求：电工实训室、电工工作台。

二、训练步骤及工艺要求

（1）绘制双重联锁正反转电动机控制电路原理图，如图 10—17 所示，给线路元件编号，明确线路所用元件及作用。

（2）按表 10—6 配置所用电器元件并检验型号及性能。

（3）在控制板上按布置图 10—16 安装电器元件，并标注上醒目的文字符号。

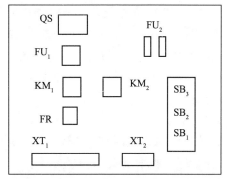

图 10—16　双重联锁正反转控制平面布置图

（4）按接线图 10—17 进行板前明线布线和套编码套管。

（5）根据接线图 10—17 检查控制板布线的正确性。

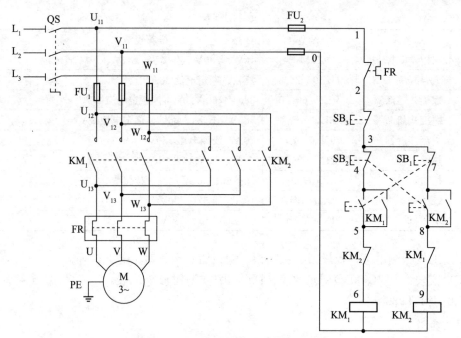

图 10—17　双重联锁正反转控制接线图

（6）安装电动机。

（7）连接电动机和按钮金属外壳的保护接地线。

（8）连接电源、电动机等控制板外部的导线。

（9）自检。

① 主电路的检查。

● 查线法检查。重点检查交流接触器 KM_1 和 KM_2 之间的换相线，并用查线法逐线核对。检查主电路时，可以手动来代替受电线圈励磁吸合时的情况进行检查。

● 万用表检查法。将万用表打到 $R \times 10$ 挡（调零），断开控制线路（断开 FU_2），用表笔分别测 U_{11}、V_{11}、W_{11} 之间的阻值应为∞；按下 KM_1 触点架，测得阻值应为电动机两相绕组直流电阻串联的阻值；松开 KM_1 的触点架，按下 KM_2 触点架，测得同样结果；最后用表笔测 U_{11} 和 W_{11} 两端，按下 KM_1 触点架，测得电动机两相绕组直流电阻串联的阻值，将 KM_1 和 KM_2 触点架同时按下，测得阻值为零，说明换相正确。

② 控制线路的检查。用查线法对照原理和接线图分别检查按钮、自锁触点和联锁触点的布线；用万用表检查控制电路，连接 FU_2，检查自锁触点、互锁触点、按钮、热继电器常闭触点、熔断器等的通断情况。

③ 检查起动、停止和按钮控制。

按下 SB_2 测得 KM_1 线圈的电阻值，同时按下 SB_1，测得阻值应为∞。同时按下 SB_2 和 SB_3 测得阻值应为∞，松开 SB_2，测得 KM_2 线圈的阻值。

④ 检查自锁、联锁控制。

按下 KM_1 触点架，测得 KM_1 线圈的电阻值，同时按下 KM_2 触点架，测得阻值应为∞。反之，按下 KM_2 触点架，测得 KM_2 线圈阻值，同时按下 KM_1 触点架，测得阻值应为∞。

（10）通电试车。接电前必须征得指导教师同意，并由指导教师接通电源和现场监护。

做好线路板的安装检查后，按安全操作规定进行试运行，即一人操作，一人监护。

先合上 QS，检查三相电源，在确保电动机不接入的情况下，按 SB$_2$，接触器 KM$_1$ 触点架吸合，按下 SB$_3$ 接触器 KM$_1$ 释放，KM$_2$ 触点架吸合。按下 SB$_1$，接触器 KM$_2$ 释放。

断开 QS，接上电动机。再合上 QS，按下 SB$_2$，电动机正转。按下 SB$_3$，电动机反转。按下 SB$_1$，电动机停转。

三、注意事项

① 电动机必须安放平稳，以防止在可逆运转时产生滚动而引起事故，并将其金属外壳可靠接地。

② 要注意主电路必须进行换相，否则，电动机只能进行单向运转。

③ 要特别注意接触器的联锁触点不能接错；否则会造成主电路中二相电源短路事故。

④ 接线时，不能将正、反转接触器的自锁触点进行互换；否则只能进行点动控制。

⑤ 通电校验时，应先合上 QS，再检验 SB$_2$（或 SB$_3$）及 SB$_1$ 按钮的控制是否正常，并在按 SB$_2$ 后再按 SB$_3$，观察有无联锁作用。

⑥ 应做到安全操作。

四、常见故障分析

该电路故障发生率比较高，常见故障主要有以下几种：

(1) 接通电源后，按起动按钮（SB$_1$ 或 SB$_2$），接触器吸合，但电动机不转且发出"嗡嗡"声响；或者虽能起动，但转速很慢。

分析：这种故障大多是主回路一相断线或电源缺相。

(2) 控制电路时通时断，不起联锁作用。

分析：联锁触点接错，在正反转控制回路中均用自身接触器的常闭触点做联锁触点。

(3) 按下起动按钮，电路不动作。

分析：联锁触点用的是接触器常开辅助触点。

(4) 电动机只能点动正转控制。

分析：自锁触点用的是另一接触器的常开辅助触点。

(5) 按下 SB$_2$，KM$_1$ 剧烈振动，起动时接触器"吧嗒"之所就不吸了。

分析：联锁触点接到自身线圈的回路中。接触器吸合后常闭接点断开，接触器线圈断电释放，释放常闭触点又接通，接触器又吸合，触点又断开，所以会出现"吧嗒"接触器不吸合的现象。

(6) 在电机正转或反转时，按下 SB$_3$ 不能停车。

分析：原因可能是 SB$_3$ 失效。

(7) 合上 QS 后，熔断器 FU$_2$ 马上熔断。

分析：原因可能是 KM$_1$ 或 KM$_2$ 线圈、触点短路。

(8) 合上 QS 后，熔断器 FU$_1$ 马上熔断。

分析：原因可能是 KM$_1$ 或 KM$_2$ 短路，或电机相间短路，或正反转主电路换相线接错。

(9) 按下 SB$_1$ 后电机正常运行，再按下 SB$_2$，FU$_1$ 马上熔断。

分析：原因是正反转主电路换相线接错或 KM$_1$、KM$_2$ 常闭辅助触点联锁不起作用。

五、工作质量评价

工作质量评价参照表 10—3，定额时间由指导教师酌情增减。

注意：

（1）主电路必须将两相电源换相，交流接触器进线换相或者出线换相都可以，主电路绝对不能短路。

（2）必须要有联锁，否则在换相时会导致电源相间短路。

（3）安装训练应从简单到复杂，先从接触器联锁再到双重联锁，体会双重联锁的优点和接线特点。

任务四 三相异步电动机自动往返行程控制线路的装接

一、主要使用工具、仪表及器材

（1）电器元件如表 10—7 所示。

表 10—7　　　　　　　　　　　　　　　元件明细表

代号	名称	推荐型号	推荐规格	数量
M	三相异步电动机	Y112—4	4kW、380V、△接法、8.8A、1 440r/min	1
QS	组合开关	HZ10—25/3	三相、额定电流 25A	1
FU$_1$	螺旋式熔断器	RL1—60/25	380V、60A、配熔体额定电流 25A	3
FU$_2$	螺旋式熔断器	RL1—15/2	380V、1.5A、配熔体额定电流 2A	2
KM$_1$、KM$_2$	交流接触器	CJ10—20	20A、线圈电压 380V	2
SQ$_1$— SQ$_4$	位置开关	JLXK1—111	单轮旋转式	4
FR	热继电器	JR16—20/3	三极、20A、整定电流 8.8A	1
SB$_1$—SB$_3$	按钮	LA10—3H	保护式、500V、5A、按钮数 3	1
XT$_1$	端子排	JX2—1015	10A、15 节、380V	1
XT$_2$	端子排	JX2—1010	10A、10 节、380V	1
	走线槽		18mm×25mm	若干

（2）工具：测电笔、螺丝刀、尖嘴钳、斜口钳、剥线钳、电工刀等。

（3）仪表：ZC7(500V)型兆欧表、DT - 9700 型钳形电流表，MF500 型万用表（或数字式万用表 DT980）。

（4）器材。

① 控制板一块(600mm× 500mm× 20mm)。

② 导线规格：主电路采用 BV1.5mm^2（红色、绿色、黄色）；控制电路采用 BV1mm^2（黑色）；按钮线采用 BVR0.75mm^2（红色）；接地线采用 BVR1.5mm^2（黄绿双色）。导线数量由指导教师根据实际情况确定。

③ 紧固体和编码套管按实际需要发给。

（5）场地要求：电工实训室、电工工作台。

二、训练步骤及工艺要求

（1）读懂自动往返控制电路图，给线路元件编号，明确线路所用元件及作用。

（2）按表10—7配置所用电器元件并检验型号及性能。

（3）在控制板上按布置图10—18安装电器元件，并标注上醒目的文字符号。

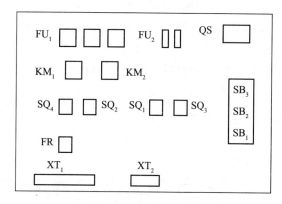

图10—18 行程控制平面布置图

（4）按生产机械行程控制电路原理图10—19进行板前明线布线和套编码套管。

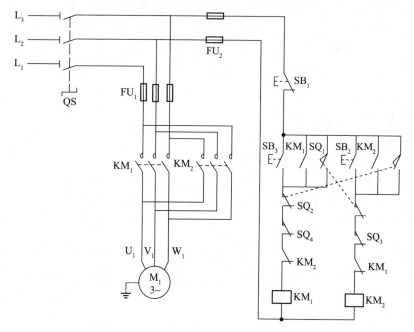

图10—19 生产机械行程控制电路原理图

（5）根据图10—19检查控制板布线的正确性。

（6）安装电动机。

（7）连接电动机和按钮金属外壳的保护接地线。

（8）连接电源、电动机等控制板外部的导线。

（9）自检。

① 主电路接线检查。按电路图或接线图从电源端开始，逐段核对接线有无漏接、错接之处，检查导线接点是否符合要求，压接是否牢固，以免带负载运行时产生闪弧现象。检查主电路时，可以手动来代替受电线圈励磁吸合时的情况进行检查。

② 控制电路接线检查。用万用表电阻挡检查控制电路接线情况。

（10）检查无误后通电试车。为保证人身安全，在通电试车时，要认真执行安全操作规程的有关规定，由指导教师检查并现场监护。

接通三相电源 L_1、L_2、L_3，合上电源开关 QS，用电笔检查熔断器出线端，氖管亮说明电源接通。分别按下 $SB_2 \rightarrow SB_3$ 和 $SB_1 \rightarrow SB_3$，观察是否符合线路功能要求，观察电器元件动作是否灵活，有无卡阻及噪声过大现象，观察电动机运行是否正常。若有异常，立即停车检查。

三、注意事项

① 不触摸带电部件，遵守安全操作规程。

② 可用手动行程开关来模拟真实的生产环境。

四、工作质量评价

工作质量评价参照表 10—3，定额时间由指导教师酌情增减。

注意：

（1）位置开关可以先安装好，不占定额时间。位置开关必须牢固安装在合适的位置上。安装后，必须对手动工作台或受控机械进行试验，合格后才能使用。

（2）通电校验时，必须试验各行程控制和终端保护动作是否正常可靠。

（3）体会与正反转的区别与联系，掌握自动往返电路的特点。

测试题

1. 简述电气图的类型及作用。

2. 简述读电气原理图的步骤和方法。

3. 简述电气控制线路的安装步骤和工艺要求。

4. 简述试比较点动控制线路与自锁控制线路结构上和功能上的主要区别。

5. 自锁控制线路在长期工作后可能出现失去自锁作用。试分析产生的原因是什么？

6. 交流接触器线圈的额定电压为 220V，若误接到 380V 电源上会产生什么后果？反之，若接触器线圈电压为 380V，而电源线电压为 220V，其结果又如何？

7. 分析双重联锁的正反转控制线路与单一联锁的区别。说明联锁（互锁）的含义。

8. 在控制线路中，短路、过载、失压、欠压保护等功能是如何实现的？在实际运行过程中，这几种保护有何意义？

9. 简述行程开关在自动往返控制电路中的作用。

10. 解释"自锁"和"互锁"的含义，并举例说明。

11. 在电动机起、停控制电路中，已装有接触器 KM，为什么还要装一个闸刀开关 QS？它们的作用有什么不同？

12. 在电动机起、停控制电路图中，如果将闸刀开关下面的三个熔断器改接到闸刀开关上面的电源线上是否合适？为什么？

13. 电动机主电路中已装有熔断器，为什么还要再装热继电器？它们各起什么作用？

能不能相互替代？为什么？

14. 如图 10—20 所示，电动机起、停控制电路有何错误？应如何改正？

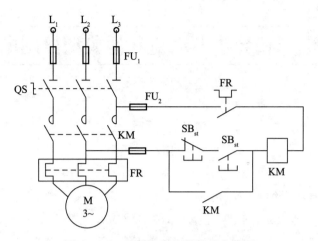

图 10—20　电动机起、停控制电路图

15. 如果将连续运行的控制电路误接成如图 10—21 所示，通电操作时会发生什么情况？

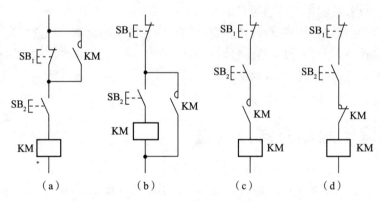

图 10—21　连续运行控制电路

16. 画出双重联锁的电动机正反转电气控制原路图，并说明其工作过程。

17. 画出行程开关控制的自动往返电气控制原理图，并说明其工作过程。

模块十一 三相异步电动机其他典型控制电路的装接

学习目标

1. 进一步了解电气原理图、平面布置图、安装接线图的工艺规范及要求；
2. 掌握三相异步电动机的如下运行控制原理：降压起动控制、顺序控制、多地控制等；
3. 进一步掌握控制线路的保护功能和检测知识；
4. 能够识读和绘制电气控制原理图；
5. 能结合控制电路器件进行规范、合理的布局并能正确绘制、识读接线图；
6. 会结合控制对象选择相关控制器件并能正确使用与安装，会使用常用检测工具；
7. 能规范地进行电气控制线路的安装与检测维护。

项目一 降压起动方式及原理

在工厂中，若笼形异步电动机的额定功率超出了允许直接起动的范围，则应采用降压起动。所谓降压起动，是借助起动设备将电源电压适当降低后加在定子绕组上进行起动，待电动机转速升高到接近稳定时，再使电压恢复到额定值，转入正常运行。三相笼形异步电动机容量在 10kW 以上或由于其他原因不允许直接起动时，应采用降压起动。降压起动也称为减压起动。

降压起动的目的是减小起动电流以及对电网的不良影响，但它同时又降低了起动转矩，所以这种起动方法只适用于空载或轻载起动时的笼形异步电动机。笼形异步电动机降压起动的方法通常有定子绕组回路串电阻或电抗器降压起动、定子绕组串自耦变压器降压起动、Y—△变换降压起动、延边三角形降压起动四种，本节主要介绍前三种方法。

一、定子绕组回路串电阻或电抗器降压起动

定子回路串电阻降压起动是指在电动机起动时，把电阻串接在电动机定子绕组与电源之间，通过电阻的分压作用来降低定子绕组上的起动电压；待电动机起动后，再将电阻短接，使电动机在额定电压下正常运行。

串电阻降压起动的缺点是减少了电动机的起动转矩，同时起动时在电阻上功率消耗也较大，如果起动频繁，则电阻的温度很高，对于精密机床会产生一定影响，故这种降压起动方法在生产实际中的应用正逐步减少。其控制原理，如图11—1所示。

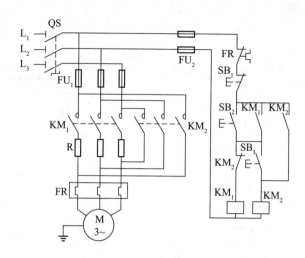

图11—1　串电阻降压起动控制电路

控制过程如下：

先闭合电源开关 QS，然后

（1）降压起动。按下按钮 SB$_2$→KM$_1$ 线圈得电→KM$_1$ 主触点和辅助常开触点闭合→电动机 M 定子串电阻降压起动。

（2）全压运行。待笼形电动机起动好后，按下按钮 SB$_3$→KM$_2$ 线圈得电→KM$_2$ 辅助常闭触点先断开→KM$_1$ 线圈失电→KM$_2$ 主触点和辅助常开触点闭合→电动机 M 全压运行。

（3）停止。按停止按钮 SB$_1$→整个控制电路失电→KM$_2$（或 KM$_1$）主触点和辅助触点分断→电动机 M 失电停转。

二、定子绕组回路串自耦变压器降压起动

自耦变压器降压起动利用自耦变压器来降低加在电动机三相定子绕组上的电压，从而达到限制起动电流的目的。自耦变压器降压起动时，将电源电压加在自耦变压器的高压绕组，而电动机的定子绕组与自耦变压器的低压绕组连接。当电动机起动后，将自耦变压器切除，电动机定子绕组直接与电源连接，在全电压下运行。自耦变压器降压起动比 Y—△降压起动的起动转矩大，并且可用抽头调节自耦变压器的变比以改变起动电流和起动转矩的大小。但这种起动需要一个庞大的自耦变压器，且不允许频繁起动。因此，自耦变压器降压起动适用于容量较大但不能用 Y—△降压起动方法起动的电动机的降压起动。为了适应不同要求，通常自耦变压器的抽头有 73%、64%、55% 或 80%、60%、40% 等规格。

1. 利用自耦降压起动器手动实现

此种起动方法是利用自耦变压器降低加在定子绕组上的电压，三相自耦变压器接成星形，用一个六刀双掷开关 S 来控制变压器接入或脱离电源，如图11—2所示。起动时先将

开关QS合上，再把S合到起动位置，此时电动机定子绕组通过自耦变压器和电网相接，定子绕组上的电压小于电网电压，从而减小了起动电流，等到电动机的转速升高后，再把开关S扳到运行位置，把自耦变压器从电路中切除，使电动机三相定子绕组直接和电源相联，运行于额定电压下。

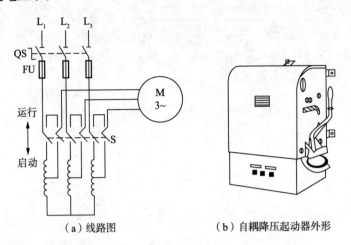

(a) 线路图　　　　　　(b) 自耦降压起动器外形

图 11—2　笼形电动机自耦变压器降压起动线路图

2. 利用时间继电器自动实现

其控制原理，如图 11—3 所示。其控制过程如下：

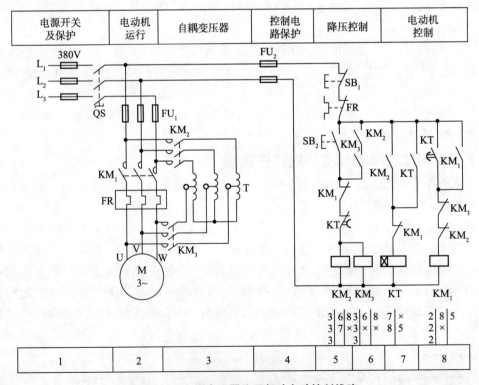

图 11—3　自耦变压器降压起动自动控制线路

先闭合电源开关 QS，然后

（1）降压起动。按下按钮 SB₂→KM₂ 和 KM₃ 线圈得电→KM₂ 和 KM₁ 常闭辅助触点断开、KM₂ 和 KM₃ 主触点及其辅助常开触点闭合→电动机 M 定子串自耦变压器 T 降压起动→时间继电器线圈 KT 线圈得电→开始计时、KT 瞬动触点闭合，为全压运行做准备。

（2）全压运行。时间继电器线圈 KT 整定时间到→KT 延时常闭触点断开、延时常开触点闭合→KM₂ 和 KM₃ 线圈断电→KM₂ 和 KM₃ 常闭辅助触点闭合、KM₂ 和 KM₃ 主触点及其辅助常开触点断开→KM₁ 线圈得电→KM₁ 辅助常闭触点断开、KM₁ 主触点和辅助常开触点闭合→KT 线圈失电→电动机 M 全压运行。

（3）停止。按停止按钮 SB₁→整个控制电路失电→KM₁（或 KM₂ 和 KM₁）主触点和辅助触点分断（时间继电器线圈断电）→电动机 M 失电停转。

想一想：时间继电器线圈为何在全压运行时要失电？

三、Y—△变换降压起动

电动机 Y—△降压起动是指把正常工作时电动机三相定子绕组作△形连接的电动机，起动时换接成按 Y 形连接，待电动机起动好之后，再将电动机三相定子绕组按△形连接，使电动机在额定电压下工作。采用 Y—△降压起动，可以减少起动电流，其起动电流仅为直接起动时的 1/3，起动转矩也为直接起动时的 1/3。大多数功率较大，△形接法的三相异步电动机降压起动都采用这种方法。Y—△降压起动控制电路一般分为三种：一是利 Y—△降压起动器手动实现；二是利用按钮、接触器控制的 Y—△降压起动电路；三是利用时间继电器控制的 Y—△降压起动电路。下面分别介绍其中两种 Y—△降压起动电路的工作原理和工作过程。

1. Y—△降压起动器手动降压起动

手动控制的 Y—△起动电路结构简单，操作也方便。它不需要控制电路，直接用手动方式拨动手柄切换主电路达到降压起动的目的。常用手动 Y—△起动器的结构，如图 11—4 所示。

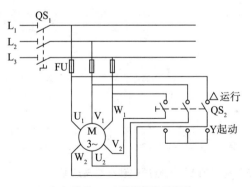
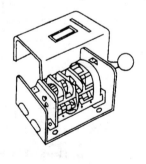

（a）手动 Y—△转换器降压起动　　　　（b）起动器的外形图

图 11—4　手动 Y—△降压起动及起动器的外形

其控制过程如下：

先闭合电源开关 QS₁，然后

（1）Y 降压起动。将三刀双掷开关 QS₂ 扳到 Y 起动位置，此时定子绕组接成星形，实现星形降压起动。

（2）△稳定运行。待电动机转速接近稳定时，再把三刀双掷开关 QS$_2$ 扳到△运行位置，实现三角形全压稳定运行。

（3）停止。断开 QS$_1$→电动机 M 失电停转。

2. 时间继电器自动控制的 Y—△降压起动电路

（1）时间继电器自动控制的 Y—△降压起动电路工作原理。

常见的 Y—△降压起动自动控制电路，如图 11—5 所示。图中主电路由 3 只接触器 KM$_1$、KM$_2$、KM$_3$ 主触点的通断配合，分别将电动机的定子绕组接成 Y 形或△形。当 KM$_1$、KM$_3$ 线圈通电吸合时，其主触点闭合，定子绕组接成 Y 形；当 KM$_1$、KM$_2$ 线圈通电吸合时，其主触点闭合，定子绕组接成△形。两种接线方式的切换由控制电路中的时间继电器定时自动完成。

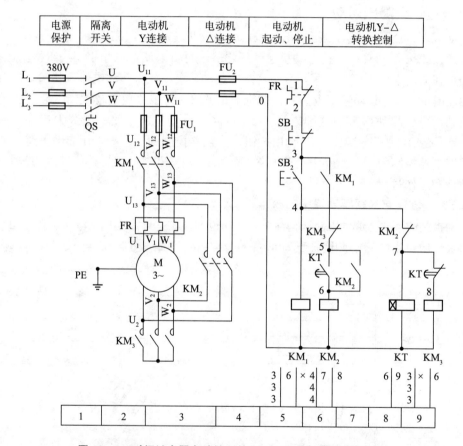

图 11—5　时间继电器自动控制的 Y—△降压起动电路原理图

（2）动作过程。闭合电源开关 QS，如图 11—6 所示。

① Y 起动、△运行。

② 停止。按下 SB$_1$→控制电路断电→KM$_1$、KM$_2$、KM$_3$ 线圈断电释放→电动机 M 断电停车。

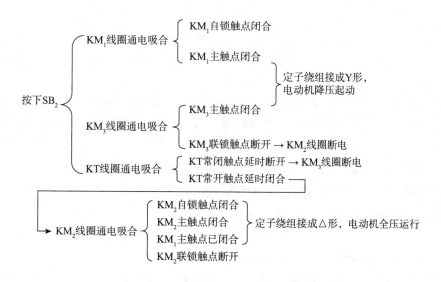

图 11—6 Y 起动，△ 运行控制运行过程

车床主轴转动时，要求油泵先给润滑油，主轴停止后，油泵方可停止润滑，即要求油泵电动机先起动，主轴电动机后起动，主轴电动机停止后，才允许油泵电动机停止，实现这种控制功能的电路就是顺序控制电路。在生产实践中，根据生产工艺的要求，经常要求各种运动部件之间或生产机械之间能够按顺序工作。

一、实现电动机顺序控制电路

1. 电气控制线路图(如图 11—7 所示)

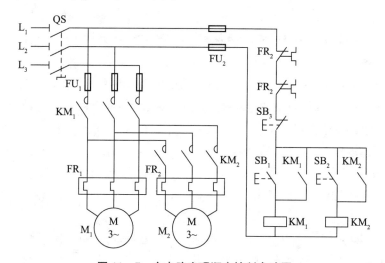

图 11—7 主电路实现顺序控制电路图

2. 线路特点

电动机 M_2 主电路的交流接触器 KM_2 接在接触器 KM_1 之后，只有 KM_1 的主触点闭合后，KM_2 才可能闭合，这样就保证了 M_1 起动后，M_2 才能起动的顺序控制要求。

3. 线路工作过程

合上电源开关 QS，按下 SB_1→KM_1 线圈得电→KM_1 主触点闭合→电动机 M_1 起动连续运转→再按下 SB_2→KM_2 线圈得电→KM_2 主触点闭合→电动机 M_2 起动连续运转。

按下 SB_3KM_1 和 KM_2 主触点分断→电动机 M_2 和 M_1 同时停转。

二、实现顺序起动、逆序停止控制电路

1. 电气控制线路图(如图 11—8 所示)

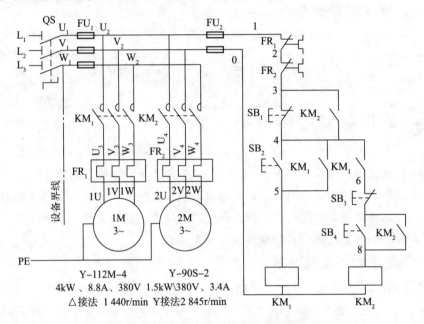

图 11—8 顺序起动、逆序停止控制电路图

2. 线路特点

电动机 M_2 的控制电路先与接触器 KM_1 的线圈并接后，再与 KM_1 的自锁触点串接，而 KM_2 的常开触点与 SB_1 并联，这样就保证了 M_1 起动后，M_2 才能起动以及 M_2 停车后 M_1 才能停车的顺序控制要求。

3. 线路工作过程

合上电源开关 QS，按下 SB_2→KM_1 线圈得电→KM_1 主触点闭合→电动机 M_1 起动连续运转→再按下 SB_4→KM_2 线圈得电→KM_2 主触点闭合→电动机 M_2 起动连续运转。

按下 SB_3→KM_2 线圈失电→KM_2 主触点分断和 KM_2 两个常开辅助触点断开→电动机 M_2 停转→再按下 SB_1→KM_1 主触点分断和 KM_1 两个常开辅助触点断开→电动机 M_1 停转。

不同生产机械的控制要求不同，顺序控制电路有多种多样的形式，可以通过不同的电路来实现顺序控制功能，满足生产机械的要求，读者可自行总结。

项目三 多地控制电路

有些生产设备为了操作方便，需要在两地或多地控制一台电动机，例如普通铣床的控制电路，就是一种多地控制电路。这种能在两地或多地控制一台电动机的控制方式，称为电动机的多地控制。在实际应用中，大多为两地控制。

一、工作原理图

如图 11—9 所示为两地控制的具有过载保护接触器自锁正转控制电路图。其中 SB_{12}、SB_{11} 为安装在甲地的起动按钮和停止按钮；SB_{22}、SB_{21} 为安装在乙地的起动按钮和停止按钮。线路的特点是：两地的起动按钮 SB_{12}、SB_{22} 要并联接在一起；停止按钮 SB_{11}、SB_{21} 要串联接在一起。这样就可以分别在甲、乙两地起动和停止同一台电动机，达到操作方便的目的。对三地或多地控制，只要把各地的起动按钮并接、停止按钮串接就可以实现。

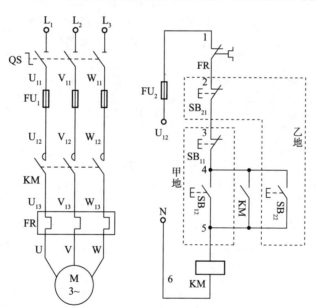

图 11—9 异地控制电路图

想一想：三地控制如何实现？

二、工作过程

线路工作过程如下：

合上电源开关 QS，按下甲地起动按钮 SB_{12}（或乙地起动按钮 SB_{22}）→KM 线圈得电→KM 主触点闭合及其常开自锁触点闭合→电动机 M 起动连续运转。实现甲、乙两地都可以起动。

按下甲地停车按钮 SB_{11}（或乙地停车按钮 SB_{21}）→KM 线圈失电→KM 主触点断开及其常开自锁触点断开→电动机 M 起动连续运转。实现甲、乙两地都可以停车。

任务一 星—三角降压起动控制电路的装接

一、主要使用工具、仪表及器材

(1) 电器元件见表11—1。

表 11—1   元件明细表

代号	名称	推荐型号	推荐规格	数量
M	三相异步电动机	Y132S—4	5.5kW、380V、11.6A、△接法、1 440r/min	1
QS	组合开关	HZ10—25/3	三极、25A	1
FU$_1$	熔断器	RL1—60/25	500V、60A、配熔体25A	3
FU$_2$	熔断器	RL1—15/2	500V、15A、配熔体2A	2
KM$_1$、KM$_2$、KM$_3$	交流接触器	CJ10—20	20A、线圈电压380V	3
KT	时间继电器	JS7—2A	线圈电压380V	1
FR	热继电器	JR16—20/3	三极、20A、整定电流11.6A	1
SB$_1$、SB$_2$	按钮	LA10—3H	保护式、按钮数3	1
XT$_1$	端子排	JX2—1015	10A、15节、380V	1

(2) 工具：测电笔、螺丝刀、尖嘴钳、斜口钳、剥线钳、电工刀等。

(3) 仪表：ZC7(500V)型兆欧表、DT-9700型钳形电流表，MF500型万用表(或数字式万用表DT980)。

(4) 器材。

① 控制板一块(600mm×500mm×20mm)。

② 导线规格：主电路采用 BV1.5mm^2(红色、绿色、黄色)；控制电路采用 BV1.0mm^2(黑色)；按钮线采用 BVR0.75mm^2(红色)；接地线采用 BVR1.5mm^2(黄绿双色)。导线数量由指导教师根据实际情况确定。

③ 紧固体和编码套管按实际需要发给，走线槽若干。

(5) 场地要求：电工实训室、电工工作台。

二、训练步骤及工艺要求

(1) 绘制并读懂 Y—△降压起动自动控制线路图，给线路元件编号，明确线路所用元件及作用。

(2) 按表11—1配置所用电器元件并检验型号及性能。

（3）在控制板上按布置图 11—10 安装电器元件，并标注上醒目的文字符号。

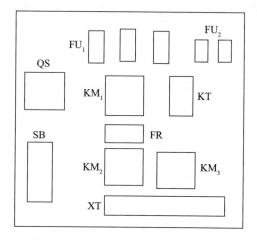

图 11—10　星—三角降压起动时间继电器自动控制平面布置图

（4）按接线图 11—11 进行板前明线布线和套编码套管。

（5）根据电路图 11—12 检查控制板布线的正确性。

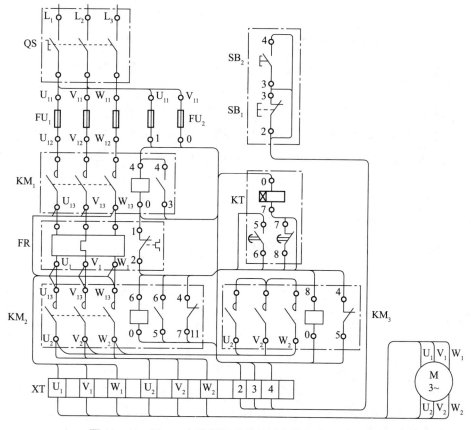

图 11—11　星—三角降压起动时间继电器自动控制接线图

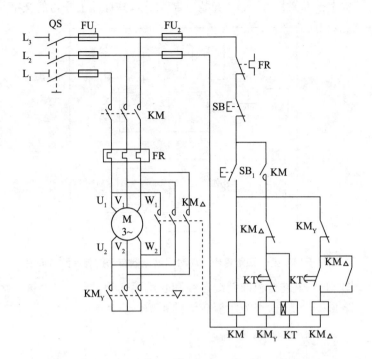

图 11—12 星—三角降压起动时间继电器自动控制电路原理图

① 主电路接线检查。按电路图或接线图从电源端开始，逐段核对接线有无漏接、错接之处，检查导线接点是否符合要求，压接是否牢固，以免带负载运行时产生闪弧现象。检查主电路时，可以手动来代替受电线圈励磁吸合时的情况进行检查。

② 控制电路接线检查。用万用表电阻挡或数字式万用表的蜂鸣器检查控制电路接线情况。重点检测接触器线圈的电阻，触点的通断情况；时间继电器线圈的电阻，延时触点的通断，以及按钮动合、动断触点的检测，热继电器的检测，熔断器的检测等。

(6) 安装电动机。

(7) 连接电动机和按钮金属外壳的保护接地线。

(8) 连接电源、电动机等控制板外部的导线。

(9) 通电试车。

接电前必须征得指导教师同意，并由指导教师接通电源和现场监护。做好线路板的安装检查后，按安全操作规定进行试运行，即一人操作，一人监护。

接通三相电源 L_1、L_2、L_3，合上电源开关 QS，用电笔检查熔断器出线端，氖管亮说明电源接通。分别按下 SB_2 和 SB_1，观察是否符合线路功能要求，观察电器元件动作是否灵活，有无卡阻及噪声过大现象，观察电动机运行是否正常。若有异常，立即停车检查。

三、电路的故障分析

Y—△起动控制电路的常见故障有：

(1) 按下起动按钮 SB_2，电机不能起动。

分析：主要原因可能是接触器接线有误，自锁、互锁没有实现。

（2）由星形接法无法正常切换到三角形接法，要么不切换，要么切换时间太短。

分析：主要原因是时间继电器接线有误或时间调整不当。

（3）起动时主电路短路。

分析：主要原因是主电路接线错误。

（4）Y 接起动过程正常，但△接运行时电动机发出异常声音，转速也急剧下降。

分析：接触器切换动作正常，表明控制电路接线无误。问题出现在接上电动机后，从故障现象分析，很可能是电动机主回路接线有误，使电路由 Y 接转到△接时，送入电动机的电源顺序改变了，电动机由正常起动突然变成了反序电源制动，强大的反向制动电流造成了电动机转速急剧下降和异常声音。

处理故障：核查主回路接触器及电动机接线端子的接线顺序。

四、注意事项

（1）电动机必须安放平稳，以防止在可逆运转时产生滚动而引起事故，并将其金属外壳可靠接地。进行 Y—△自动降压起动的电动机，必须有 6 个出线端子且定子绕组在△形接法时的额定电压等于 380V。

（2）要注意电路 Y—△自动降压起动换接，电动机只能进行单向运转。

（3）要特别注意接触器的触点不能错接，否则会造成主电路短路事故。

（4）接线时，不能将接触器的辅助触点进行互换，否则会造成电路短路等事故。

（5）通电校验时，应先合上 QS，检验 SB_2 按钮的控制是否正常，并在按 SB_2 后 6 秒钟，观察 Y—△自动降压起动过程。

五、工作质量评价

工作质量评价参照表 10—3，定额时间由指导教师酌情增减。

注意：

（1）Y—△降压起动电路，只适用于△形接法的异步电动机。进行星形—三角形起动接线时应先将电动机接线盒的连接片拆除，将电动机的 6 个出线端子全部引出。

（2）接线时要注意电动机的三角形接法不能接错，应将电动机定子绕组的 U_1、V_1、W_1 通过 KM_2 接触器分别与 W_2、U_2、V_2 相连，否则会产生短路现象。

（3）KM_3 接触器的进线必须将三相绕组的末端引入，若误将首端引入，则 KM_3 接触器吸合时，会产生三相电源短路事故。

（4）接线时应特别注意电动机的首尾端接线相序不可有错，如果接线有错，在通电运行时会出现起动时电动机左转，运行时电动机右转现象，电动机突然反转，电流将剧增，会烧毁电动机或造成掉闸事故。

任务二 顺序控制电路的装接

本任务以某车床为例。

一、主要使用工具、仪表及器材

（1）电器元件见表 11—2。

表 11—2   元件明细表

代号	名称	推荐型号	推荐规格	数量
M	三相异步电动机	Y112M—4	4kW、380V、11.6A、△接法、1 440r/min	1
M	三相异步电动机	Y90S—2	1.5kW、220V、3.4A、Y接法、2 845r/min	1
QF	低压断路器	DZ5—20/330	三极、25A	1
FU	熔断器	RL1—15/2	500V、15A、配熔体2A	2
KM_1、KM_2	交流接触器	CJ10—20	20A、线圈电压380V	2
FR_1	热继电器	JR16—20/3	三极、20A、整定电流11.6A	1
FR_2	热继电器	JR16—10/3	三极、10A、整定电流3.4A	1
SB_1—SB_4	按钮	LA10—3H	保护式、复合按钮（停车用红色）	4
XT_1	端子排	JX2—1015	10A、15 节、380V	1
XT_2	端子排	JX2—1010	10A、10 节、380V	1

（2）工具：测电笔、螺丝刀、尖嘴钳、斜口钳、剥线钳、电工刀等。

（3）仪表：ZC7(500V)型兆欧表、DT - 9700 型钳形电流表，MF500 型万用表（或数字式万用表 DT980）。

（4）器材。

① 控制板一块(600mm× 500mm× 20mm)。

② 导线规格：主电路采用 BV1.5mm²（红色、绿色、黄色）；控制电路采用 BV1.0mm²（黑色）；按钮线采用 BVR0.75mm²（红色）；接地线采用 BVR1.5mm²（黄绿双色）。导线数量由指导教师根据实际情况确定。

③ 紧固体和编码套管按实际需要发给，走线槽若干。

（5）场地要求：电工实训室、电工工作台。

二、训练步骤及工艺要求

（1）绘制并读懂顺序控制电路图 11—13，给线路元件编号，明确线路所用元件及作用。

（2）按表 11—2 配置所用电器元件并检验型号及性能。

（3）在控制板上按布置图 11—14 安装电器元件，并标注上醒目的文字符号。

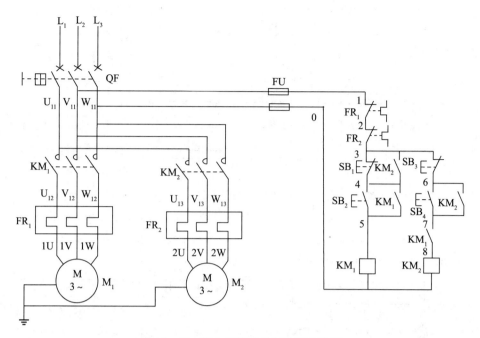

图 11—13　某车床顺序控制控制电路图

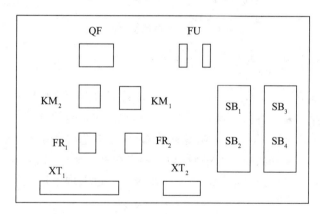

图 11—14　顺序控制平面布置图

（4）按接线图 11—15 进行板前明线布线和套编码套管。

（5）根据电路图 11—13 检查控制板布线的正确性。

① 主电路接线检查。

按电路图或接线图从电源端开始，逐段核对接线有无漏接、错接之处，检查导线接点是否符合要求，压接是否牢固，以免带负载运行时产生闪弧现象。检查主电路时，可以手动来代替受电线圈励磁吸合时的情况进行检查。

② 控制电路接线检查。

用万用表电阻挡或数字式万用表的蜂鸣器检查控制电路接线情况。重点对按钮和接触器触点的接线进行检测。

（6）安装电动机。

（7）连接电动机和按钮金属外壳的保护接地线。

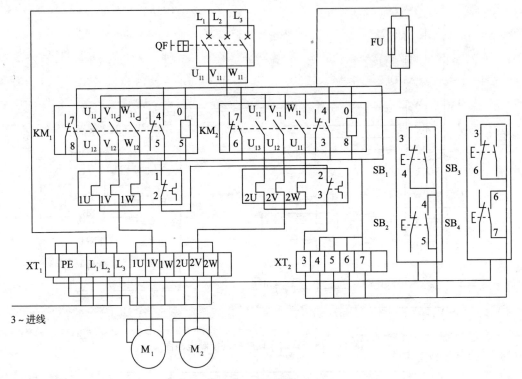

图 11—15　顺序控制接线图

（8）连接电源、电动机等控制板外部的导线。

（9）通电试车。

接电前必须征得指导教师同意，并由指导教师接通电源和现场监护。做好线路板的安装检查后，按安全操作规定进行试运行，即一人操作，一人监护。

接通三相电源 L_1、L_2、L_3，合上电源开关 QS，用电笔检查熔断器出线端，氖管亮说明电源接通。分别按下起动按钮 SB_2 和 SB_4 以及停车按钮 SB_3 和 SB_1，观察是否符合线路功能要求，观察电器元件动作是否灵活，有无卡阻及噪声过大现象，观察电动机运行是否正常。若有异常，立即停车检查。

三、故障分析

常见故障主要有：

（1）KM_1 不能实现自锁。分析处理：

① KM_1 的辅助触点接错，接成常闭触点，KM_1 吸合常闭断开，所以没有自锁；

② KM_1 常开和 KM_2 常闭位置接错，KM_1 吸合时 KM_2 还未吸合，KM_2 的辅助常开是断开的，所以 KM_1 不能自锁。

（2）不能实现顺序起动，可以先起动 M_2。分析处理：M_2 可以先起动，说明 KM_2 的控制电路中的 KM_1 常开互锁辅助触点没起作用，KM_1 的互锁触头接错或没接，这就使得 KM_2 不受 KM_1 控制而可以直接起动。

（3）不能顺序停止，KM_1 能先停止。分析处理：KM_1 能停止说明 SB_1 起作用，并接的 KM_2 常开接点没起作用。

① 并接在 SB_1 两端的 KM_2 辅助常开触点未接；

② 并接在 SB₁ 两端的 KM₂ 辅助触点接成了常闭触点。

（4）SB₁ 不能停止。分析处理：检查线路发现 KM₁ 接触器用了两个辅助常开触点，KM₂ 只用了一个辅助常开触点，SB₁ 两端并接的不是 KM₂ 的常开而是 KM₁ 的常开，由于 KM₁ 自锁后常开闭合所以 SB₁ 不起作用。

四、工作质量评价

工作质量评价参照表 10—3，定额时间由指导教师酌情增减。

注意：

（1）要求甲接触器 KM₁ 动作后乙接触器 KM₂ 才能动作，则将甲接触器的常开触点串在乙接触器的线圈电路。

（2）要求乙接触器 KM₂ 停止后甲接触器 KM₁ 才能停止，则将乙接触器的常开触点并接在甲停止按钮的两端。

任务三　三相电动机两地控制电路的装接

一、主要使用工具、仪表及器材

（1）电器元件见表 11—3。

表 11—3　　　　　　　　　　　　　　　元件明细表

代号	名称	推荐型号	推荐规格	数量
M	三相异步电动机	Y132S—4	5.5kW、380V、11.6A、△接法、1 440r/min	1
QS	组合开关	HZ10—25/3	三极、25A	1
FU₁	熔断器	RL1—60/25	500V、60A、配熔体 25A	3
FU₂	熔断器	RL1—15/2	500V、15A、配熔体 2A	1
KM	交流接触器	CJ10—20	20A、线圈电压 220V	1
FR	热继电器	JR16—20/3	三极、20A、整定电流 11.6A	1
SB₁₁、SB₂₁	按钮	LA10—H	保护式、红色	2
SB₁₂、SB₂₂	按钮	LA10—H	保护式、绿色	2
XT	端子排	JX2—1015	10A、15 节、380V	1

（2）工具：测电笔、螺丝刀、尖嘴钳、斜口钳、剥线钳、电工刀等。

（3）仪表：ZC7（500V）型兆欧表、DT - 9700 型钳形电流表，MF500 型万用表（或数字式万用表 DT980）。

（4）器材。

① 控制板一块（600mm×500mm×20mm）。

② 导线规格：主电路采用 BV1.5mm²（红色、绿色、黄色）；控制电路采用 BV1.0mm²（黑色）；按钮线采用 BVR0.75mm²（红色）；接地线采用 BVR1.5mm²（黄绿双色）。导线数量由指导教师根据实际情况确定。

③ 紧固体和编码套管按实际需要发给。

二、训练步骤及工艺要求

（1）绘制并读懂两地控制线路电路图，给线路元件编号，明确线路所用元件及作用。

（2）按表 11—3 配置所用电器元件并检验型号及性能。

（3）在控制板上按布置图 11—16 安装电器元件，并标注上醒目的文字符号。

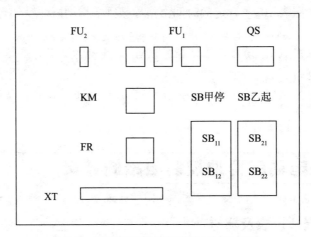

图 11—16 两地控制元器件平面布置图

（4）进行板前明线布线和套编码套管。接线可参考图 11—17，操作者应画出实际接线图。

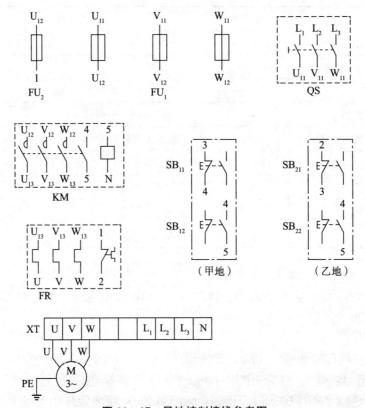

图 11—17 异地控制接线参考图

（5）根据电路图11—9检查控制板布线的正确性。

（6）安装电动机。

（7）连接电动机和按钮金属外壳的保护接地线。

（8）连接电源、电动机等控制板外部的导线。

（9）自检。

检查主电路时，可以手动来代替受电线圈励磁吸合时的情况进行检查。按电路图或接线图从电源端开始，逐段核对接线有无漏接、错接之处，检查导线接点是否符合要求，压接是否牢固。

控制电路接线检查：用万用表电阻挡(或数字式万用表的蜂鸣器通断挡进行检测)检查控制电路接线情况。

（10）通电试车。

接电前必须征得指导教师同意，并由指导教师接通电源和现场监护。做好线路板的安装检查后，按安全操作规程进行试运行，即一人操作，一人监护。

三、工作质量评价

工作质量评价参照表10—3，定额时间由指导教师酌情增减。

注意：

（1）遵守安全操作规程，先接线、后检查、再通电。

（2）学生应该团队协作，学会思考，举一反三，善于总结。

（3）在操作训练时，将甲、乙两地的起动按钮和停车按钮放在两个不同的位置。并将起动按钮并联，停车按钮串联。

测试题

1. 采用 Y—△降压起动对笼形电动机有何要求？

2. 如果起动时电动机一直运行在 Y 接状态，不能转到△接状态，会是什么原因？

3. Y—△降压起动控制回路中的一对互锁触点有何作用？若取消这对触点换接起动有何影响，可能会出现什么后果？

4. 简述笼形异步电动机降压起动的方法及各自特点。

5. 简述反接制动电路的原理和注意事项。

6. 三相异步电动机有哪几种制动方式？各有何特点？

7. 异地控制电路的特点？

8. 顺序控制电路的特点？

9. 在用倒顺开关手动实现三相异步电动机正反转电路中，欲使电机反转为什么要把手柄扳到"停止"使电动机 M 停转后，才能扳向"反转"使之反转？

10. 某机床的主轴和润滑油泵各由一台笼形异步电动机拖动，为其设计主电路和控制电路，控制要求如下：

（1）主轴电动机只能在油泵电动机起动后才能起动；

（2）若油泵电动机停车，则主轴电动机应同时停车；

（3）主轴电动机可以单独停车；

（4）两台电动机都需要短路保护、过载保护。

11. 画出 Y—△降压起动电气控制原理图，并说明工作过程。

12. 画出三相异步电动机三地控制（即三地均可起动、停止）的电气控制线路。

13. 如图 11—18 所示，试分析电路的控制功能。

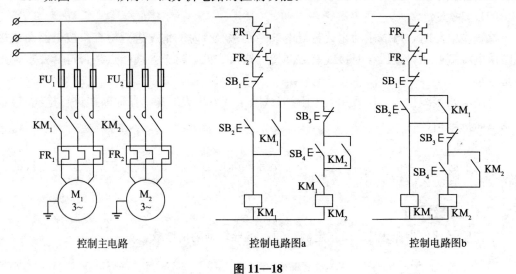

控制主电路   控制电路图a   控制电路图b

图 11—18

14. 请分析图 11—19 所示电路的控制功能，并说明其工作过程。

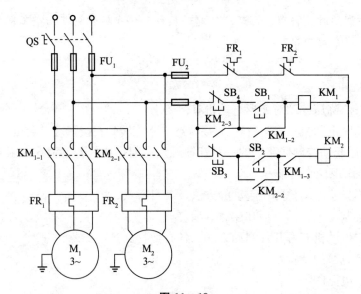

图 11—19

15. 试设计出三种不同形式的点动和连续复合控制的电气控制原理图。

16. 写出继电—接触器控制电路装接所需的工具和仪表。

17. 总结继电—接触器控制电路装接的步骤。

参考文献

[1] 常晓玲. 电工技术. 西安：西安电子科技大学出版社，2004.

[2] 杨有启. 劳动保护丛书——用电安全技术. 北京：化学工业出版社，2002.

[3] 王炳勋. 电工实习教程. 北京：机械工业出版社，2004.

[4] 许娅. 戴崇. 维修电工技能实训. 北京：中国水利水电出版社，2010.

[5] 金代中. 图解维修电工操作技能. 北京：中国标准出版社，2002.

[6] 任志锦. 电机与电气控制. 北京：机械工业出版社，2004.

[7] 方承远. 工厂电气控制技术. 北京：机械工业出版社，2002.

[8] 高福华. 电工技术. 北京：机械工业出版社，2009.

[9] 席时达. 电工技术. 北京：高等教育出版社，2007.

教师信息反馈表

为了更好地为您服务，提高教学质量，中国人民大学出版社愿意为您提供全面的教学支持，期望与您建立更广泛的合作关系。请您填好下表后以电子邮件或信件的形式反馈给我们。

您使用过或正在使用的我社教材名称		版次	
您希望获得哪些相关教学资料			
您对本书的建议（可附页）			
您的姓名			
您所在的学校、院系			
您所讲授课程的名称			
学生人数			
您的联系地址			
邮政编码		联系电话	
电子邮件（必填）			
您是否为人大社教研网会员	□ 是，会员卡号：＿＿＿＿＿＿＿＿ □ 不是，现在申请		
您在相关专业是否有主编或参编教材意向	□ 是　　　　　　□ 否 □ 不一定		
您所希望参编或主编的教材的基本情况（包括内容、框架结构、特色等，可附页）			

我们的联系方式：北京市西城区马连道南街 12 号
中国人民大学出版社应用技术分社
邮政编码：100055
电话：010-63311862
网址：http://www.crup.com.cn
E-mail：smooth.wind@163.com